主编　金涌
执行主编　杨基础

探索化学化工未来世界

Chemistry and Chemical Engineering:
A Career of Discovery

值得为之付出一生 ❷

清華大學出版社
北京

2

版权所有，侵权必究。举报：010-62782989，beiqinquan@tup.tsinghua.edu.cn。

图书在版编目（CIP）数据

探索化学化工未来世界：值得为之付出一生. 2 / 金涌主编. — 北京：清华大学出版社，2022.4（2023.10重印）

ISBN 978-7-302-59843-5

Ⅰ. ①探⋯ Ⅱ. ①金⋯ Ⅲ. ①化学－青少年读物 ②化学工业－青少年读物 Ⅳ. ①O6-49 ②TQ-49

中国版本图书馆CIP数据核字（2022）第005987号

责任编辑：宋成斌
封面设计：岳小玲
责任校对：王淑云
责任印制：杨　艳

出版发行：清华大学出版社
　　　　网　　址：http://www.tup.com.cn, http://www.wqbook.com
　　　　地　　址：北京清华大学学研大厦A座　　邮　　编：100084
　　　　社 总 机：010-83470000　　邮　　购：010-62786544
　　　　投稿与读者服务：010-62776969, c-service@tup.tsinghua.edu.cn
　　　　质量反馈：010-62772015, zhiliang@tup.tsinghua.edu.cn
印 装 者：涿州汇美亿浓印刷有限公司
经　　销：全国新华书店
开　　本：165mm×235mm　　印　张：17　　字　数：286千字
　　　　（附光盘2张）
版　　次：2022年6月第1版　　印　次：2023年10月第3次印刷
定　　价：80.00元

产品编号：088768-01

序

——化学与化学工程铸造未来世纪

回顾人类在这个星球上的发展历程，我们看到，人类文明已经极大改变了这个星球的面貌和人类的生存状态，而人类文明的发展离不开科学与技术。本套化学化工前沿视频短片集和配套科普书要特别强调的是，现代文明离不开化学与化学工程，它们支撑着人们吃穿用度的日常生活，为眼花缭乱的高科技产品提供了各种先进材料，也在维护人类生命健康、应对全球气候变化等重大挑战方面发挥着重要作用。

现代社会的经济发展和全人类的衣、食、住、行，都离不开化学和化工产品。以中国为例，衣的方面，每年生产的合成纤维占世界份额的60%左右，可为世界上每个人制作4套衣服。食的方面，生产的农用化学品，例如化肥、薄膜、农药等，在大致相同的耕地面积上，使粮食产量从1亿吨（1950年）提高到6.5亿吨（2013年）。住的方面，每年新增建筑面积16~20亿平方米，占世界每年新增建筑面积总量的一半，泛化学工业（也称流程工业，包括石油与化工、冶金、建材、轻工等）为此提供了大量的水泥、钢筋、涂料等各式建筑和装修材料。行的方面，中国已经是第一大汽车产销国，汽车生产和使用所需的汽油、柴油、电池、钢材、塑料、橡胶都来自泛化学工业。这些产品的生产过程，其核心离不开化学反应，化学对此提供了独特的分子层面的视角、思路和方法。

毫无疑问，化学与化学工程所支撑的泛化学工业，是国民经济的脊梁。离开了化学与化学工程，现代社会将有很多人衣不暖、食不饱、居无所、行不远，生活水平和质量大幅下降。本套化学化工前沿视频短片集和配套科普书，虽然对这些相对传统的内容并无太多着墨，但提请读者注意化学和化学工程被社会大众"日用而不知"的这一事实。

化学和化学工程更是高新科技的发端和支撑。先进制造业的发展需要各种高性能材料，包括高强度、高耐热、高耐寒、高耐磨、高气密封、高耐腐蚀、高催化活性、高纯度、高磁、超导、超细、超含能、超结构和自组装材料，等等，无一不需要化学与化学工程技术来发明和制造。高性能新材料是先进制造业的先导和根本，也是我国制造业落后的根源之一，需要奋起直追。

泛化学工业在食品、制药、医用材料等人类健康支撑产业方面发挥着重大作用。此外，环境和生态改善也是化学化工的重要领域。

化学和化学工程一直在不断进步、推陈出新，为人们的想像力发展和创造力实践提供着充分广阔的空间。

随着科学与技术的指数式演进，可以预期我们现代社会所处的"今天"，会被认为是属于人类历史上相当原始的时期。再设想

序

100年、500年、1000年以后，现在地球上常用的矿产资源、化石能源可能已经所剩无几，只有依靠化学和化工过程对可再生资源和清洁能源进行转化利用，才能使社会经济循环和永续发展。所以，强大而先进的化学与化学工程也是人类未来的依托。

人类文明发展到今天，绝大多数的人绝不可能愿意去过那种原始的、生产力低下的"自然"生活，只有依靠先进的科学与技术，人类才能更健康、更长寿、更幸福。那种认为应该停止科技发展去过田园牧歌式生活的想法，只能是少数人的乌托邦，是一种回避现实的幼稚病。人们对科技给人类社会带来的负面影响已经有了深刻认识，也具有足够的智慧和手段来减少和避免这些负面影响，现在和未来都需要依靠科技自身的发展和进步，发挥科技的正能量。

月球行走第一人、美国工程院院士尼尔·阿姆斯特朗曾呼吁说："美国有许多人不相信逻辑，对专家们的努力持批评态度，而且往往感情用事，这些人所记得的全是桥梁塌陷、储油罐泄漏、核辐射散发污染等的报道。工程师们其实能言善辩，之所以没有取信于人，是因为人们把工程师们看成技术的奴隶，看成丝毫不注意环境保护、不注重安全、不注重人生价值的技术老爷。"目前对化学和化学工业的报道又何尝不是如此呢？阿姆斯特朗接着说道："我拒绝接受这些批评，工程师其实像社会上的其他人一样有爱心、同情心和责任感。事实上，将他们马失前蹄之例毫无保留地公之于世，足以证明他们的卓越不凡。"

坦言化学和化学工程还不完美，直面其所遭遇到的重大挑战，正是因为它们的无可替代，因为它们对人类已经做出的巨大贡献并且还将做出的更大贡献。我们呼唤年轻一代为此去建功立业，不为浮云遮望眼，去为人类追求更幸福的生活。

编辑出版这套化学化工前沿视频短片集和配套科普图书的目的，是把世界著名大学和研究机构近期进行的化学与化学工程方面的研究工作介绍给年轻朋友。出版物力求体现前沿性、科学性、科普性和趣味性，以飨读者，也希望吸引优秀的青年学生投身化学与化学工程事业中。出版物中肯定有局限和不足之处，望不吝指正。

金 涌

于清华园

2015年12月7日

前言

距离《探索化学化工未来世界》第1集的出版已经过去了5年,现在这本汇聚许多专家学者心血和制作公司努力的第2集终于面世了。

组织化学化工领域的专家学者为青年学生如高中生、大学一年级新生及社会公众,专门编写一套化学化工视频短片集并配科普书的初衷,是为了反映现代化学化工科技进步在人类社会中的重要作用,及对人类生活的重要影响。力求化学和化工的重大作用被社会公众公正认知,扭转公众尤其是青年学生对化学化工的恐惧和偏见,让他们从科学和工程前沿的全新视角,看到不一样的美丽化学和美丽化工,吸引更多的青年投身化学化工的学习和研究,并能立志终生从事化学化工事业。

在43位中国工程院和中国科学院院士的共同倡议下,这项工作于2010年在中国工程院化工、冶金与材料工程学部立项。2012年此项目分别被列为中国工程院化工、冶金与材料工程学部、中国科协青少年科技中心、中国科学技术协会科学普及部重点资助项目。

中国工程院金涌院士担任总策划,多位院士和几十位目前在高校及研究机构一线从事教学和科研的专家,在繁重的教学和科研工作之余,担任顾问、参与选题策划、编写视频短片脚本,指导制作公司制作视频短片、撰写书稿等。

由于手头几乎没有可供借鉴的音像资料,制作团队耗时几年,仅召开的研讨、修改会议就有上百次之多,一次次推翻,一次次重构,有关细节修改的往来邮件及微信会商不计其数。在大家的共同努力下,从无到有,使这套凝聚了许多人的心血、得到众多专家学者的支持、反映化学化工前沿的视频短片集及配套的科普书终于面世,得以奉献给大家。

第1集已经累积赠送给全国多所高中、大学的化学化工教师和学生1万多套纸书和光盘(含U盘),目前仍在持续赠送。第1、2集的20个短视频已在多个网站上线。在每年清华大学组织的中学生化工学科营上,这些短视频已为全国100多所中学的高中学生放映,效果很好,学生在轻松愉快的氛围中接受化学化工的前沿知识。在日常教学方面,中学教师会利用短片对学生进行知识拓展教育,大学教师会利用短片对新生进行专业普及教育,反响都很好。现在看来,利用几年时间制作、打磨化学化工视频短片集和配套科普书是值得的。当然,由于各方面条件的制约,也深感此项工作尚未做到十分完美,但愿我们未辱使命。

本书及配套的10个短视频编写的内容,力争以当今世界最前沿的化学化工科技成果为首选,尽量做到前沿性、科学性、科普性、趣味性、艺术性、传播性的统一。短视频制作以小见大，力求准确、新奇、美观。配套科普书力求深入浅出，图文并茂。

《数字化工》短视频和文章介绍了数学和计算机在现代化学工程学科中的重要作用。在传统认识中，化工是偏重于实验的技术科学，但是随着数学和计算机的迅速发展，化学工程师越来越多地运用大量精准的数学模型和计算机模拟，深入探究化工过程中的流动、传热、传质与反应规律，实现反应器的精准设计、稳定调控和可靠运行。短视频和文章通过典型流动体系模拟与虚拟过程平台及应用实例，揭示了化工研发新模式——数字化工——对于实现绿色智能过程制造的重要意义，并呼吁广大青年学子积极迎接这一机遇与挑战。

《触"膜"世界》短视频和文章介绍了膜技术是解决资源匮乏、能源短缺、生态环境恶化、医疗医药等重大问题的新技术之一，膜产业是21世纪的朝阳产业。为了普及膜技术知识，帮助读者初步了解膜的功能及用途，本章介绍了分离膜及膜分离过程，简述了膜的种类、结构与性能、膜的制备方法、发展历程及主要膜过程的特点。介绍了膜技术在水处理、气体分离、能源、健康医疗等典型领域中的应用案例，分别综述了膜在该领域的应用状况，列举了工程应用实例，并展望了膜技术未来的发展方向。

《碳纳米管》短视频和文章介绍了这种新兴的纳米碳材料的发现与制备的起因背景，简述了碳纳米管制备的主要科学原理、不同结构的碳纳米管生长和制备的控制机制，描述了碳纳米管如何实现产业化。本文还从结构与性能关系和应用角度，讨论了碳纳米管的强度特性、导电特性、半导体性能、储能应用等。阐述了碳纳米管作为纳米粉体的使用安全问题。最后对未来的应用前景进行了展望。

《石墨烯》短视频和文章描述了人类文明的发展与使用材料的进步是齐头并进的。21世纪初，石墨烯的发现为人们打开了新材料时代的崭新大门。石墨烯是由与铅笔芯成分一样的碳元素构成，只有一个原子层厚度，但却拥有其他材料所无法比拟的众多优势和性能，被誉为"新材料之王"，短短数年已在全球范围内引发了一场研究热潮和技术革命。石墨烯为什么能被寄予如此高的期望？它将如何改造我们的世界，带领我们迈向下一个发展阶段？短视频和文章为大家讲述石墨烯的前世、今生和未来，解读石墨烯的发现历史、特殊性质、制备技术和应用前景。

《百变高分子》短视频和文章介绍了因高分子的化学结构和聚集态结构具有可设计性，所以形成了结构多样、性能各异的材料。高分子，除了分子量高，还有哪些高明之处呢？或许有人以为，高分子不就是我们耳熟能详的脸盆、牙刷、拖鞋吗？那可是太小瞧了高分子！除了衣食住行所见的高分子熟面孔，还有不少"黑科技"后面的材料英雄也是高分子。上天、入地、下海；国防、航天、信息、电子、医药等高技术领域都有高分子大显身手！本章从这些千变万化、性能各异的多彩高分子世界中略举几例，以飨读者。亲爱的青年读者朋友，更多的神奇高分子，等待你来探索和创造！

《太阳燃料》短视频和文章介绍了人工光合成太阳燃料，这是解决能源和环境问题，构建生态文明的途径之一，但其发展仍然面临许多科学和技术上的挑战。自然光合作用是利用太阳能将水和二氧化碳转化为生物质的过程，其基本原理为构建高效的人工光合成体系提供了重要的理论基础。发展高效的人工光合成体系，就是实现利用太阳能分解水制氢，或者耦合二氧化碳产生液态太阳燃料。本章内容阐述了从自然光合作用的原理获得启发，道法自然，构建高效人工光合成体系生产太阳燃料的基本理念、基本原理和实践，特别介绍了我国科学家的突出贡献。

《矿化固碳》短视频和文章介绍减少二氧化碳排放的新技术，而碳减排已成为人类的共同使命。矿化固碳，是基于地球大气演化过程中的"硅酸盐-碳酸盐"转化，将二氧化碳转化为碳酸盐而固定并重新利用的途径。为加速这一地球上古老化学反应的速度，满足减少二氧化碳排放的迫切需要，化学和化学工程领域的科学家，基于化学链的原理构建了新的矿化工艺，通过化学工程的方法为二氧化碳矿化反应量身定做高效反应器，并降低整个过程的能量消耗，加速自然界的碳循环，让二氧化碳重返正途。

《手性之谜》短视频和文章以手性为线索，介绍了手性起源，手性概念，手性化合物的制备和手性分子的发展的未来趋势。图文并茂地展示了手性世界的奥秘，深入浅出地给读者讲述了神奇的手性世界的故事，解释了手性分子研究领域充满活力、生机勃勃的缘由，手性不仅和人类生命、生产和生活的方方面面息息相关，而且存在着很大的潜在研究发展空间。通过揭示手性谜团，为青年揭开了一个更为广阔更加美丽的化学化工世界。相信这会进一步激发他们的学习探究的兴趣。

《人工酶》短视频和文章介绍了酶，这是具有生物催化功能的生物大分子，凭借其催化效率高、底物专一性强、环境友好等优点，在化工、制药等行业得到了广泛的应用。然而，天然酶有限的催化性能不能满足人们日益增长的需求，需要构建人工酶应用于工业生产中。计算酶设计是近10年发展起来的一种创造新酶的技术，能够充分利用计算机强大的计算能力从头设计人工酶，用于指导通过基因工程的手段改造天然酶，得到人工酶。本章从酶的发现和认识出发，引出计算酶设计，然后阐明用计算酶设计方法设计人工酶的必要性，接着介绍计算酶设计的分类、理论依据和方法，最后给出计算酶设计的几个典型的应用案例，展示计算酶设计方法在现代化工和生物医药领域中的应用潜力，并指明酶设计未来的发展趋势。

《食物之魅》短视频和文章介绍了能为我们带来色香味的食品添加剂。民以食为天，食物除了维持人类生命活动的基本功能外，还给我们带来了视觉、嗅觉和味觉多方位的享受，展现了无穷的魅力。分子结构多样的化学物质构成了食物色香味的基础，而这些提供色香味的化合物的形成离不开各种复杂的化学反应。如今工业化食品在人类的饮食结构中日渐重要，食品工业生产中的保鲜、加工、防腐、增香等都离不开食品添加剂，而化学工程技术是食品添加剂生产以及食品加工的重要基础。化学与化学工程通过寻找、改造和重组各种分子结构，让食物更加充满魅力。未来，食物的寻"魅"之旅将充满机遇和挑战，让我们一起努力，创造更多的人间美味。

倡议编写本套短视频集及配套科普书的两院院士如下：

中国工程院院士（排名不分先后）：

曹湘洪、陈丙珍、高从堦、关兴亚、侯芙生、胡永康、金涌、李大东、李龙土、李正名、毛炳权、欧阳平凯、沈德忠、桑凤亭、沈寅初、舒兴田、汪燮卿、王静康、魏可镁、吴慰祖、谢克昌、徐承恩、杨启业、袁晴棠、袁渭康、朱永（贝睿）、薛群基。

中国科学院院士（排名不分先后）：

白春礼、陈凯先、费维扬、冯守华、高松、李灿、何鸣元、侯建国、洪茂椿、林国强、万惠霖、杨玉良、张玉奎、赵玉芬、郑兰荪、周其凤。

另有许多两院院士通过不同途径，表达了对本项工作的支持。特别是李静海院士、陈芬儿院士、李灿院士、孙宝国院士日理万机，仍抽出时间，在第2集的短视频中亲自出镜讲话。在此，谨对这些院士表示衷心的感谢！

本套化学化工前沿短视频集除由金涌院士担任总策划外，由清华大学杨基础教授、张立平副教授担任全程策划，新增丁富新教授为第2集策划，会同孙海英秘书全程协调；配套科普书的主编为金涌院士，执行主编为清华大学杨基础教授，第2集书新增丁富新教授为主要编委。

谨对参与第2集制作的清华大学、中国科学院过程工程研究所、中国科学院大连化学物理研究所、复旦大学、北京工商大学、南京工业大学有关人员及其他为短视频集和配套科普书出版付出努力的全体有关人员、制作公司和清华大学出版社宋成斌编辑表示衷心的感谢。

本套短视频集和配套科普书可用于高中生课内外观看和阅读，扩大眼界，拓展知识，也可用于大学一年级新生的化学化工前沿研讨课，还可用于对大众进行化学化工科普教育。

化学化工前沿科普视频短片集及
配套科普书编制组
2022 年 5 月

目录

01 数字化工：虚拟过程工程 ·········2
Digital Chemical Engineering: Virtual Process Engineering
陈建华 副研究员（中国科学院过程工程研究所） 程易 教授
陈定江 副研究员（清华大学）

02 触"膜"世界：让物质分离更高效、更精准 ·········26
Touch the World of Membrane:
For More Efficient And Precise Separation Processes
谷和平 教授 陈献富 博士（南京工业大学） 陈翠仙 教授（清华大学）

03 碳纳米管：架起通往太空的天梯 ·········58
Carbon Nanotubes: Super Nanomaterial for Space Elevator
骞伟中 教授（清华大学）

04 石墨烯：新材料之王 ·········82
Graphene: King of New Materials
唐城 副研究员 陈哨 张强 教授（清华大学）

05 百变高分子：变化万千、性能各异的高分子世界 ·········106
The Diverse World of Polymers:
Various Structures Create Marvelous Properties of Polymers
庹新林 副教授 徐军 副教授 和亚宁 副教授 谢续明 教授
阚成友 教授 黄延宾 副教授 唐黎明 教授（清华大学）

06 太阳燃料：人工光合成生产太阳燃料 ·········138
Solar Fuel: Artificial Photosynthesis for Solar Fuel Production
王旺银 副研究员 李灿 院士（中国科学院大连化学物理研究所）

07 矿化固碳：借助自然法则与化学工程的力量 ·········156
Mineral Carbonation to Sequester CO₂: The Way of Nature and Chemical Engineering
蒋国强 副教授（清华大学）

08 手性之谜：从药物分子到生命和宇宙 ············174
Mystery of Chirality: Not Only the Drug Molecules But Also the Life and Universe
陈芬儿 院士　孟歌 教授　熊方均 博士（复旦大学）

09 人工酶：站在数学、化学与生物科学的边界之上 ············192
Artificial Enzyme: Standing on the Boundary of Mathematics, Chemistry and Biological Science
朱玉山 副教授　张军 博士（清华大学）

10 食物之魅：基于化学物质的食物色香味探寻之旅 ············218
The Charm of Food: The Exploration Trip of Food Color, Flavor, and Taste Based on Chemical Compounds
田红玉 教授　丁瑞 博士后（北京工商大学）

图片来源 ············243

参考文献 ············247

北京静远嘲风动漫传媒科技中心创作

01 数字化工

Digital Chemical Engineering

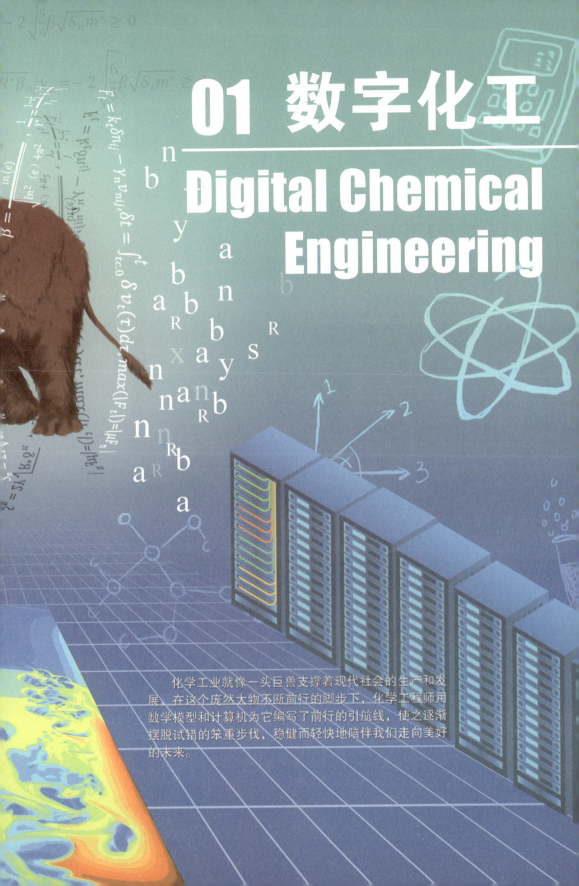

化学工业就像一头巨兽支撑着现代社会的生产和发展。在这个庞然大物不断前行的脚步下，化学工程师用数学模型和计算机为它编写了前行的引航线，使之逐渐摆脱试错的笨重步伐，稳健而轻快地陪伴我们走向美好的未来。

01

数字化工
Digital Chemical Engineering

虚拟过程工程
Virtual Process Engineering

陈建华 副研究员
（中国科学院过程工程研究所）
程易 教授　陈定江 副研究员
（清华大学）

  本文旨在介绍数学和计算机在现代化学工程学科中的重要作用。在传统认识中，化工是一门偏重于实验的技术科学，但是随着数学和计算机的迅速发展，化学工程师越来越多地运用大量精准的数学模型和计算机模拟，深入探究系统中的流动、传热、传质与反应规律，实现反应器的稳定可靠调控和运行。本章通过典型流动体系模拟与虚拟过程平台及应用实例，揭示了一种化工研发新模式——数字化工，探讨了其对于实现绿色智能过程制造的重要意义，并呼吁广大青年学子积极迎接这一机遇与挑战。

1.1 引言

你能想象，解一道数学题，就可以让一座化工厂每年节省成千上万吨化石原料吗？你能想象，构建一个数学模型，就可以替代一套化工实验装置吗？你能想象，用计算机模拟，可以让研究人员远离危险的实验操作吗？

如果你很好奇，请随我们一起走进数字化工的神奇世界！

在人们的印象中，化工是一门实验科学，依赖大量的实验和经验。化工生产过程的实现，是一个逐级放大的实验研究过程。实验室里的装置和工厂实际生产装置相比规模通常相差很多倍，比如在实验室中用小巧玲珑的设备就可以轻松实现的搅拌、加热、化学反应等操作，在工厂里往往需要大型专业机械、热能动力装备和反应器来完成。一般而言，当装置变大时，里面的物料流动、热量传输、物质传递和化学反应情况也会随之发生比较显著的变化。这些变化并不能简单地通过与装置放大倍数关联就能预测出来，也就是说变化是非线性的，有的体系中，这种放大的非线性效应还非常强。在把化工实验室里做出来的成果扩大到工业规模时，如果只是把实验室里可行的设备和工艺参数简单放大或套用，那么实践结果可能会与预期目标产生难以估量的偏差，所以通常依赖小试、中试、工业示范、工业化等逐级放大的研究过程，在每个层次上开展大量重复性实验观测，反复调整工艺参数，才能取得优化的工艺条件。这个过程耗时耗力，严重制约了实验室成果产业化过程的效率。

此外，许多化工过程在高温、高压、高危条件下进行，例如合成氨、催化裂化、双氧水的制备等，研发难度大、成本高，一直是困扰化学工程师的难题。人们希望可以少用实际装置做实验，降低安全风险，节约资金。随着化学工程理论的日益完善和计算机技术的迅猛发展，对实际化工过程进行模拟计算，在计算机上做化工实验，引起了化学工程师的广泛兴趣。一种更准确、更高效、更智能的化工过程开发模式呈现在我们面前，这就是数字化工。

1.2 数学和模拟在化工中的重要作用

化学工程领域的科学家和工程师一直注重采用数学模型对实际化工过程进行分析计算。在化学工程的发展历史上，人们首先认识到尽管化工产品千差万别，生产工艺多种多样，但如果把这些化工生产过程分解开来看，很多小的过程在功能上遵循的基本规律是相似的，化学工程师把这些有共性的基本操作称为单元操作，如流体输送、加热、蒸发、精馏、结晶等。然后，科学家们通过对不同单元操作背后所遵循的物理规律做进一步研究和分类，把它们所涉及的物理过程归纳为三种传递过程，也就是质量传递、动量传递和能量传递。将这几种传递过程与化学工艺结合，就形成了以传递过程和反应工程为基础的化学工程学科。在归纳单元操作与传递原理的过程中，引入了许多物理和数学的模型和方法，使得数学定量分析和计算机应用成为可能，大大促进了化工系统的设计和控制。

进入20世纪后半叶，数学方法在化工中的应用领域不断拓宽。2004年，美国普渡大学的拉姆克瑞山

图1.1 数学在化工中的应用[1]

注：黑框代表化学工程传统领域，蓝框代表新领域，红框代表数学。箭头表示了数学各领域对化学工程各领域的影响。

（Ramkrishna D.）教授和休斯敦大学的阿蒙森（Amundson N.R.）教授联合撰文[1]，对化工数学50年的发展作了回顾与展望，指出数学已经被应用到了化学化工研究的各个领域。从图1.1中可以看到，各种艰深的数学方法，如线性代数、张量分析、微积分、几何和拓扑方法、微分方程、离散数学、统计和随机方法、人工智能方法等，在化学工程的各个分支领域都有应用，像上面说到的单元操作、传递过程，还有其他如分子理论、连续介质理论、介观理论、化学反应工程与反应动力学、过程控制与辨识、离散系统分析等，对纳米系统和产品工程等新兴研究领域也起到了推动作用。可以说数学学得好的同学从事化工也大有用武之地。

今天，数学方法与计算机技术相结合，在计算分子科学、过程模拟与模型、单元操作模拟与模型、大尺度集成与智能系统、计算流体力学等化工重要领域发挥着重大作用。借助数学和计算机，化学工程师能够从微观分子到宏观设备、过程和工厂的范围内，在多个尺度上真实地描述化工过程，从而使得化工过程的开发与设计更加方便、快捷和准确，为化工厂的数字化和智能化生产提供技术支撑。

事实上，数字化和智能化，加上网络化和自动化，共同支撑了我们现在时常能听到的智能制造概念，这在各个工业领域的应用方兴未艾。为了更好地理解数字化工的内涵，这里需要对工业类别进行初步的划分，即离散工业和过程工业。

离散工业是指将零部件组装到一起的生产过程，典型的如制造飞机、汽车和轮船。在这些行业中，主要是机械部件的物理组装，产品的几何结构、力学和材料性能、运动部件的自动化控制、机械可靠性等是主要关心的问题。过程工业是指将原材料经过一系列物理、化学加工过程得到目标产品的行业，典型的如石油、化工、冶金、建材等行业，通常以批量或连续的方式进行生产。

离散工业中生产单元具有独立性和可扩展性，智能制造过程较容易实现。而在过程工业中，各个生产单元依次运行，需要关注连续的化学变化过程，调节温度、压力等控制参数，实现全流程控制才能保证产品质量，特别是考虑到过程工业中高温、高压环境和大量化学品的使用，对过程安全的要求很高。相对离散工业而言，过程工业智能制造面临的难度和挑战更大。

一个过程工业企业特别是化工企业要开展智能制造，需要利用现代信息技术把多层次信息进行综合统筹管理：在操作控制层，主要是利用各类自动化仪器仪表和控制系统来获取操作实时数据，控制生产操作平稳，进行实时优化；在生产运营层面，需要利用生产过程的各种物质、能量、装置信息和相关市场信息，在安全环保的前提下找到经济效益最大化的生产方案；在经营管理层面，则要对企业的财务、物料、销售、设备、人力资源等方面进行信息化管理。特别是在生产运营层面，人们希望在计算机上要能够比较准确地模拟各类化工生产装置的运行变化情况，只有这样化工厂的智能化才有可能实现。

随着计算机技术的蓬勃发展，人们已经将化工技术与信息技术相结合发展出化工流程模拟技术，并开发了大量的模拟软件。这些流程模拟软件能够根据工艺参数如物料的温度、压力、流量、设备参数等，用数学模型描述集成多个操作单元的化工流程，对全过程的物料和能量进行衡算，对工艺进行优化和评估。也就是说，在计算机上可以用流程模拟软件模拟一个化工厂的生产运行并寻找最佳生产方案。不过这些流程模拟软件一般只擅长对化工装置和全厂流程层次进行稳态模拟和分析，就是输入一组操作条件，能模拟出装置或工厂对应的稳定运行状态数据，输入条件变化则输出结果随之变化，但至于从原有稳定状态是如何变化到新的稳定状态，即所谓的动态过程是怎样的，这些流程模拟软件就不太擅长了，特别对于化工厂反应器这一核心设备内部的物料流动、传热、传质和反应的复杂动态变化过程就更不擅长。

随着软硬件技术的进一步提高，从满足各种物理、化学原理的数学模型出发，基于计算流体力学（computational fluid dynamics, CFD）技术、大数据、虚拟现实等科学技术手段，将反应器模型化、数字化，对其中的动态传递和反应过程进行三维实时模拟，掌握反应器内的真实物理化学过程，将为优化工艺设计、诊断设备故障等带来革命性的变化。目前，已经有多种商业的和开源的计算流体力学软件应用在化工领域，未来广义的CFD技术在化工研发中还将扮演更为重要的角色。

1.3 流体流动与计算流体力学

计算流体力学概述

流体流动是化工过程里的普遍现象，是化工过程数值模拟的主要对象之一，通过揭示不同化工设备内的流体力学状况和变化规律，对于化工过程及设备的精准设计和稳定运行至关重要。近年来，数值模拟在化工流动的研究应用日益广泛。

常规的数值模拟过程可以简单地分为两个步骤：对于任何一个问题，首先根据其物理化学特性建立相应的数学模型，然后利用数学知识求解各种对应模型。对于常见流体的数值模拟方法，按照采用的流体模型或设计的出发点不同，可以分为三类：宏观方法、微观方法与介观方法。

宏观方法基于流体的连续性假设，并根

据质量守恒、动量守恒与热量守恒等基本物理规律建立起一套偏微分方程组;再通过有限差分、有限体积或有限元等方法对这些方程进行离散求解,也就是一般所说的计算流体力学(CFD)方法。

微观方法则是建立在分子动力学的基础上,通过对每个分子各时刻的位置、速度等信息进行统计来描述流体的宏观性质。这种方法是基于最基本的分子运动规律,原则上可用于各种流体的模拟。但由于流动体系中的分子数量通常十分庞大,并且计算过程的时间、空间步长需足够小,才能匹配分子运动的特征,因此模拟过程需要极大的计算量与存储量,时间与费用消耗都比较高。

介观方法则是一种介于流体连续性假设与分子动力学之间的流动模拟方法,它既具有微观方法适用性广的特点,又具有宏观方法不关注分子运动细节的特点,在精度和计算量上均具有较大的优势。

下面我们首先介绍一下宏观方法——计算流体力学(CFD)。CFD核心任务就是求解一组描述固定几何形状空间内流体流动的所谓流动控制方程,即流体的动量、热量和质量方程以及相关的其他方程,通常以偏微分方程形式出现。解这个方程组需要用到很多知识,包括计算机科学、流体力学、偏微分方程的数学理论、计算几何学、数值分析等。总的思路就是在空间域上对控制方程进

图 1.2　CFD 应用示例效果图

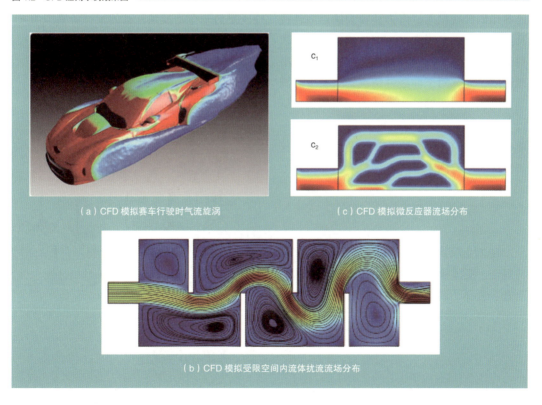

(a) CFD 模拟赛车行驶时气流旋涡

(c) CFD 模拟微反应器流场分布

(b) CFD 模拟受限空间内流体扰流流场分布

行离散,也就是把要模拟的区域进行网格划分,形成一个个计算单元,在计算单元上把偏微分方程组离散成代数方程组,在施加初始条件和边界条件后进行数值计算,当数值解的精度达到要求后,即可终止运算并对数据做后处理最终完成模拟过程。

用 CFD 方法模拟流体流动过程就是在计算机上做一次实验,通过数值模拟再现实际的流体流动过程,获得某种流体在特定条件下的有关数据。图 1.2 给出了一些 CFD 应用示例效果图。

在 CFD 计算方法出现之前,化工领域的科学研究主要采用实验测量与理论分析两种手段,但是实验测量往往受到实验模型尺寸、流场扰动、人身安全和测量精度的限制,有时可能很难通过试验方法得到结果,同时还会遇到经费投入、人力和物力的巨大耗费及周期长等许多困难,而理论研究往往要求对计算对象进行抽象和简化,才有可能得出理论解,尤其对于非线性情况,只有少数流动才能给出有明确公式表达的解析结果。所以 CFD 是一个非常有力的工具。下面我们看一看用 CFD 来模拟化工厂里常见的搅拌釜反应器中流体流动的情况。

搅拌釜模拟实例

在工业应用中经常需要进行流体的搅拌与混合,搅拌釜反应器常应用于石油、矿业、冶金、食品、制药等化工相关领域。搅拌釜的核心是搅拌桨,常用的形式有桨式、涡轮式、推进式、框式、锚式等,如图 1.3 所示。由于搅拌釜中存在旋转的、结构复杂的搅拌桨,以及可能还存在用于换热的盘管等结构,可以想见釜内流体的流场是非常复杂的,在不同位置流体流动的速度、温度分布差别较大。而要测量这些局部流场人们又缺乏手段,想知道用什么样的桨、转速多快最合适,哪里是搅拌混合的"死区"等,靠实验就比较难回答。搅拌釜内的流动、传热信息缺乏,制约了对搅拌釜反应器效率及产品质量的提高。

借助 CFD 方法,可以快速计算出不同搅拌桨、不同操作条件下反应器内流体的速度分布、压强分布、相含率分布等,为搅拌桨和反应器的设计及操作提供重要依据。图 1.4 是对一个带换热蛇管的搅拌釜模拟结果,模拟不仅可以得到速度场信息,还可以得到温度场信息,如图 1.5 所示。

图 1.3 搅拌桨结构示意图

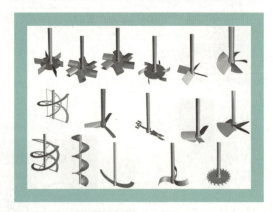

图 1.4 带换热蛇管的搅拌釜模拟结果截屏[2]

左：结构示意图；右：涡量图

图 1.5 搅拌釜模拟的温度场和速度场分布截屏[2]

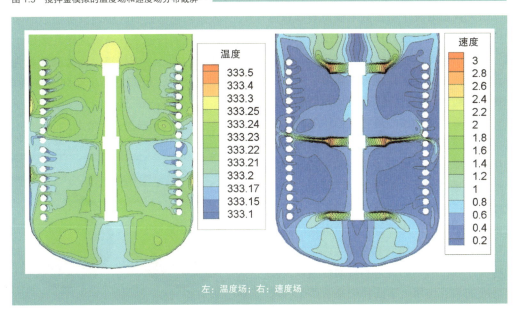

左：温度场；右：速度场

1.4 颗粒运动

颗粒加工是另一类典型的化工过程，在医药、食品、石化、冶金等领域有广泛应用，大量的颗粒及粉末状固体物料被作为原料、添加剂及能源物质使用。颗粒在流动过程中可能形成各种各样的模式，深入理解颗粒体系及颗粒流动机理，对工业生产有重要的指导意义。与流体不同，颗粒系统是离散的，涉及的颗粒数量巨大，颗粒的形状、硬度、黏结性的差异等，都增加了颗粒运动的复杂性，很难用实验方法开展研究。

研究人员开发了很多数学模型对颗粒运动进行描述，其中最具代表性的是离散单元法（discrete element method, DEM）。离散单元法与前面提到的微观方法类似，通过跟踪每个颗粒的运动，获得颗粒体系演化的规律。离散单元法的核心是建立固体颗粒体系的参数化模型，准确地描述颗粒之间的相互作用，从而进行颗粒行为模拟和分析。模型一般分为硬球模型和软球模型两种。其中，软球模型在处理颗粒碰撞时考虑了颗粒可能发生的微小形变，比较符合颗粒运动的真实特性。颗粒的运动方程遵守牛顿第二定律，能够描述颗粒的平动行为和转动行为以及颗粒之间的相互作用。下面我们来看两个颗粒体系模拟的例子。

转鼓颗粒体系分级模拟

转鼓是一类工业中用于处理固体颗粒或固液混合体系的常见设备，可用于过滤、干燥、造粒、混合等多个方面。转鼓操作简单，易于控制，且具有连续生产的能力，在建筑、化工、能源、冶金、材料、制药、纺织、食品加工等领域都有着广泛的应用。

转鼓颗粒体系的分级现象是强烈而明显的。在较低的转速下，通常旋转几周后，小颗粒就会向轴心附近聚集，而大颗粒将会在边壁附近出现，也即发生了径向分级现象，如图 1.6（a）所示。近年来，又发现了一种新的转鼓颗粒体系径向分级模式，如图 1.6(b)

图 1.6 转鼓颗粒体系的分级现象[3]

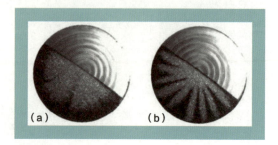

所示，小颗粒呈径向条纹分布。目前将传统的小颗粒向轴心聚集的分级模式形象地称为月亮模式，而将条纹状分级模式称为太阳模式或花瓣模式。

DEM方法可以对上述转鼓体系内不同粒径颗粒的分级现象进行模拟，如图1.7所示，展示了不同旋转速度下滚筒内的颗粒流动模式。

图1.7 不同旋转速度下滚筒内的颗粒流动模式（旋转30 rad后的结果）[4]

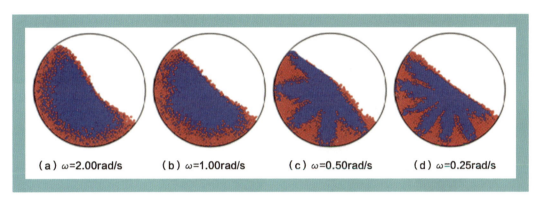

药物混合器模拟

制药工业中，利用颗粒混合器将少量的药效组分与增混剂掺混，其混合的均匀度直接影响药物的质量，而混合的均匀度受颗粒混合器的操作条件影响。图1.8展示了对一

图1.8 药物混合器模拟结果（左：垂直混合器；右：倾斜45°混合器）[5]

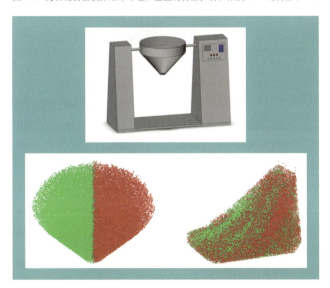

个圆锥形药物混合器的 DEM 模拟结果。模拟体系包含约 66 万颗粒，重点考察混合器安装角度对混合过程的影响。发现垂直安装的混合器以每分钟 30 转的转速，旋转 20 圈时仍有明显分界；而倾斜 45°，采用相同转速，旋转 15 圈就能混合均匀，可见倾斜混合器的混合效果更具优势。

DEM 还可以处理具有复杂几何结构的反应器，如工业螺旋输送器中的热量传递和质量传递过程。图 1.9 是对一个长 13.5 m、直径 1.5 m、含 960 万个毫米级颗粒的工业规模滚筒内两种颗粒传热传质的模拟，采用 30 块 C2050 GPU 卡，模拟速度约能达到物理演化速度的 1/60。模拟结果与实验测量的出口粒径分布基本一致，这为理解混合机理、优化装置结构提供了指导。

图 1.9　工业螺旋输送器中颗粒的传热传质模拟结果[6]

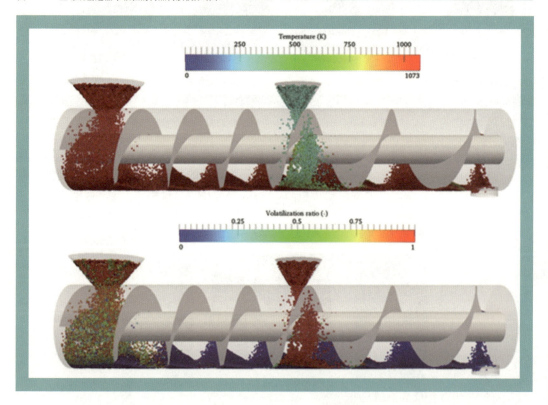

1.5 多相体系

流化床研究

单纯的流体系统或颗粒系统比较容易处理，但是如果既要考虑流体运动又要考虑颗粒运动，这种气固或者液固两相流动就构成了更为复杂的颗粒流体系统。在现代过程工业里一类叫流化床的设备中经常可以看到这种多相体系。

流化床是一种利用气体或液体通过颗粒层并使颗粒悬浮运动的装置。在流化床中颗粒将出现类似于流体的行为，称为流态化。在自然界中，大风扬尘、沙漠迁移、河流夹带泥沙等，都是典型的流态化现象。过程工业装置流态化的主要目的是增强颗粒与周围流体的混合效果，提高传热、传质效率。

各大石油化工企业目前普遍能看到的催化裂化反应器就是非常典型的流态化装置。这一装置是为了把价值比较低的重质油在催化剂作用下转化成价值较高的轻质液体燃料如汽油、柴油等。催化裂化反应器里的固相主要是粉末状的催化剂，气相就是石油原料蒸气。装填在垂直管道中的催化剂形成颗粒床层，反应气体流过床层，颗粒在流体的作用下被悬浮或输送。在各大火力发电企业目前普遍采用的大型循环流化床燃烧锅炉也是流态化技术的杰出应用范例。

流化床内的颗粒流体系统运动十分复杂，随着气体速度的增加，流动结构可能发生一系列的转折变化，形成膨胀、鼓泡、湍动、快速流化、稀相输送等典型的流域特征，如图1.10所示，很难用简单的模型进行描述。

图1.10 流化床的流型过渡：膨胀、鼓泡、湍动、快速流化、稀相输送

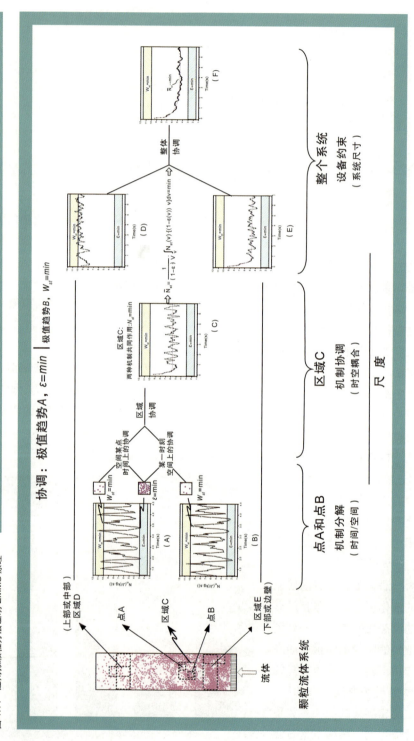

图 1.11 应用拟颗粒方法证明 EMMS 原理[9]

Digital Chemical Engineering 15

> **流态化**：流态化是指颗粒状固体物料在气体流或液体流的作用下处于悬浮状态、呈现出一定流体特性的状态，这种状态有利于工业的管道化、连续化生产，能够促进气－固、液－固的相间接触，有利于提高传热、传质和化学反应的速度，所以在工业过程中被广泛采用。

> **介尺度**：本文提及的介尺度概念并不是一个特定的几何尺度范围，而是与多相反应体系中两个层次的介尺度问题研究有关，包括分子尺度到颗粒尺度的材料结构或表界面时空尺度，以及颗粒尺度到反应器尺度间形成的非均匀结构的时空尺度。研究介尺度问题的意义在于，明确不同系统中介尺度结构的定义和特征，阐明多尺度过程的介尺度作用机制，突破传统方法的局限性，解决工程应用中的挑战性问题。

多尺度方法

颗粒－流体运动的复杂性对于数学模型和程序计算提出了很高的挑战。为了应对这一挑战，科学家提出了很多解决方法，其中能量最小多尺度方法[7-8]（EMMS）是中国科学家提出的、应用较为广泛的一种。

依据 EMMS 模型，将反应器定义为宏尺度，将颗粒聚团定义为介尺度，单个颗粒定义为微尺度。根据不同控制机制在竞争中协调的原理，提出了稳定性条件，建立了描述颗粒－流体复杂系统的变分多尺度模型。该模型可以预测流态化过程中的流型过渡和结构突变现象。随后又应用拟颗粒方法对稳定性条件进行了证明，夯实了 EMMS 原理的基础，如图 1.11 所示。

EMMS 原理从气固两相流进一步推广到气液固、湍流、纳微流动、泡沫、颗粒流以及乳液等更多复杂系统，并直接推动了介科学的发展[10]。从介科学的角度，发现各种复杂系统都存在着类似的稳定性原理，即两种极值趋势在竞争中协调，形成稳定的结构。据此，归纳形成了变分多尺度方法的理论框架，在数学上，它可以表达为一种通用的多目标变分问题。在此基础上形成了新的"EMMS 计算模式"，即模拟宏尺度和介尺度的行为，应用稳定性条件进行约束；研究微尺度行为则应用离散模拟描述，这样可以同时保证模拟的效率和精度，如图 1.12 所示。这一计算模式，正是提高计算效率和精度的关键。这种扩展的 EMMS 模型与离散模拟相结合，在方法上实现了问题、模型、软件和硬件四者的结构与逻辑一致性，为过程工程的集成设计提供了解决方案。

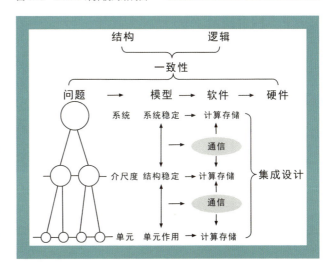

图 1.12　EMMS 计算模式结构图[11]

1.6 虚拟过程平台与超级计算系统

虚拟过程平台：以流化床为例

基于上述思路，中国科学院过程工程研究所成功研发了流化床虚拟过程工程平台。这个平台由计算、实验和显示控制三部分组成，如图1.13所示。计算部分负责实时计

> **虚拟过程工程**：化工反应器的传统设计依赖于逐级放大试验，具有周期长、费用高、风险大等缺点。针对这一问题，虚拟过程工程的设计理念是：构建集计算机模拟、在线控制、同步测量、数据处理和显示于一体的虚拟平台，致力于实现复杂反应器的多尺度动态实时模拟，并与工业应用紧密结合，为化工反应器的设计与优化提供指导。

图1.13 虚拟过程工程平台系统结构图[12]

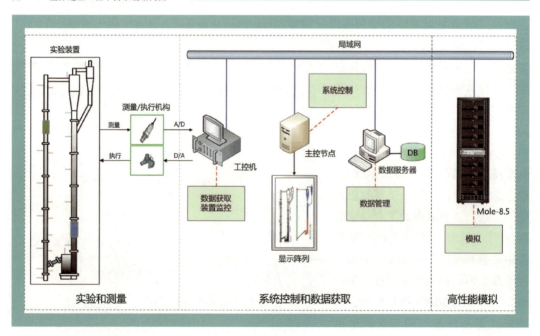

算指定条件下设备内的运行情况;实验部分负责装置运行和有效测量,并在线传输给计算部分进行校正。实验与计算两部分紧密衔接,并通过显示控制部分清晰地演示设备内的动态运行信息,可由工程师进行实时操作控制。

图1.14展示了流化床虚拟过程工程平台的实景图,流化床高度达到6m以上。实验为计算提供流化床原型以及实验参数信息;计算将实验原型虚拟化、数字化,通过求解数学模型,对于系统行为进行定量预测;显示控制部分由桌面机和液晶屏幕构成,可实时演示设备内的运行状况,将实时模拟和过程控制有机地结合在一起。

图1.15展示了流化床的多尺度模拟具体的工作流程。首先根据设备操作条件(例如进入反应器的气体速度、催化剂颗粒数量等),由稳态宏尺度模型(EMMS模型)给出整个设备内部的颗粒分布,这可以在数秒内完成;再以前述局部分布作为初始和边界条件,由动态宏尺度模型(双流体模型)模拟全回路反应器的动态演化;对于重点关注的提升管,采用介尺度模型(考虑介尺度结构的颗粒轨道模型)进行颗粒团尺度的动态模拟;若对某细节部位(如分布板附近)感兴趣,则再以前述计算结果作为初始和边界条件,采用单颗粒尺度模型(直接数值模拟)启动计算,以进一步研究流场细节。在图1.15的计算中,

图1.14 流化床虚拟过程工程平台实景图[12]

图1.15 流化床多尺度模拟[11]

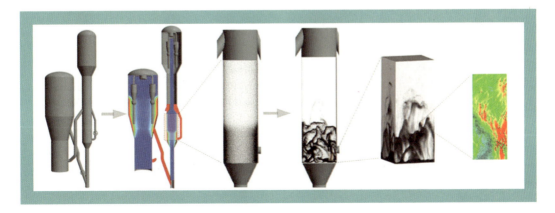

介尺度模型对 30 m 高的提升管局部模拟需要的流体网格数为 3.6 万、颗粒聚团数为 12 万；而微尺度模型对 16 cm×4 cm 区域的模拟就需要 19 万颗粒。可见，依此多尺度逐步推进的思路，即可层层展开，在保证计算精度的同时显著减少了计算量。

图 1.16 和图 1.17 进一步展示了多尺度模拟的结果，依赖于计算问题的关注尺度不同，计算量也存在数量级的差异，工程应用中需要根据问题的性质选择合适的多尺度计算模式。需要强调的是，数值模拟并不是仅仅得到一堆彩色的图片或动画，而是得到系统内有用的定量信息，可以与实验测量结果相互比对，图 1.17 中的模拟曲线图与实验测量的散点图基本一致，说明了模拟计算的可靠性。该技术平台不仅适用于流化床反应器的实验模拟，还可以为工业界提供计算服务。

图 1.16　三尺度模拟的典型计算结果：宏尺度、介尺度、微尺度[11]

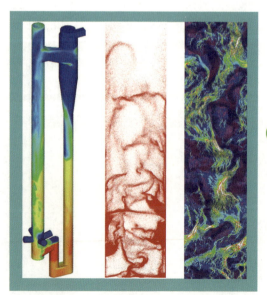

超级计算系统

由于化工反应器中的模拟计算通常涉及多相复杂流动，而且从实验室研究到工业规模应用需要跨尺度的研究，计算规模十分庞大，不仅需要准确的数学模型，还需要有超级计算系统的支撑。

尽管计算机硬件处理能力按照摩尔定律继续发展，但是随着集成电路晶体管密度的日益增加，其能耗也在迅速增加，由于集成电路散热能力的限制，依靠单处理器性能的改进提高运算速度举步维艰，因此迫切需要高性能计算技术的发展。

美国 NVIDIA（英伟达）公司于 2006 年推出基于图形处理器（graphics processing unit，GPU）的计算统一设备架构（compute united device architecture，CUDA），中国科学院过程工程研究所意识到可以使用 CPU-GPU 耦合方案来实现多尺度离散模拟[13]，在随后两年时间里先后建成了单精度峰值超过 100 Tflops（1 Tflops 等于每秒 1 万亿次浮点运算）和 450 Tflops 的高性能计算系统。在此基础之上，过程所于 2010 年建成

超级计算系统：超级计算系统是由大量性能优越的计算机组成的、具有特定体系结构的计算机集群，其内部的计算机能够协同稳定运行，具有高速通信与海量存储等功能。除了领先的计算机硬件系统之外，还包括支撑硬件运行的软件系统和测试工具，以及各种面向科学与工程问题的应用软件。超级计算系统的研发与使用，对于国际科技创新与竞争具有重要影响。感兴趣的读者可以进一步了解全球超级计算机排行榜。

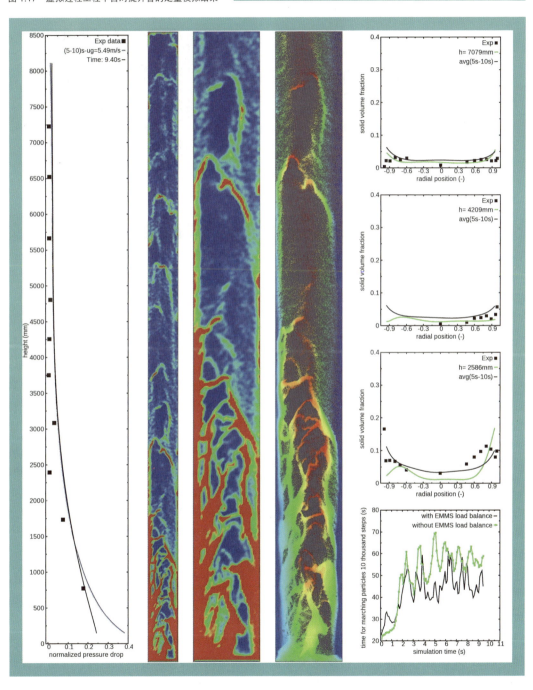

图 1.17 虚拟过程工程平台对提升管的定量模拟结果[6]

图 1.18　高效能、低成本超级计算系统 Mole-8.5[14]

图 1.19　CPU-GPU 耦合结构示意图

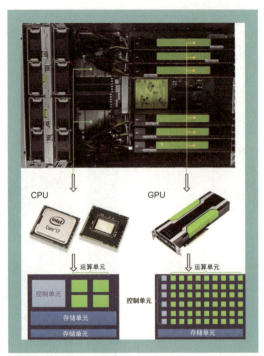

Mole-8.5 超级计算系统，如图 1.18 所示。

　　Mole-8.5 超级计算系统的计算节点主要采用 Tyan S7015 主板，最多可安装 8 块 Tesla C2050 GPU 卡，从而使单机执行离散模拟的性价比得到最充分的发挥。Linpack 测试结果在 2010 年的全球超级计算机排榜 Top500 排名中名列第 19 位，而在随后的 Green500 排名中位列第 8 位。2017 年仍在两个排行榜内。Mole-8.5 系统实际测试速度达到 1400 万亿次单精度浮点运算速度。系统能耗 563 kW，系统总能耗（含冷却系统 200 kW）763 kW，占地面积 145 m²，系统内存容量 17.79 TB，GPU 显存容量 6.48 TB，共计 24.27 TB；计算系统总重量约 12.6 t，磁盘总容量为 720 TB；系统软件主要包括 CentOS 5.4、GCC/G++4.1.2 编译器、MPI/OpenMP/CUDA 编程环境、Ganglia 和 MoleMonitor 监控软件等，实现了远程系统访问和作业管理。单个计算节点内部的硬件结构如图 1.19 所示。

　　为什么需要 CPU-GPU 耦合计算模式呢？因为 CPU 具有大量缓存和控制单元，但是运算单元较少，适合算法复杂度高的流体求解；而 GPU 具有大量运算单元，非常适合颗粒的并行计算。CUDA 编程模式将 CPU 作为主机（Host），GPU 作为协处理器或者设备，一个系统中可以存在一个主机和多个协处理器。在这种组织架构下，CPU 用来处理逻辑性较强的计算，而 GPU 则负责执行高度线程化的并行处理任务，两者之间可以进行数据交换与传输。CPU 与 GPU 协同工作，两者耦合可以显著提高计算效率。

　　可以畅想，在未来的虚拟化工实验室里，表面上工程师们在显示控制终端应用各种模型或计算软件，进行反应器或催化剂分子结构的设计与操作，而这背后有一个庞大的计算系统和理论架构在高效运转，为研发设计提供技术支撑。

1.7 虚拟过程工程的工业应用举例

由于应用需求迫切，虚拟过程工程平台的概念迅速得到学术界和工业界的关注，超级计算系统在建造过程中就开始承担国家重大专项、自然科学基金重大项目的任务，为中石化、中石油、宝钢、兖矿以及通用电气、阿尔斯通、必和必拓、联合利华等国内外大型企业提供了大量模拟计算服务。下面举几个典型的应用实例。

多产异构烷烃工艺（MIP）是生产清洁汽油的重要技术，从设计首套年产140万t装置，到后期改造与放大，数值模拟都发挥了关键指导作用，显著加快了研发进度。模拟结果如图1.20所示。目前我国清洁汽油产能的1/3以上使用了该平台开发的装置。

图1.20 多产异构烷烃工艺（MIP）数值模拟应用[10, 15]

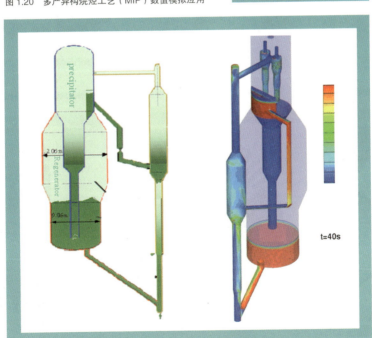

在电力行业，在国际上率先实现了工业规模锅炉的三维全系统动态模拟，揭示了旋风效率与状态波动之间的关联机制，为循环流化床锅炉的技术开发提供了有力支持，模拟结果如图 1.21 所示。

冶金行业中，数值模拟应用也很广泛，例如铁矿石磁力分选、滚筒法液态钢渣处理、无焦炼铁工艺优化等，为节能环保工艺的开发提供了支撑，模拟结果如图 1.22 所示。

针对含有 3 亿原子团的复杂生物体系的数值模拟，复现了流感病毒在溶液环境中的动态行为，对疫苗开发具有重要意义，模拟结果如图 1.23 所示。

在石油开采领域，对岩芯渗透率这一基础数据的计算速度比实验测量快 300 多倍，并且更为准确，为壳牌公司提升原油采收率提供了基础支持。模拟结果如图 1.24 所示。

图 1.21　循环流化床锅炉的流动与反应模拟[6]

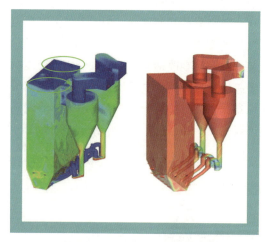

图 1.23　病毒与生物大分子模拟[20]

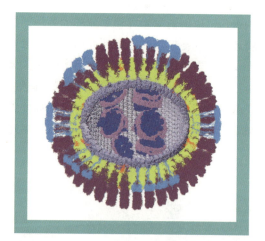

图 1.22　数值模拟在冶金行业的应用[9]

图 1.24 岩芯渗透率模拟[13, 21]

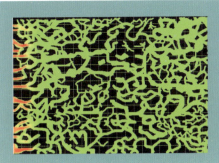
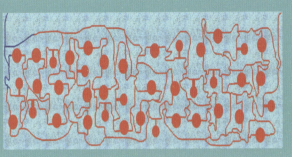

1.8 虚拟过程工程的未来

数字化工的目标是实现虚拟过程工程，也就是要通过计算机实时模拟，实现化工过程的虚拟现实。这将从根本上改变化工过程的研发模式，推动流程制造业的绿色化和智能化。实现这一目标，关键是要有合理的物理模型和高效快速的计算能力。

有效的化学工程理论和过程工程计算方法，在过程工业的实践中逐渐成为核心组成部分，从原子、分子层次的结构设计，到纳米颗粒、团簇的功能研究，再到过程和设备的设计与放大，在化学化工研究的各个尺度上都需要发展新的理论与计算工具。实现高度集成的多尺度模拟和优化，有望为解决能源、环境、材料和信息等各个领域的瓶颈问题带来革命性的突破，进而设计出更有效、对环境更友好的过程与产品，促使化学化工为人类经济文明做出更大的贡献。另外，人工智能与大数据技术将向化学工程各个分支领域渗透，为工艺开发、设备运行与远程诊断、过程强化、过程安全与控制等提供技术支撑，化工工程师需要紧跟计算机科学的发展潮流，并与已经掌握的化工知识相结合，才能在新一轮工业革命中获得成功。

没有数学和计算机，就没有今天和明天的化学工业。发展数字化工，需要更多有抱负、有智慧的青年学子投身其中！

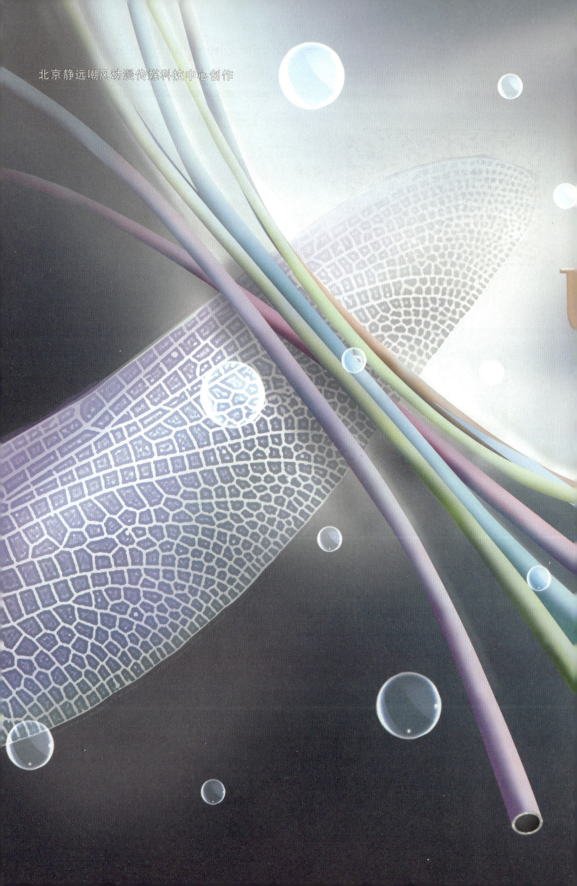

02 触"膜"世界

Touch the World of Membrane

将海水中混合在一起的盐和水分离,得到想要的纯净水,剔除不需要的盐分。嗯,我们是这样想的,自然界也是这样暗示我们可以这样去做的。在自然界的微观及宏观世界中,经常需要进行物质的分离、渗透和过滤,而且还要高效、精准和快速。

膜的结构薄如蝉翼,精细如织;膜可以阻隔外部的污染物,也可以完成分子级别的分离。膜就是一种构造巧妙、功能神奇且应用灵活的物质分离器。

02

触"膜"世界
Touch the World of Membrane

让物质分离更高效、更精准
For More Efficient And Precise Separation Processes

谷和平 教授　陈献富 博士
（南京工业大学）
陈翠仙 教授
（清华大学）

  膜技术是解决当前人类面临的资源匮乏、能源短缺、生态环境恶化等重大问题的重要新技术。膜产业是 21 世纪的朝阳产业。为了普及膜技术知识，帮助读者了解膜的功能及用途，本章简要介绍分离膜及其应用技术。首先介绍了分离膜及膜分离过程，简述了膜的种类、膜的结构与性能、膜的制备方法、发展历程及主要膜过程的特点。然后介绍了膜技术在几个领域中的应用，包括水处理领域、气体分离领域、能源领域、健康医疗领域等。其中每一部分均综述了膜在该领域的应用状况，列举了工程应用实例。最后展望了膜技术未来的发展方向。

2.1 引言

膜技术是一种新型高效的分离技术，是多学科交叉的产物，也是化学工程学科发展的新增长点。

随着经济的发展、社会的进步和人类对不断提高生活品质的需求，能源紧张、资源匮乏、环境污染的问题越来越突出，而膜分离技术正是解决这些人类面临的重大问题的新技术之一。

膜技术的核心是"膜"，现在，让我们一起插上想象力的翅膀，去触摸和认识这个神奇的膜世界。

膜是人类的好朋友

你见过膜吗？听到这个问题，也许很多人会摇头，"膜"听起来有点陌生而玄奥。其实膜是我们最亲密、最熟悉的好朋友，它不仅影响着我们日常生活的方方面面，在我们的身体里也无处不在。只不过大家是"不识庐山真面目，只缘身在此山中"罢了。

众所周知，构成动物及植物的最小基本单元是细胞，而真核细胞的外壁被称为细胞膜。人的身体是由无数细胞构成的，所以说我们的全身都是膜。

生物膜的作用举足轻重，它是保障人类及所有的动物、植物维持生命正常运转的最为重要的组成单元。研究发现，细胞膜有两种专门的通道：一种为水通道，另一种为离子通道。水通道只允许水分子通过，而离子通道只允许离子通过。正是由于这两种通道的存在，细胞膜才具有了自动调控生物体内水与电解质平衡的神奇功能，使体内的水分及电解质（离子）始终保持在正常范围内。一旦这个通道失调失控，例如人体内水分排不出去而过多时，人就会浮肿；而当人体内钠离子过多时，就会患高血压病。可见，细胞膜对于生命健康是多么的重要。

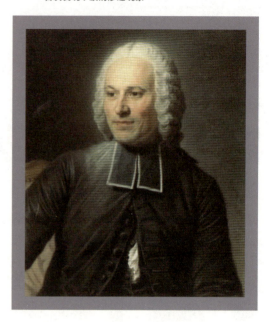

图 2.1　1748 年阿贝·诺莱特（A. Nollet）首次发现了膜的渗透现象

人工合成膜的起源

膜（membrane）的家族极为庞大，前面介绍的生物膜仅仅是其中的一种。目前在人类生产生活中，应用最广的当属人工合成高分子膜。

1748 年，一个偶然的机会让法国人阿贝·诺莱特（A. Nollet）发现了生物膜的渗透现象。他将猪膀胱当作一个容器，把酒精溶液灌入猪膀胱里，系上口子之后浸入到水缸里。过了一段时间，他发现装有酒精的猪膀胱逐渐涨大起来，也就是说，水缸里的水自发地透过猪膀胱进入到酒精溶液中去了。猪膀胱是一种生物膜，也是一种半透膜。水分子在浓度差的推动下，会自发地从稀溶液（水）的一侧通过半透膜迁移到浓溶液（酒精）一侧，这就是"渗透"现象。这次偶然的发现是迄今为止史料中最早记载的膜分离现象。

生物膜惊人的功能和效率，激发了人类灵感，科学家们模仿生物膜的功能，研制出了一系列人造功能膜。例如：

- 海带具有能够将海水中的碘富集浓缩 1000 多倍的功能，模仿海带研制出了能富集海水中碘的液膜；
- 自然界中一种叫石毛的藻类具有把铀富集 750 倍的功能，模仿石毛研制出了能分离并浓缩铀 235 和铀 238 的功能膜，早期制造原子弹用的铀 235 就使用了这一技术；
- 根据猪膀胱的渗透原理，科学家们发明了反渗透膜，用于海水淡化，制备超纯水；
- 模仿肾脏排除血液毒素的功能，科学家们制出了透析膜，挽救了千千万万尿毒症患者的生命；
- 鱼能够通过鳃，把溶解在水里的氧

气分离出来供自己呼吸，模仿鱼，科学家研制出了氧合膜，用于制造人工肺，可以摄取氧气，排出二氧化碳，在进行心脏手术时代替人体肺脏。

20世纪60年代，美国加利福尼亚大学的罗伯（S.Loeb）和索里拉金（S.Sourirajan）等人研究成功人类第一张具有实际应用价值的高通量、高脱盐率的反渗透膜，使膜技术迅速从实验室走向工业应用。

此后半个多世纪，科学家们研究出许许多多不同特点的功能神奇的膜。

神奇的功能膜

功能膜的功能涵盖了物质分离、能量转换、物质转化、控制释放、荷电传导、物质识别及信息传感等功能。

（1）物质分离膜

用于对气态、液态、固态等各类混合物进行精密分离，包括气/气分离（如O_2/N_2、N_2/H_2、CO/CO_2），气/液分离（如脱氧膜），液/液分离（如苯/环己烷、丙酮/水、乙醇/水、苯/水），固/液分离（如胶体/水、细菌/水、颗粒/溶液），离子分离（如单价离子/多价离子、阴离子/阳离子），同位素分离（如$^{235}UF_6/^{238}UF_6$），同分异构体分离（如邻、对、间位二甲苯），手性化合物分离（如D-色氨酸/L-色氨酸），共沸物分离（如$H_2O/EtOH$）等。

（2）能量转换膜

包括化学能-电能转换（燃料电池膜），光能-电能转换（光电池膜），光能-化学能转化（光转化膜），机械能-电能转换（压电膜），光能-机械能、热能转换（光感应膜），热能-电能转换（热电膜），电能-光能转换（发光膜）。

（3）物质转化膜

包括膜反应器用膜和膜生物反应器用膜，有的膜本身既是分离介质也是催化剂载体。物质转化膜的应用实例之一是钯膜反应器制氢。

钯膜本身就是催化剂同时具有高透氢特性，将甲烷在高温下转化成一氧化碳和氢气，并不断使氢气透过膜，从而实现氢气与甲烷、一氧化碳分离，来制取氢气（图2.2）。

（4）控制释放膜

包括蓄器式（即药物混合在高聚物中，高聚物分解后药物释放）、基片式、溶胀控制式和渗透式。在医药领域，控缓释胶囊已广泛应用，但有些疾病无法使用胶囊，如青光眼类的眼病，需要终身滴眼药水。科学家将药物包覆进控制释放膜中，这种膜很薄，可直接放在眼睑处，自动释放出药物，定期更换，解决了传统眼药水周期性药物浓度变化和利用率低的问题。

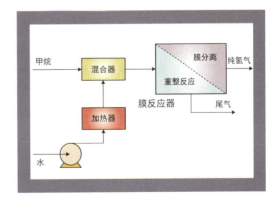

图2.2　膜反应器在甲烷水蒸气重整制氢中的应用

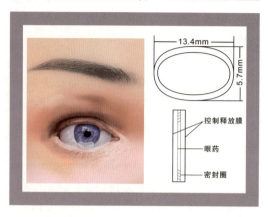

图 2.3 包覆扩散型控制释放眼药水[43]

（5）电荷传导膜

包括阳离子交换膜、阴离子交换膜、镶嵌荷电膜、双极膜和导电膜等。

（6）物质识别膜

可用于制作膜生物传感器。

在众多功能膜中，研究开发时间最长、技术最成熟、应用最广泛的是具有分离功能的膜，简称分离膜，本章重点介绍分离膜及其应用。

化学及化学工程与分离膜技术

20 世纪发明的七大技术是：信息技术；化学合成及化工分离技术；航空航天和导弹技术；核科学及核武器技术；生物技术；纳米技术；激光技术。

但这些技术中什么技术对人类的生存影响最大呢？我国著名的化学家、中国科学院院士、2008 年度全国最高科学技术奖获得者徐光宪先生认为，化学合成及化工分离技术是对人类生存影响最重大的技术。

化学合成和化工分离技术为人类发明了合成氨、合成纤维、合成塑料、合成橡胶、合成洗涤剂、医药及涂料等。这些产品渗透到人们的衣食住行。如果没有这些，人类的衣食住行将成为大问题，例如合成氨技术在 20 世纪是唯一两度荣获诺贝尔奖的发明，如果没有这一发明，世界粮食产量将减少一半，全球将有 35 亿人营养不良，但如果没有另外六大技术，人类照样能够生存。

人类通过化学合成和化工分离技术，制成了 2285 万种新物质和新材料，为其他六大技术的发展奠定了基础，可见化学合成及化工分离技术的确是人类生存、经济及科技发展影响最大的技术。

以分离膜为核心的膜科学技术是化学工程学科的重要组成部分，它的诞生和发展与化学及化学工程的发展密切相关。化学和化学工程为分离膜技术提供了制膜的原材料，膜的制备、膜传递过程的研究及膜的工程应用，无一不应用化学工程学科的基本理论和方法。然而，分离膜技术的出现又对化学和化学工程的发展产生了举足轻重的影响。

当今膜分离技术的应用，涉及国民经济各个领域，如图 2.4 所示的工业生产领域，以及生物、食品、医药等领域。发达国家都把膜分离技术纳入国家计划，美国把膜技术作为生物工程中重要的纯化手段，日本把膜技术作为 21 世纪基础技术进行研究与开发。我国把膜分离技术列为涉及经济、社会可持续发展的高新技术之一，自 20 世纪 80 年代初，持续投入巨资，支持基础和应用研究，支持进行产业化应用，极大地推动了膜技术的发展及工业应用。

图 2.4　膜技术的工业应用领域

2.2 分离膜及膜分离过程简介

分离膜

分离膜的种类

分离膜的种类较多，不可能用一种简单的方法来进行分类，通常从不同的角度进行分类。

按膜的相态分，有固(态)膜和液(态)膜。

按膜的材料分，有天然膜，如生物膜(细胞膜)、天然有机高分子膜；合成膜，如有机高分子膜、无机膜、合成生物膜。

按膜的结构分，有整体膜、复合膜；均质无孔膜、多孔膜(对称膜、非对称膜)；微孔膜、超微孔膜、致密膜、液膜(乳化液膜、支撑液膜)等。

按膜的几何形状分，有中空纤维膜、管式膜、平板膜，见图 2.5~图 2.7。

按分离过程分，有微滤膜（MF）、超滤膜（UF）、纳滤膜（NF）、反渗透膜（RO）、透析膜（DL）、气体分离膜（GS）、渗透蒸发膜（PV）、离子交换膜（IE）。

按制膜方法分，有烧结膜（如陶瓷膜）、拉伸膜、核孔膜（核径迹蚀刻膜）、挤出膜、涂敷膜、界面聚合膜、等离子聚合膜、热致相分离膜（TIPS）和非溶剂致相分离膜（NIPS）、溶胶-凝胶膜（Sol-Gel）。

按膜过程推动力分，有压力差驱动膜、浓度差驱动膜、电位差驱动膜、温度差驱动膜。

按膜的作用机理分，有吸附性膜、扩散性膜、离子交换膜、选择性渗透膜、非选择性膜。

膜分离过程

图 2.5 中空纤维膜

图 2.6 管式膜

图 2.7 平板膜

图 2.8 平板膜分离原理示意图

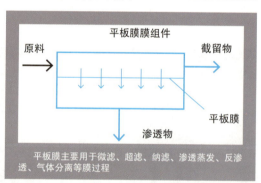

平板膜主要用于微滤、超滤、纳滤、渗透蒸发、反渗透、气体分离等膜过程

图 2.9 几种典型的膜及分离原理示意图

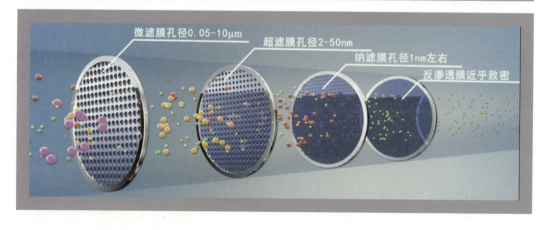

图 2.10　管式膜或中空纤维膜分离原理示意图（管式膜或中空纤维膜主要用于超滤）

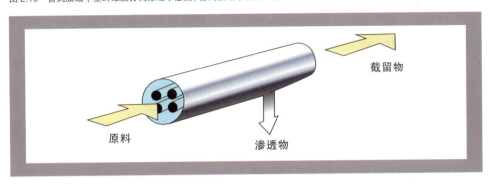

图 2.11　管式膜组件示意图

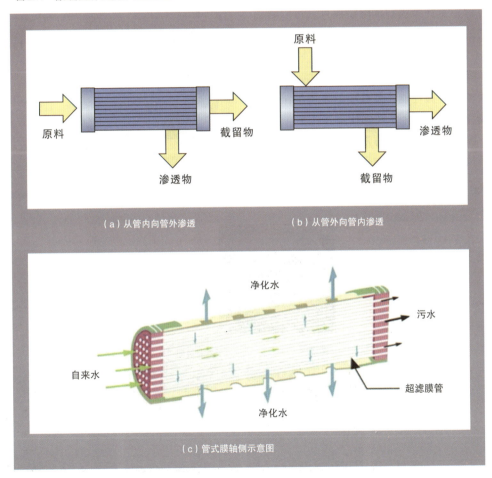

（a）从管内向管外渗透　　　（b）从管外向管内渗透

（c）管式膜轴侧示意图

分离膜的结构

分离膜结构包括膜材料结构和膜的本体结构。受篇幅的限制,膜材料结构本文不作介绍。

膜的本体结构包括膜表皮层结构及膜断面结构。有机高分子分离膜绝大部分属于非对称膜。非对称膜断面一般具有三层结构:致密皮层、毛细孔过渡层及多孔支撑层(图2.12);而均质无孔膜和均质微孔膜属于对称膜,膜断面只有一层结构。图2.13是非对称中空纤维膜扫描电镜照片,可以看出膜的三层结构。

(1)膜的表皮层结构

膜的表皮层结构影响分离膜的选择性、渗透性和机械性能。多孔膜的表皮层结构包括膜孔类型、孔径、孔形状及开孔率。

膜孔类型与制备方法有关,主要有聚合物网络孔,聚合物胶束聚集体孔,液(溶剂相)-液(非溶剂相)相分离孔等。

膜表面孔径包括最大孔径、平均孔径、孔径分布。

膜表面孔形状包括圆形孔(图2.14)、狭缝形孔(图2.15)、无规形孔(图2.16)等。

(2)膜的支撑层断面结构

膜的支撑层断面结构会影响到膜的渗透性能和机械性能。

图2.12 非对称膜的三层结构

图2.13 非对称中空纤维膜扫描电镜照片

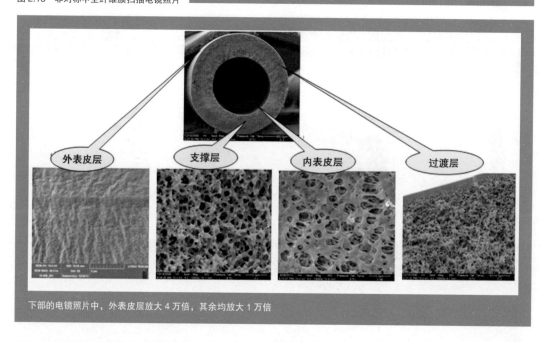

下部的电镜照片中,外表皮层放大4万倍,其余均放大1万倍

断面结构包括膜的断面形貌、断面孔隙率、各层厚度。断面结构有非对称形和对称形。断面孔形貌大致有海绵状（或称网络状）、指状、隧道状、胞腔状、狭缝状、球粒状、束晶状及叶片晶状，见图2.17(a)~(h)。

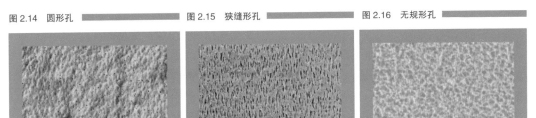

图2.14 圆形孔　　图2.15 狭缝形孔　　图2.16 无规形孔

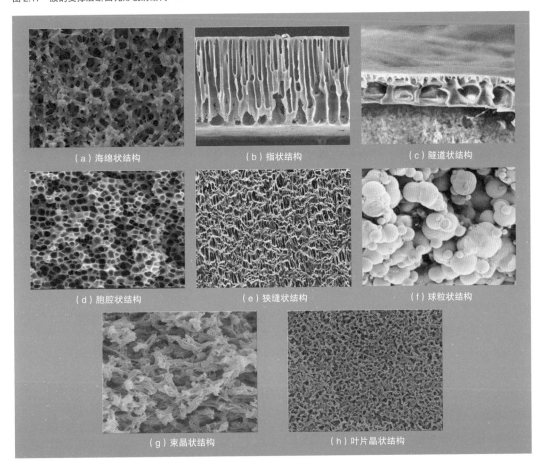

图2.17 膜的支撑层断面孔形貌的结构

（a）海绵状结构　（b）指状结构　（c）隧道状结构
（d）胞腔状结构　（e）狭缝状结构　（f）球粒状结构
（g）束晶状结构　（h）叶片晶状结构

分离膜的性能表征

分离膜的性能主要指膜的选择性、渗透性、机械性能、稳定性等。

选择性（selectivity）：是表示膜的分离效率高低的指标。

渗透性（permeability）：是指单位时间、单位膜面积上透过膜的物质量，表示膜渗透速率的大小。

机械性能（mechanical properties）：膜的机械性能是判断膜是否具有实用价值的基本指标之一，其机械强度主要取决于膜材料的化学结构、物理结构，膜的孔结构，支撑体的力学性能。机械性能包括抗压强度、抗拉强度、伸长率、复合膜的剥离强度等。

稳定性（stability）：膜在应用时，长期接触物料，在一定的环境条件下运行。膜的稳定性会影响到膜的运行周期和使用寿命，也是考核膜的实用性的重要指标之一。膜的稳定性包括化学稳定性（抗氧化性、耐酸碱性、耐溶剂性、耐氯性、耐水解性等）、抗污染性、耐微生物侵蚀性、热稳定性等。

分离膜的制备方法

分离膜制备方法有溶剂蒸发法、熔融挤压法、核径迹蚀刻法、熔融挤出－拉伸法、溶出法、热致相转化法、非溶剂致相转化法、涂敷复合法、界面聚合复合法、溶胶—凝胶法、水热法等。本文重点介绍下列几种方法。

（1）径迹蚀刻法

径迹蚀刻法制膜，主要包括两个步骤：首先是使膜或薄片（通常是聚碳酸酯或聚酯，厚度为5~15μm）接受垂直于表面的高能粒子辐射，这时，聚合物（本体）在辐射粒子的作用下形成径迹，然后浸入合适浓度的化学刻蚀剂（多为酸或碱溶液）中，在适当温度下处理一定的时间，径迹处的聚合物材料被腐蚀掉，从而得到具有孔径分布很窄的均匀圆柱形孔。

（2）熔融－拉伸法

将高分子材料在熔融状态下挤出并高速牵伸，经冷却结晶后在一定温度下热处理，经定型后得到具有狭缝状孔结构的微滤膜。

（3）相转化法

相转化制膜方法是，配制一定组成的高聚物均相溶液，通过化学或物理方法使均相聚合物溶液中的溶剂脱除，最终形成固体状的薄膜。

这是制备高分子分离膜的主要方法，工业上使用的微滤膜、超滤膜、反渗透膜、气体分离膜、渗透蒸发膜都可以采用这种方法制造。

（4）界面聚合法

这是一种制备具有超薄复合层的复合膜的方法。让两种互不相溶的液态制膜单体，在支撑膜表面发生聚合反应。当今在工程中大规模应用的复合纳滤膜和复合反渗透膜就是用这种方法制造的。

（5）溶胶－凝胶法

溶胶－凝胶法是一种制备陶瓷膜的方法。

分离膜技术发展历程

膜技术的发展历程如图2.18所示。1748年，法国科学家阿贝·诺莱特（A. Nollet）发现水会自发地通过扩散穿过猪膀胱而进入到酒精中，揭示了渗透过程（osmosis）；1854年，英国科学家托马斯·格雷厄姆（Thomas Graham）发现了透析过程（dialysis）；20世纪50年代，美国Millipore公司实现了醋酸纤维膜的微滤过程（microfiltration，MF），同时微滤膜及离子交换膜问世；1960年，科学家罗伯（Loeb）和索里拉金（Sourirajan）制成了第一张反渗透膜（第一代反渗透膜RO）；1967年，美国杜邦公司制造出第一个中空纤维膜组件；20世纪70年代，第二代反渗透膜即复合反渗透膜及无机膜上世；20世纪80年代，气体分离膜（gas separation membrane，GMS）研发成功；20世纪90年代，渗透蒸发（pervaporation，PV）、纳滤（NF）和膜蒸馏技术进入市场；20世纪90年代后期，以膜生物反应器（membrane bioreactor，MBR）为代表的，具有特种功能的膜材料与膜过程不断涌现。

进入21世纪后，随着膜材料生产的规模化、膜组件的标准化，膜设备生产技术的普及化和价格大众化，膜分离技术与其他分离技术耦合集成化，膜技术迅速发展成为工程实用技术，并得到了广泛的应用。

图2.18 膜技术发展历程

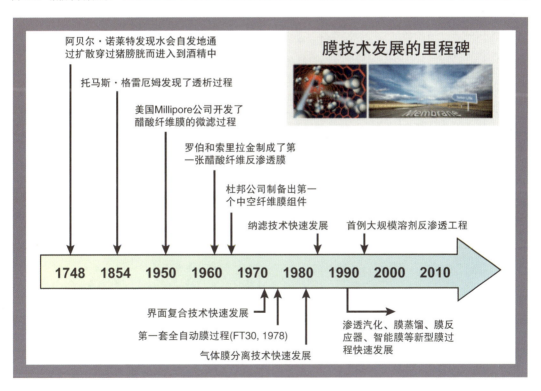

膜分离过程简介

成熟的膜分离过程

成熟的、已商品化的膜分离过程有微滤（MF）、超滤（UF）、纳滤（NF）、反渗透（RO）、透析（DL）、电透析（ED）、气体分离（GS）、渗透蒸发（PV）等，其主要特性见表2.1。

表 2.1　膜分离过程及其主要特性

膜分离过程	分离目的	被截留物	透过物	传质推动力	传质机理	膜类型	进料的相态
微滤	从溶液或气体中脱除粒子	0.02~10μm 粒子、胶体、细菌	溶液/气体	压力差	筛分	对称/非对称多孔膜	液体/气体
超滤	大分子溶液中脱除小分子，或大分子分级	1~20nm 大分子、细菌、病毒	含小分子溶液	压力差	①筛分 ②膜表面的化学、物理性质	非对称多孔膜	液体
纳滤	从溶剂中脱除微小分子，多价离子与低价离子分离，或相对分子质量200~1000的分子分级	1nm 以上溶质，多价离子	溶剂及极微小溶质、低价离子	压力差	有3种不同的机理解释：①优先吸附－毛细管流动，②溶解－扩散，③道南效应	非对称膜/复合膜	液体
反渗透	脱除溶剂中的所有溶质，或含微溶质溶液的浓缩	0.1~1nm 微溶质	溶剂	压力差	与纳滤的传质机理相同，只是膜表面更致密	非对称膜/复合膜	液体
透析	溶液中的小分子溶质与大分子溶质的分离	大于0.02μm 溶质，血液透析中大于0.005μm 溶质	微小溶质	浓度差	微孔膜中的筛分、受阻扩散	非对称多孔膜/离子交换膜	液体
电透析	从溶液中脱除离子，或含离子溶液的浓缩，或离子分级	非电解质及大分子物质	离子	电位差	通过离子交换膜的反离子迁移	离子交换膜	液体
气体分离	气体混合物分离	难渗透气体	易渗透气体	压力差	溶解－扩散	均质膜/复合膜	气体
渗透蒸发	有机水溶液分离，或有机液体混合物组分分离	难渗透组分	易渗透组分	分压差	溶解－扩散	均质膜/复合膜	液态、气态

> 道南（Donnan）效应：它是以道南平衡为基础，用来描述荷电膜的脱盐过程，一般纳滤膜多为荷电膜，所以该模型更多用来描述纳滤过程。

新的膜过程

新的膜过程包括：新的膜平衡分离过程，新的膜分离过程，膜反应器等，例如液膜（LM）、膜蒸馏过程（MD）、膜萃取过程（ME）、膜吸收过程（MA）、催化膜反应器（CMR）……

例如：化学反应过程中要求对反应物进行纯化，对产物进行精制，因此对混合物进行分离的工作显得尤为重要。膜反应器结合了膜的分离－反应（先分离再反应）或反应－分离（先反应再分离）功能，产生了最佳的协同效应，有助于化学反应的平衡移动，提高产率及产品纯度。

2.3 膜技术在水处理领域的应用

膜技术可以用于海水淡化；用河水、江水、湖水制取优质的饮用水；处理生活废水、工业废水并使水资源得以再生等。

海水淡化

据 2010 年底统计资料显示，全球已建成 15000 多座海水淡化厂，产水总规模达 6520 万 m^3/d，其中反渗透海水淡化产水规模 3900 万 m^3/d，80% 用于饮用水，解决了全球 2 亿多人的用水问题。2010 年全球海水淡化工程总投资达 340 亿美元，且每年以 10%~20% 的速度递增。市场研究机构卢克斯研究所（Lux Research）研究指出，到 2020 年，海水淡化的淡水量必须达到 2010 年底的 3 倍，才有可能满足全球不断增长的人口需求，海水淡化市场有望在未来的 10 年里以年均 9.5% 的增长率增长。

2013 年我国已建成反渗透海水淡化装置 58 套，日产淡水能力 38.3 万 m^3，其过程如图 2.19 所示。截至 2021 年 6 月全国海水淡化能力达到 160 万 m^3/d。

位于唐山曹妃甸工业区的阿科凌 $50000m^3/d$ 海水淡化工程，由 5 套反渗透海水淡化装置组成，采用多组件并联单级除盐流程。工艺流程见图 2.20，装置实景照片见图 2.21。

02 触"膜"世界

图 2.19 反渗透法海水淡化原理示意图

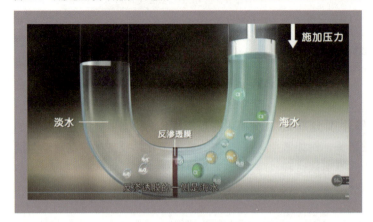

饮用水处理

膜技术在饮用水领域的应用已有 30 多年的时间了，根据不同水质的特点，膜法水处理可以替代传统的水处理工艺中的混凝、沉淀、过滤及消毒的全部流程，可以达到传统方法难以达到的 106 项新国标的

图 2.20 反渗透海水淡化系统工艺流程图

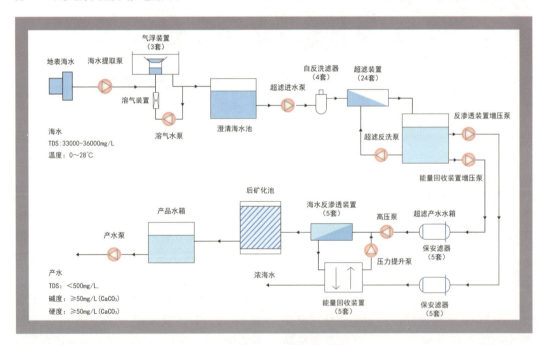

水质要求。

1987 年，世界上第一座采用膜分离技术的水厂在美国科罗拉多州的 Keystone 建成投产，处理规模为 105 m³/d。1988 年第二座水厂在法国 Amoncourt 建成投产，处理量为 240 m³/d。30 多年后的今天，以超滤

TDS（total dissolved solids，TDS）表示水中溶解性固体总量，单位为毫克/升（mg/L），它表明水中溶解多少毫克的溶解性固体。TDS 越高，表示水中含有的溶解物越多。

图 2.21 反渗透装置实景照片

为核心的第三代城市饮用水净化工艺已逐步走上水净化的舞台。如今世界上超滤水厂总规模已超过千万 m^3/d。

我国 2021 年建成或正在建设 10 万 m^3/d 以上的大型饮用水膜法处理工程 20 余个，其中建成的 60 万 m^3/d 的膜法饮用水处理工程就有 3 个。

宁波江东水厂 20 万 m^3/d 饮用水扩容改造工程，采用混凝沉淀加浸没式超滤工艺，于 2016 年 1 月投产。浸没式超滤的工艺流程见图 2.22，膜池现场实景照片见图 2.23。

图 2.22 浸没式超滤系统的工艺流程图

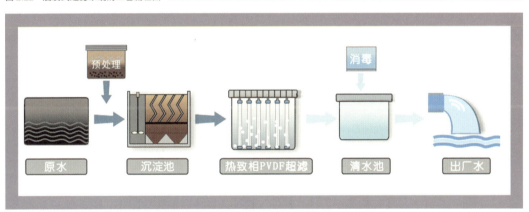

图 2.23 膜池现场实景照片

该工艺有效去除了病毒、细菌、两虫等微生物，同时产水的浊度、色度、嗅味等感官均较传统工艺大有改善，而且能耗很低，适合于水厂的升级改造系统。

生活污水处理

建在北京某镇的处理量为 4 万 m^3/d 的再生水厂的膜生物反应器（MBR）工程，原水为生活污水和部分工业废水，再生水用于绿化灌溉、道路浇洒、建筑、冲厕及河湖补水等。工程于 2010 年 5 月建成投入运行，采用厌氧、兼氧、好氧（此处是指利用厌氧菌、兼氧菌、好氧菌处理有机废水的技术）加膜生物反应器（A^2/O+MBR）工艺，工艺流程图见图 2.24，图 2.25 是膜池实景照片。

该工艺以膜分离系统取代传统生物处理工艺末端的二沉池、滤池及消毒池等单元，将膜组件直接浸没安装于生物反应池中，依靠高浓度的活性污泥和膜孔小于 0.1 μm 的中空纤维膜丝实现固液分离，并将污染物彻底分解。

该项目既解决了城镇水污染问题，又有效缓解了区域水资源短缺的现状。

图 2.24　再生水厂 A^2/O+MBR 工艺流程图

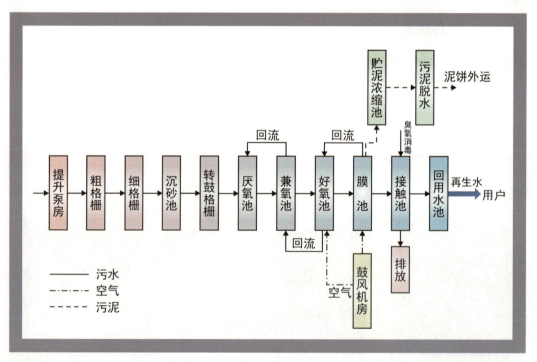

图 2.25 再生水厂 4 万 m³/d 工程膜池实景照片

工业废水处理及资源回收再利用

膜技术已在冶金行业废水、石油化工废水、造纸废水、食品废水、纺织印染废水、印钞废水以及其他工业废水处理中发挥了重要的作用,成为当今首选的治理工业污水技术之一。

例如在冶金行业中,大量的冷轧乳化液废水处理一直是个难题,使用陶瓷微滤膜后,水透过陶瓷微滤膜被回收,分散在水中的油滴被微滤膜截留,有效实现了油水分离。

上海宝钢公司在 2000 年采用陶瓷微滤膜分离技术处理冷轧乳化液废水(图 2.26),年处理量为 6 万 t,油截留率达 99.9%,水回收率大于 90%,废水处理成本大幅下降。

目前国内主流钢厂基本都采用陶瓷膜分离技术处理乳化废水。

图 2.26 上海宝钢集团陶瓷膜法处理冷轧乳化废水装置实景照片

2.4 膜技术在气体分离领域的应用

气体膜分离技术具有节能、高效、操作简单、使用方便、不产生二次污染的优点。已广泛用于氢气回收、空气分离富氧、富氮、天然气中脱湿、酸性气体的脱除与回收、合成氨中的一氧化碳和氢气的比例调节等。为工业企业的节能降耗，发挥了重要的作用。

合成氨厂弛放气中氢气的回收

合成氨生产过程中，会有气体放空，这部分放空气体称为弛放气，其中含有氢气和氨气，氢和氨分别是合成氨工业的原料和产品。回收和利用弛放气中的氢与氨，是合成氨厂节能、减排、增效、环保的重要措施。

采用膜分离技术和氨吸收技术结合可实现氢气和氨回收。20万t/a的合成氨弛放气中氢气的回收工程采用膜分离加精馏集成工艺装置实景见图2.27，其工艺流程图见图2.28。

图2.27　20万t/a合成氨弛放气中氢气回收装置实景照片

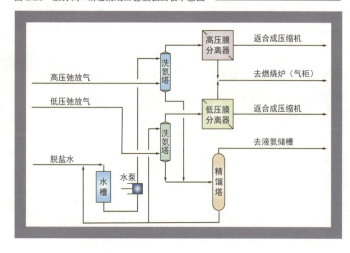

图2.28　膜分离/精馏集成工艺氢氨回收示意图

由图 2.28 可见，作为膜分离预处理器的两个洗氨塔，分别除去高/低压弛放气中氨，产生的氨水送入精馏塔，在精馏塔顶获得氨。洗氨塔顶的气体分别进入高/低压气体膜分离器，回收气体中的氢气，重返合成系统。膜分离器尾气中含有少量的氢和氨，送去燃烧炉燃烧，回收热能。

与传统氢氨回收工艺相比，合成氨厂"膜分离 – 精馏集成工艺进行氢/氨回收整体解决方案"解决了氢/氨回收的问题，同时将含氨废水排放降为零，有毒害气体排放降为零，实现了经济效益与环保效益最大化的目标。

合成甲醇弛放气中氢气的回收

氢气、一氧化碳和二氧化碳在高温、高压和催化剂作用下合成甲醇。由于受化学平衡的限制，反应物不能完全转化为甲醇。为了充分利用反应物，就必须把未反应的气体进行循环。在循环过程中，一些不参与反应的惰性气体（如 N_2、CH_4、Ar 等）会逐渐累积，从而降低了反应物的分压，使转化率下降。为此，要不定时地排放一部分循环气来降低惰气含量。在排放循环气的同时，也将损失大量的反应物（H_2、CO、CO_2），其中氢含量高达 50%~70%。采用传统的分离方法来回收氢气，成本高。用膜分离技术从合成甲醇弛放气中回收氢和二氧化碳，投资小，增产节能效果显著，已被甲醇行业普遍采用。

30 万 t/a 甲醇弛放气中氢气的回收工程装置实景照片见图 2.29，工艺流程如图 2.30 所示。

膜分离装置每小时回收氢气量折合纯氢为 3421 Nm^3（标准状态），可生产甲醇 1.5 t，年运行 8000 h，经济效益显著。

图 2.29　30 万 t/a 甲醇弛放气中膜法氢气回收装置的实景照片

图 2.30　甲醇弛放气膜法氢气回收示意图

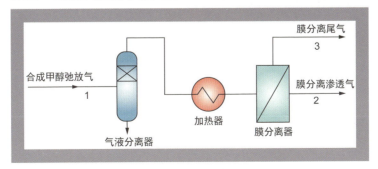

2.5 膜技术在能源领域的应用

生产燃料乙醇

乙醇是清洁燃料的添加剂或代用品,然而燃料乙醇因其生产成本过高,限制了它的推广应用。降低其生产成本的瓶颈之一,是乙醇浓度达到95.57%(质量分数,下同)时存在恒沸点,现有的工业化制备高纯度乙醇大都采用传统的分离技术,如共沸精馏法、萃取精馏法和吸附等脱水方法,能耗居高不下。而渗透蒸发膜技术(图2.31)将改革传统工艺路线,从而使生产燃料乙醇的成本大大降低。

将渗透蒸发膜分离技术耦合到传统的燃料乙醇生产工艺中。以93%~95%的乙醇制备99.5%~99.8%的燃料乙醇为例,利用渗透蒸发技术,在脱水步骤即可节约能耗70%以上,预计可以降低成本数百元/t。图2.32为膜法生产燃料乙醇节能新工艺示意图。

图2.31 渗透蒸发膜分离过程示意图

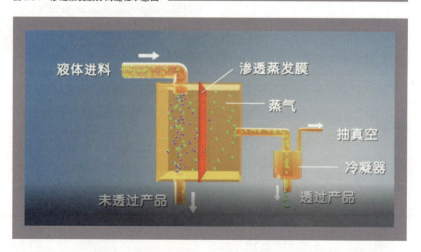

图 2.32 膜法燃料乙醇生产工艺

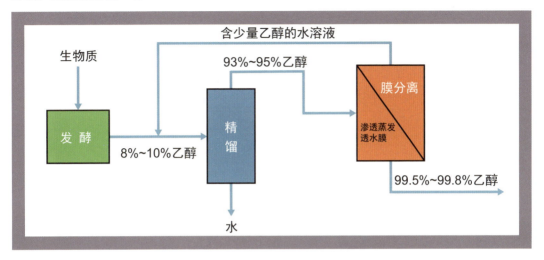

质子交换膜燃料电池

燃料电池（fuel cell）是一种高效、环境友好的发电装置，通常利用氢气作为燃料，与空气中的氧气发生电化学氧化还原反应，将化学能直接转化为电能，排出产物为水。由于燃料电池利用电化学反应将化学能转化为电能，避免传统发电方式的"热能－机械能－电能"转化过程，不受热力学"卡诺循环"限制，使得能量转换效率大幅提升。燃料电池技术被认为是 21 世纪首选的洁净、高效的发电技术，可以作为电动汽车、潜艇等的动力源及各种可移动电源。

质子交换膜燃料电池（Proton Exchange Membrane Fuel Cells，PEMFC）是继碱性燃料电池、磷酸燃料电池、熔融碳酸盐燃料电池和固体氧化物燃料电池之后，发展起来的第五代燃料电池，它除了具有燃料电池的一般特点外，还具有可在室温快速启动、无电解质流失、比功率与比能量高等特点，已经成为当前交通运输用燃料电池技术的主流，被认为是分散电站建设、可移动电源和电动汽车、潜艇的新型候选电源。

质子交换膜燃料电池的工作原理如图 2.33 所示，其单体电池中包含膜电极（membrane electrode assembly，MEA）、双极板和密封垫片。膜电极厚度一般小于 1 mm，在质子交换膜的两侧分别负载一定量的铂基催化剂，以及导电多孔气体扩散层（多采用碳纤维纸或碳纤维布），构成燃料电池的阳极和阴极。双极板上开有沟槽，凸出部分用于收集电流，凹下部分提供气体流动通

> **卡诺循环**：由法国工程师尼古拉·莱昂纳尔·萨迪·卡诺于 1824 年提出的，以分析热机的工作过程，由工质（如气体）的两个恒温可逆过程（等温膨胀、等温压缩）和两个绝热可逆过程（绝热膨胀、绝热压缩）构成的一个可逆的热力学循环。

图 2.33 质子交换膜燃料电池技术原理

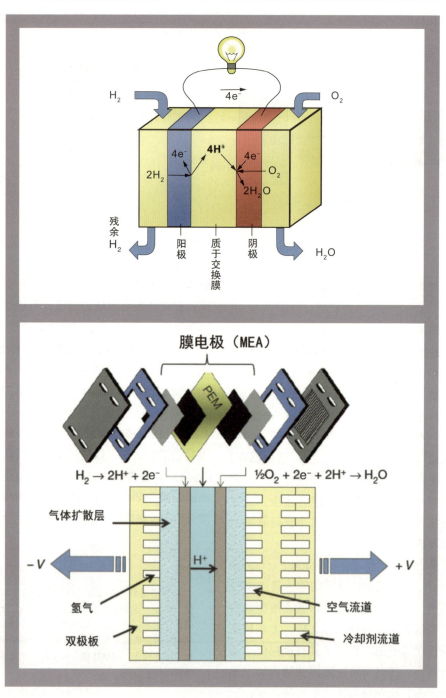

道。在电池工作过程，氢气沿双极板的通道向前流动，并扩散进入电极，通过扩散层到达膜电极的催化剂表面。

膜电极内发生的过程为：（1）氢气通过其扩散层扩散至阳极，同时空气中的氧气通过其扩散层扩散至阴极；（2）氢气在催化层内被催化剂吸附并发生电催化反应；（3）阳极催化表面发生氧化反应，生成的质子H^+通过质子交换膜传递到阴极；电子经外电路到达阴极催化层表面，同氧气发生还原反应生成水。水与未反应的O_2一起排出电池，未反应的少量氢气，通常循环回到氢燃料入口再次使用。

电极反应为：

阳极（负极）：$H_2 \rightarrow 2H^+ + 2e^-$	（2.1）
阴极（正极）：$1/2 O_2 + 2H^+ + 2e^- \rightarrow H_2O$	（2.2）
电池反应：$H_2 + 1/2 O_2 \rightarrow H_2O$	（2.3）

反应物H_2和O_2经电化学反应后，产生电流，反应产物为水，反应中产生的热量通过循环方式被冷却剂带出电池。

储能电池[①]

无论是太阳能、风能为代表的陆上可再生能源发电，还是海洋能发电过程，都存在能量密度波动大、不稳定，在时间与空间上比较分散，难以经济、高效利用等问题。依托以上能量发电的二次能源体系，无论是分布式微型电网系统，还是大规模集中发电与并网系统，都需要对电力质量调控后才能使用。因此，发展电力能源转化与储存装备十分必要，尤其是电化学储能技术。

液流电池（flow battery）是一种利用流动的电解液储存电力能源的装置，它将电能转化为化学能储存在电解质溶液中，适合于大容量储存电能使用。

全钒液流电池的工作原理如图2.34所示，分别以含有V^{5+}/V^{4+}和V^{2+}/V^{3+}混合价态钒离子的硫酸水溶液作为正极、负极电解液，充电/放电过程电解液在储槽与电堆之间循环流动，通过电化学反应，实现电能和化学能相互转化，完成储能与能量释放循环过程。利用氢离子穿过隔膜后形成电流，与外电路共同构成闭合电路。

质子传导膜是全钒液流电池的关键材料，其作用是把流经电堆的正极、负极的电解液隔开，避免电解液中不同价态钒离子直接接触，发生自氧化还原反应导致能量损

图 2.34 全钒液流电池工作原理

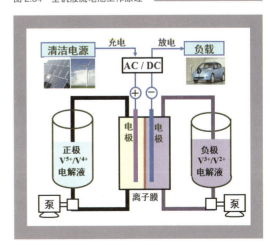

[①] 本节由清华大学王保国教授撰写

耗。目前国内已有研发团队采用聚偏氟乙烯（PVDF）材料，成功制备纳米多孔质子传导膜及相关设备，实现质子传导膜的规模化批量制备，大幅提升液流电池经济性能。

2.6 膜技术在健康医疗领域的应用

膜技术在医疗卫生领域的应用品种繁多，从医药用纯水的制备和蛋白质、酶、疫苗的分离、精制及浓缩，到人工肾、人工肺等人工脏器的应用，都以各种高分子膜作为分离的核心技术，为广大患者带来了生命的希望。

以膜为基础的医疗技术主要包括血液透析（人工肾）、气体交换（人工肺）、血液过滤、血浆分离、药物控制释放等。

血液透析

血液透析是治疗肾功能衰竭的常见方法。血液透析过程是在透析器内进行的，血液和透析液通过半透膜接触进行物质交换，使血液中的代谢废物和过多的电解质向透析液移动，透析液中的钙离子、碱基等向血液中移动。这种人造透析器具有人本肾脏的部分功能，被称为"人工肾"，它能清除患者血液中的代谢废物和毒物，调整水和电解质平衡，调整酸碱平衡，达到一定的治疗目的。

显然，透析膜材料是影响血液透析治疗效果的关键因素。透析的流程示意图如图 2.35 所示。

用于人工肾的中空纤维膜内径为 200~300 μm，外径为 250~400 μm。把 10000~12000 根纤维集束，两端用无毒树脂固定在透明的塑料管中，膜的透析面积为 1 m² 左右。透析器长 200 mm，直径 70 mm。

据不完全统计，全球需要治疗的人群数量起码在 300 万人以上，按每周每人透析 2 次（实际每周透析 3 次效果最好）计算，每年最少需要 2 亿只血液透析器。随着透析技术的不断发展，对透析膜材料的要求越来越高，单一的膜材料不能充分满足上述要求，对现有膜材料进行共混、接枝、镶嵌，以及运用等离子体等技术对材料进行改性等，已成为今后一段时期内透析器膜材料的研发趋势。

图 2.35 血液透析流程示意图

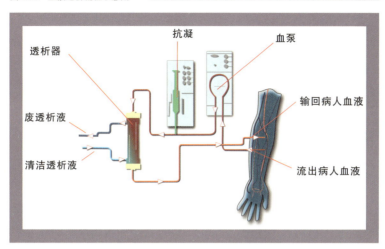

药物控制释放

控制释放技术（controlled release）的优点在于释放药剂的浓度保持不变，药剂的有效利用率高，普通吃药方法药的利用率只有 40%~60%，采用控制释放可提高到 80%~90%。

图 2.36 是一种用于包裹阿霉素的人造生物膜，可实现药物缓释功能，用于卵巢癌、多发性骨髓瘤等疾病的治疗。该生物膜是利用胆固醇及磷脂高分子形成直径约 100 nm 的脂质体微球，将阿霉素装载到微球中，用其制备成药物制剂后，以注射方式注入人体，利用高分子生物膜的屏蔽作用，实现药物在人体血液系统的长时间循环。该产品在美国上市后每年产生数亿美元的销售额（图 2.37）。

图 2.36 生物膜包覆的阿霉素模型

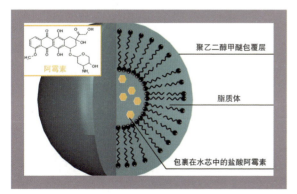

图 2.37 商品化阿霉素制剂

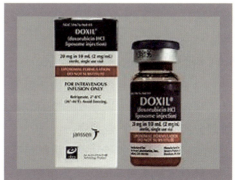

2.7 膜技术未来发展

膜技术正处于发展阶段，无论是在理论上还是在实践上都有大量研发工作要做。尤其在以下几个方面。

（1）继续完善已经工业化应用的膜技术，进一步提高膜产品性能及降低成本，扩大应用领域，加强"工程化""自动化"。

（2）解决正在发展中的膜科学与技术理论、技术及工程问题，尽快推动新型膜技术的产业化应用。

（3）开发新型膜材料，加强膜材料的"功能化""超薄化""活化"研究。

（4）加强膜过程与其他分离过程的集成工艺研究和推广应用。

新型高性能膜材料研发及制备

新型膜材料的研究热点

（1）利用新材料制备高性能分离膜

利用碳纳米管、石墨烯等新材料制备高性能分离膜已受到广泛关注。

（2）开发具有特殊功能的膜材料

具有生物膜功能的仿生膜材料；对环境进行感知、响应并能根据环境变化自动改变自身状态和做出反应的环境响应的智能膜材料；控制释放膜、自组装膜、有序多孔膜等功能膜材料。

（3）通过在分子层面上的预先设计，制备特定结构的膜

通过自组装、离子溅射、原子沉积等方法，制备超薄膜以及具有规整孔结构的膜。图2.38是电子显微镜拍出的具有规整孔结构的膜照片，其放大倍数为20000倍。

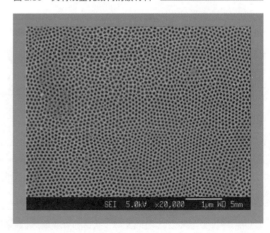

图2.38 具有规整孔结构的膜材料

正在开发的几种新型膜

（1）仿生膜

生物膜是生物体中最基本的结构之一，主要由蛋白质、磷脂、糖、核酸和水等物质组成。生物膜经过长期的进化，形成了近乎完美的结构，具有许多独特的功能。目前，要实现人工完全复制生物膜尚不现实。然而，可以通过对天然生物膜进行仿生研究，充分了解其结构特征和生命功能，设计和制备与其结构和功能相似的仿生膜。

某些通过化学合成制备的仿生膜与某些生物活性物质具有相容性，能够识别某些特定的生物活性分子，因而可以作为这些生物活性分子的分离膜。比如，磷脂改性高分子聚合膜可以用于分离蛋白质等生物活性物质；利用磷脂的分子识别功能，在膜材料上引入能够识别特定的蛋白酶的磷脂分子，就可以将蛋白酶固定在分离膜表面上，制成集反应和分离功能于一体的"仿生膜生物反应器"；如果将能够识别海洛因、吗啡等毒品的磷脂分子引入分离膜中，用于血液透析，可以有效地脱除血液中的上瘾物质，提高戒毒的成功率。

（2）智能膜

智能膜是智能材料的一种，它的特性可随环境和空间而变化，感知和响应外界物理和化学信号，且具有特殊功能。例如，以生物膜为仿生原型，从分子水平设计的具有仿生脱盐功能的离子通道膜，以及具有环境响应性和分子或离子识别特性的仿生智能膜，实现离子通道脱盐和环境响应调控智能膜过程。

智能膜按照其结构来分类，可以分为开关型和整体型智能膜。开关型智能膜，是将具有环境刺激响应特性的智能高分子材料，固定在多孔基材膜上，使膜孔大小或膜的渗透性可以根据环境信息的变化而改变，起到智能"开关"的作用。整体型智能膜，是将具有环境刺激响应特性的智能高分子材料直接做成的膜。

根据智能膜环境刺激响应因素的特性，可以将智能膜分为温度响应型（图2.39）、pH响应型、离子强度响应型、光照响应型、电场响应型、葡萄糖浓度响应型以及分子识别响应型等不同类型。

pH响应型膜材料在弱酸性条件下（pH值6~6.5）可插入细胞膜形成跨细胞膜螺旋，通过利用肿瘤细胞外环境呈弱酸性的条件，可以实现肿瘤细胞的靶向给药，因此它在肿瘤治疗领域具有非常好的应用前景。

智能膜在控制释放、化学分离、生物分离、化学传感器、人工细胞、人工脏器、水处理等许多领域具有重要的潜在应用价值，

图2.39 温度响应型智能膜示意图

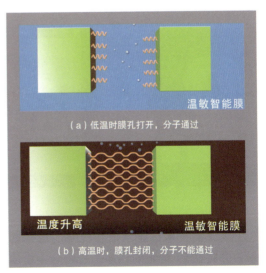

（a）低温时膜孔打开，分子通过

（b）高温时，膜孔封闭，分子不能通过

被认为是 21 世纪膜科学与技术领域的重要发展方向之一。

（3）碳纳米管膜

碳纳米管被誉为"纳米之王"，由于其特殊的机械性能、光学性能和电子性能而受到关注。碳纳米管具有规整的孔道结构，有实验研究发现，水可以快速地通过碳纳米管，因此在反渗透中使用碳纳米管膜可以在有效截留离子的前提下，实现比普通膜高数倍的水通过速率。图 2.40 为碳纳米管通道结构示意图。

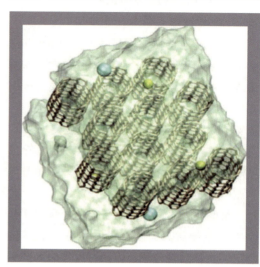

图 2.40　碳纳米管膜及通道结构

集成膜过程

任何一种技术都不是万能的，都有一定的局限性。因此在解决一些复杂的分离问题时，往往需要将几种膜分离技术组合来用，或者将膜分离技术与其他分离方法，甚至反应过程结合起来，扬长避短，以求最佳效果。将几种膜分离过程联合应用，被称为"集成"（integrated），将膜分离与其他分离技术组合应用，被称为"耦合"。一般统称为集成膜过程。例如，膜分离与蒸发结合的集成过程，膜分离与冷冻结合的集成过程，膜分离与离子交换树脂法结合的集成过程，膜分离与精馏结合的集成过程，膜分离与催化反应结合的集成过程等。

2.8 结束语

膜分离技术已显示出它极好的应用前景，并将在 21 世纪的许多工业领域中扮演重要角色。

未来，膜科学技术的持续发展必须面对三个关键科学问题：功能与结构；结构形成与控制；应用与结构演变。膜科学技术的开拓性进展必须解决三个层次的问题：基础科学问题、创新流程、重大工程应用。

　　围绕上述问题，要建立面向应用过程的膜材料设计与制备的理论框架，建立我国膜及膜材料设计与制备的技术平台。在技术层面上要解决对我国国民经济有重要影响的特种膜，及膜材料的微结构控制和膜形成的关键问题，为我国膜领域的跨越式发展和膜技术在能源、水资源、环境保护和传统产业改造领域的重大应用工程奠定技术基础。

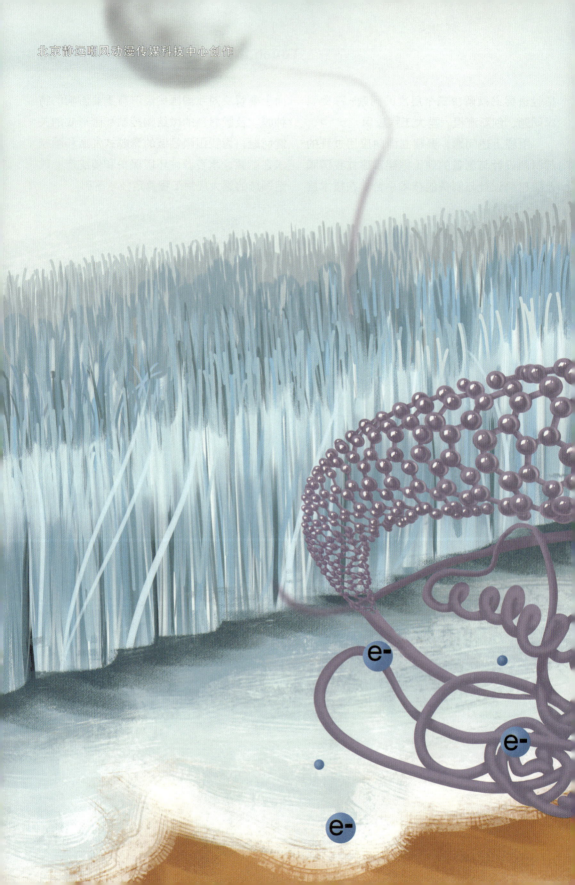

03 碳纳米管
Carbon Nanotubes

如果要在地球和月球之间上系一根绳索，那么碳纳米管是最合适的材料，既纤长又柔韧。作为性能优越又没有污染的新材料，碳纳米管可以在新材料领域承担更多的职能。

为了让碳纳米管这么优秀的材料遍地开花，以满足更多行业领域的需求，科学家不惜将碳纳米管当"韭菜"，终于培育出了万亩"菜园"，让碳纳米管可以取之不尽用之不竭。

03

碳纳米管
Carbon Nanotubes

架起通往太空的天梯
Super Nanomaterial for Space Elevator

骞伟中 教授
（清华大学）

  本章主要介绍了碳纳米管这种新兴的纳米碳材料的发现与制备的起因和背景，简述了制备碳纳米管的主要科学原理、不同结构的碳纳米管生长和制备的控制机制，碳纳米管生产放大技术和产业化的实现。本章还从结构与性能关系和应用角度，讨论了碳纳米管的强度特性应用、导电特性应用、储能应用、半导体性能应用等。并且讨论了碳纳米管作为一种纳米粉体的使用安全问题。最后对碳纳米管未来的应用前景进行了展望。

3.1 引言

"明月几时有,把酒问青天""问询吴刚何所有,吴刚捧出桂花酒",这些美丽的诗句都是中国人对于月亮的美丽遐想。但要跨越地球与月球之间遥远距离,不能只靠幻想。从古代嫦娥奔月的神话到如今登陆月球的梦想成真,探索宇宙一直是人类孜孜不倦的追求。目前人们面临的最大难题,是现有航天飞机与运载火箭昂贵的造价和有限的运载力。

早在 1895 年,就有人提出"人造天梯"的梦想。现代人类也设想过,在地球与月球之间修建轨道,以方便运送物品,建立空间站,甚至在未来能够实现人类的大迁移。1996 年,《科学美国人》(American Scientist)进一步探讨了"太空天梯"梦想中可能涉及的技术问题。提出要实现这个梦想,就必须找到制造天梯的材料(图 3.1 左)。人们生活中常见的电梯,是由钢索拉伸的。高楼或大桥都属于长距离钢索的使用案例。比如,美国著名的金门大桥上(图 3.1 中,右)有两根分别长约 2331 m、直径为 92.7 cm、重 2.45 万 t 的主缆钢索。每根主缆钢索又由 27572 根钢丝构成,钢丝总长度达到了128748 km。然而如果跨越更长的距离,自重就会将钢索拉断。

科学家计算出,迄今为止,只有一种材料,能够跨越从地球到月球的距离(约 38 万 km)而不被自身的重量拉断,那就是碳纳米管。如图 3.2 所示,碳纳米管的抗拉

图 3.1 《科学美国人》杂志的封面,图示了一个碳纳米管束的人造天梯(左);金门大桥及其钢索(中,右)

强度高达 200GPa。其性能还可以用比强度来衡量（比强度是材料的抗拉强度与材料表观密度之比）。碳纳米管的比强度是最强碳纤维材料（航空领域）的 43 倍，是芳纶的 58 倍，钢铁的 100 倍。因此，碳纳米管是目前综合力学性能最为优异的材料。基于上述材料比选，科学家们认为，将超强、超轻的碳纳米管，整齐排列，做成轨道，是目前制造太空天梯的最佳选择。

当然，目前"人造天梯"只是一种科学幻想。然而这种神奇又极端的材料性能，却引起了大家的重点关注。事实上，自从这个幻想被提出来之后，碳纳米管的其他优异性能也被不断研究开发出来，掀起了巨大的科研热潮。

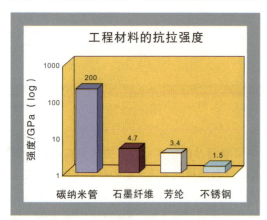

图 3.2　不同材料的力学强度[3]

3.2 什么是碳纳米管

碳纳米管，是纳米科技时代兴起的产物，诞生于 1991 年，与国际上定义"纳米科技"这个词汇是同一年。纳米，10^{-9} m，是一个长度的计量单位。碳纳米管，可以看作将一个很常见的、直径 20 cm 的钢管直径缩小千万倍，再把材质由钢换成碳而得到的产品。图 3.3（a）显示了一个直径为 0.8 nm 左右的单壁碳纳米管。其直径是图 3.3（b）中多壁碳纳米管直径的 1/15 左右，是图 3.3（c）中人体的血红细胞直径的 1/4000 左右。而最小的碳纳米管，直径只有 0.4 nm，与一个氮气分子的直径差不多，其横截面上不能并排放下两个水分子。

大家一定好奇，这么小的材料，人类是如何发现的呢？万事皆有缘，碳纳米管的发现与人类探索浩瀚无边的宇宙大有关系。长期以来，科学家始终认为其他星球的高温高压环境，可使原子自由组合，形成各种元素

图 3.3 碳纳米管

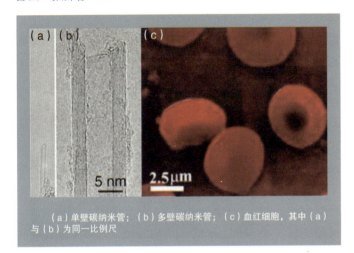

（a）单壁碳纳米管；（b）多壁碳纳米管；（c）血红细胞，其中（a）与（b）为同一比例尺

与分子。其中，长链炔烃（其组成要素是氢元素与碳元素）应该是星际分子中的代表之一。为了模拟太空的高真空环境与放电环境，科学家在实验室搭建了高电压的电弧放电设备和高功率的激光设备。然后，用含氢气气源来轰击碳靶，让氢与碳自由组合。这一科研计划不经意间开启了碳时代的大门。首先，像足球结构一样的碳分子，如 C_{60} 或富勒烯（Fullerene），就是这样造出来的。克罗托（Harold Kroto），斯莫利（Richard E. Smalley）等科学家因此获得了诺贝尔化学奖。这个漂亮的分子，只有 0.7 nm 大小，非常可爱，是世界上最小的足球。由于碳－碳键的弯曲程度大，这类材料具有很高的活性，能够与其他分子结合，变成药物递送体，在人体内畅通无阻，直达病灶。C_{60} 的发现在全世界掀起了巨大的科研热情，相关的技术与设备也在不断地改进中。日本电镜物理学家饭岛澄男教授，也是较早研究电弧法制备 C_{60} 的专家之一。与大家只关注气体产物（含 C_{60}）不同，饭岛教授更加关注碳靶被轰击后，变成了什么。这一不经意间的转向，使人们首次（1991 年）看到了管状材料碳纳米管[1]。在放大几十万倍的电子显微镜下，碳纳米管呈现出迷人的对称结构。完美的碳纳米管全部由碳原子构成，并且全部是由碳－碳六元环构成，像极了人们熟知的蜂巢结构，但却比蜂巢小了太多。从另外一个角度想象，碳纳米管就像是一层薄薄的碳原子构成的六元环拼接在一起，卷成了一个筒状结构，而且全部是无缝连接，是那么的完美。这种材料是人工合成的，大自然中没有，其精巧程度堪称巧夺天工。饭岛教授首次揭示

图 3.4 C_{60} 结构，以及用碳帽延伸生长，制备碳纳米管的结构示意图[2]

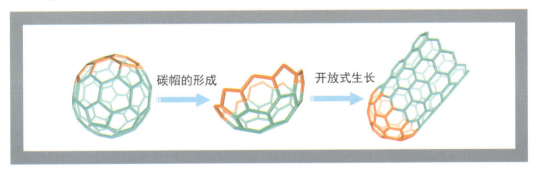

了碳纳米管与 C_{60} 的不同。C_{60} 由于要变成一个球状分子，所以只有平面状的碳–碳六元环是不够的，必须有大量的碳–碳五元环与碳–碳七元环来封闭化学键。而碳纳米管是一个很长的材料，其轴向碳–碳六元环完美结构更多。所以，有科学家提出碳纳米管是先形成了半个 C_{60} 的帽沿（图 3.4），碳原子不停地延着帽沿进行自组装，而没有及时封闭化学键[2]。由于其直径是纳米级的，所以，碳纳米管这个词的命名，结合了元素特性、尺寸特性与结构特性，体现了科学家的严谨性。从此，"纳米"这个词就被越来越多地嵌入材料的命名中。比如，纳米碳纤维、纳米硅线、纳米银线、纳米分子筛等。

同时，碳纳米管封闭时，碳–碳六元环的扭曲角度不同，其性质也截然不同（图 3.5）。单层碳纳米管既可以是完全导电型的，也可以是半导体的。由于完美结构的碳纳米管，其各种物理与化学性质可以用物理模型计算，而得到的惊奇性能，又大大拓展了人类的想象空间。

单壁碳纳米管是一种由单层石墨卷曲形成的管状结构；多壁碳纳米管是由多层石墨共轴，形成类似树干的一维管状结构。由于碳碳原子之间的 sp^2 杂化，碳纳米管的杨氏模量高达 1.2 TPa，断裂伸长率高达 17%。碳纳米管卷曲的结构指数（n, m）决定了

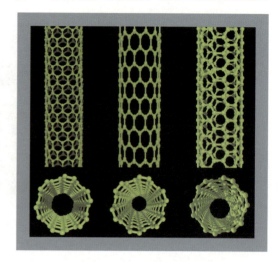

图 3.5 碳纳米管的三种卷曲结构

其直径和手性，也决定了碳纳米管的金属性、半导体或小带隙半导体性的电子输运行为。碳纳米管还具有可调的化学表面、中空的内部腔室以及极好的生物相容性。这些新奇的性质为其带来了许多实际应用[3]，如导电、电磁、微波吸收和高强度复合材料；超级电容器或电池电极；催化剂和催化剂载体；场发射显示器；透明导电膜；扫描探针；药物输送系统；电子设备；传感器和执行器等。

可以说，从 1991 年起，碳纳米管变成了材料科学、物理、化学、仪器各领域内最热门的研究课题，独霸纳米科技前沿十余年。即使到目前，碳纳米管仍然是研究最为充分、关注度最高的新型纳米材料，其关注的热点也逐渐从可控制备、结构表征过渡到性能发挥及应用研究。

手性：指一个物体不能与其镜像相重合，如我们的左手与互成镜像的右手不重合。碳纳米管的手性指的是不同的卷曲方式，可以用结构指数（n, m）表示，决定了碳纳米管的电子输运行为。

3.3 碳纳米管是如何制备的?

碳纳米管的生长原理是什么？结构能控制吗？

人们不禁要问，这么小的碳纳米管是如何制造出来的呢？

顾名思义，碳纳米管是由碳原子构成的管道，但可不是我们通常见到的钢管或塑料管，无法通过焊接或者浇铸制得。碳纳米管直径只有几纳米，我们所熟悉的工具（如镊子、针尖等）都要比碳纳米管大得多，工件尺度发生质的变化，制造的方法就会不同。

如前文所述，用电弧照射碳靶，瞬间产生高温，碳原子气化，冷凝时碳原子进行自组装可形成碳纳米管。目前所有的碳纳米管都是用碳原子自组装的方法形成的。这个过程中，碳是从蒸气直接变成固体的，因此，这种生长模式称为蒸气态-固态（vapor–solid）机制。也可以用激光等高温手段将碳气化，但电弧与激光的温度大都高于2000 ℃，这就要求电弧腔中或激光腔中不能有含氧性介质，否则碳纳米管马上就燃烧了。这些装置复杂又昂贵，还不能批量制造。

科学家发现，可以用含碳的气体或液体（通常是碳氢化合物或碳水化合物）替代碳靶，分解温度可以降到1000 ℃以下。如果在制备过程中，再引进金属催化剂，分解温度还可以继续降低，且生长效率大大提高。上述过程，可用化学方程式表示：

从这些化学方程式（图3.6）看出，这些烃类裂解，只说明生成了碳。而碳的形态很多，可以是碳纳米管，也可以是其他碳的形态，包括焦炭、金刚石、碳纤维、石墨等。之所以能够形成碳纳米管，完全是由温度与催化剂所决定的。其原理是，碳与金属在 500~1000 ℃生成一定组成的碳化物（如 Ni_3C, Fe_3C），当碳源继续分解时，碳的比

图3.6 催化裂解制备碳纳米管过程的几个化学方程式

$$CH_4 \longrightarrow C + 2H_2$$
$$C_2H_2 \longrightarrow 2C + H_2$$
$$C_2H_4 \longrightarrow 2C + 2H_2$$

图 3.7　自组装的碳纳米管

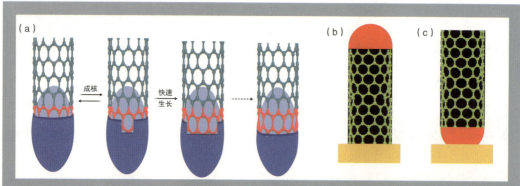

(a) 碳纳米管的生长机理（红色的碳原子，在蓝色的基球与灰蓝色的管的结合部位，进行自组装）；
(b) 碳纳米管的顶部生长模式（黄色表示基板；红色球代表催化剂；绿色碳纳米管处于红色球与黄色基板中间）；
(c) 碳纳米管的底部生长模式（黄色表示基板；红色代表催化剂；绿色碳纳米管处于红色球上面；红色球与黄色基板不分开）

例就会超过金属碳化物的组成，产生碳原子的过饱和析出现象，自组装成碳纳米管［图 3.7（a）］。在高温下金属催化剂很容易烧结，所以一般金属会负载或嵌入载体（比如氧化铝、氧化硅、分子筛等）或基板（如 Si 等）中，以提高金属的分散度，降低用量，并提高高温稳定性。当金属与载体（或基板）的结合力较弱时，碳就从金属的底部析出，碳纳米管位于二者中间，将载体（或基板）与金属分开。这种碳纳米管在下、金属催化剂在上的模式称为顶部生长模式［tip-growth mode，图 3.7（b）］。相反，当金属与载体（或载体）的结合力很强时，碳纳米管就从金属顶部析出。这种碳纳米管在上、金属催化剂在下的模式被称为底部生长模式［root-growth mode，图 3.7（c）］。

实验发现，有金属催化剂存在时，不但碳纳米管的制备条件变得温和，而且可以制备各种形状的碳纳米管。采用的金属催化剂不同，制备出来的碳纳米管粗细和长短也不同。比如，采用镍催化剂时，其活性高，溶碳能力强，碳在析出的时候会"节外生枝"，不但在轴向生成平行的碳层，而且在径向生成横向的碳层，这种碳纳米管也称作竹节状碳纳米管。另外，碳层在催化剂上析出时，并不一定形成封闭的管状结构，也可以按照金属的晶面形状进行一层一层地沉积，看起来像鲱鱼骨架，这种碳纳米管也称作鲱鱼骨状碳纳米管。

又比如，利用类似的催化剂调变的方法，还可以制备弹簧状的碳纳米管。研究发现，笔直的碳纳米管的剖面结构中，碳层是平行排列的［图 3.3（b）］。而弹簧状的碳纳米管，剖面结构一侧的碳层总是高于另一侧，这说明只要有一侧的碳层生长得快，就会导致碳纳米管弯曲，从而生成碳弹簧。清华大学化工系的研究人员设计了一种铁镍合金催化剂，精确控制铁与镍的比例，在金属晶粒表面生成铁与镍共存的相结构。铁裂解乙烯的活性低于镍，镍一侧沉积出来的碳层数远多于铁一侧沉积出来的碳层数，就自然地形成了弹簧状碳纳米管（图 3.8）。

又比如碳纳米管的外、内径的控制。研究发现，大多数情况下碳纳米管的外径与金

图 3.8 铁–镍基催化剂生成的弹簧状碳纳米管

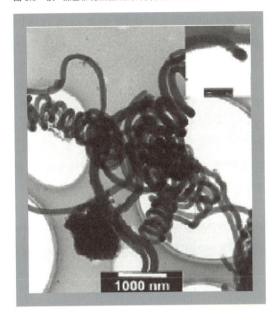

属催化剂的粒径有关。科学家通过选择金属催化剂不同的粒径，已经得到 1.5~100 nm 不同直径的碳纳米管。金属颗粒在高温下容易烧结，金属催化剂的晶粒就会存在着一定的尺寸分布，因此制备所得的碳纳米管的外径也会不均匀，存在一定的直径分布。原则上讲，制得的碳纳米管的直径分布越窄越好，当然技术要求也会越高。

相比于碳纳米管外径的控制，其内径控制的难度比较大。清华大学化工系的研究人员根据碳与金属催化剂的位置关系，发现对于一个比较大的金属颗粒，基本是金属的外表面沉积出的碳形成碳管的外层，金属内部沉积出的碳形成碳管的内层。同时从碳的沉积距离上讲，也可能是先沉积出来的碳形成外层，后沉积出来的碳形成内层。他们发展了镍基催化剂选择性中毒的方法，利用金属催化剂不同位置碳扩散的距离的细微差异，很有效地控制了碳纳米管的内径。

可见碳纳米管的制备充满挑战。科学家们希望能随心所欲地制备各种碳纳米管，这还有待进一步的努力。

如何大量制备碳纳米管？

在碳纳米管发现的前 10 年（1991—2000 年），碳纳米管产量非常低，价格比黄金还贵（高达 100~1000 美元/g），只适合大学与科研院所科研之用。要使碳纳米管得到广泛应用，批量廉价地生产是关键。从技术角度分析，批量制备碳纳米管的困难主要在于碳纳米管细而长，会像菟丝子一样互相缠绕、挤压，乱作一团（图 3.9），堵塞反应器，无法正常进料，产物也无法及时取出。

图 3.9 生长在植物顶部的菟丝子（左），纤维状的菟丝子彼此紧密缠绕（中），与紧密缠绕的碳纳米管（右）相仿

> **化学反应器**，是化学化工实验或生产上进行化学反应的装置，简称反应器。本文是指将碳源变为碳纳米管的高温容器，里面进行着复杂的化学反应与材料生长过程。

清华大学的研究人员设计了金属氧化物基球，负载纳米金属颗粒的催化剂，通过对基球结构的巧妙设计，把生成碳纳米管用的催化剂设计成了分形结构（图3.10上）。随着碳纳米管的不断生长，使得每一个基球都具有分裂的属性（图3.10左下），变得体积更小，数量更多（图3.10右下），这个过程如同细胞分裂一样。当碳纳米管生长速度非常快，且长得特别长时，其中的基球占比就逐渐变小。但无数个基球的存在，使得碳纳米管的聚集缠绕状态，不像菟丝子的结构，而变成了棉花糖的形状（里面充满了气体，密度很小）（图3.11），可迅速充满整个反应容器。

图3.10 设计为分形结构的催化剂用于生成碳纳米管

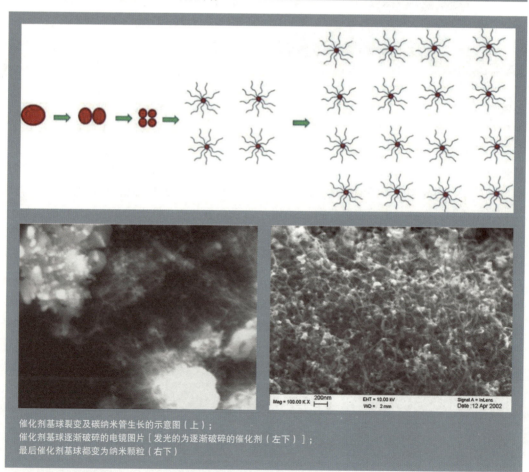

催化剂基球裂变及碳纳米管生长的示意图（上）；
催化剂基球逐渐破碎的电镜图片［发光的为逐渐破碎的催化剂（左下）］；
最后催化剂基球都变为纳米颗粒（右下）

图 3.11 碳纳米管聚团间的结构（左）和棉花糖结构（右）

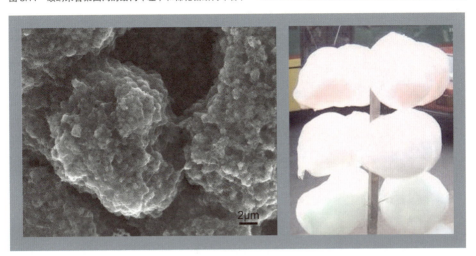

这种催化剂技术，使得碳纳米管相对于基球的体积与质量都非常大，碳纳米管纯度非常高。研究人员开玩笑地说，这样生产碳纳米管就像印钞票，是现代版的点石成金。这也使得国际碳纳米管的价格，在过去的 15 年内下降至原来的千分之一。

此外还有一种制备碳纳米管的方法，就是一个纳米金属催化剂颗粒上生长一根碳纳米管，如果有多个纳米金属颗粒存在，就可以同时生长出多个碳纳米管，非常整齐，被称为碳纳米管阵列。科学家把许多非常细小的纳米金属颗粒洒在一个平整的基板（如硅片）上，碳纳米管会朝着一个方向生长，金属颗粒越多，生长出来的碳纳米管越多，排成非常紧密的束，也非常直，就像一束束金针菇（可以叫作金针菇阵列）或韭菜阵列（图 3.12）。

清华大学化工系的科研人员把金属催化剂负载在陶瓷球上，碳纳米管在陶瓷球表面整齐生长，就像草莓或悬铃木的果实（图 3.13）。这种方法借鉴了自然界植物种子的生长结构（在一个球体上垂直生长种子数量最多），既降低了基板的价格，又提高了碳纳米管的生长效率，一举两得。

除了研究催化剂与模板结构外，科学家

图 3.12 碳纳米管阵列（左）与金针菇阵列（中），韭菜阵列（右）对比图

图 3.13　生长在陶瓷球表面的花状的碳纳米管阵列（上排）；悬铃木果实的结构（下排）

还针对不同的气体原料（碳源）开发了不同的反应设备。对于乙烯、丙烯、乙醇等容易转化的原料，直接使用温度均匀的流化床反应器就可以实现大批量制备（图3.13 左）。但是这些原料都是化工产品，比较昂贵。如果能够利用天然气制备碳纳米管，则可以大幅降低成本。然而，天然气比较难以转化，生长温度比较低时，生成的碳少，效率比较低；生长温度很高时，天然气转化很快，催化剂上生成的碳太多，来不及变成碳纳米管，而一层一层的碳会把催化剂包住，形成洋葱结构，导致催化剂失活。

　　为此，清华大学化工系的研究人员设计了一种垂直分区的流化床反应器（图 3.14 右），下段温度 700 ℃，上段温度 850 ℃，金属催化剂被含碳源的气流吹着进入反应器。在 850 ℃的高温区，催化剂高效催化中生长碳纳米管的效率要比 700 ℃的温度区中高得多。在 850 ℃的温度区中催化剂受重力的作用，自然向下落到下段 700 ℃的区域，这样，气流在反应器中上下翻滚，大约不到几秒钟就能循环（在上下段的不同温度区中）一次。当金属催化剂掉到 700 ℃的温度区中时，它的活性弱了，不再生成碳，而只把原来的碳析出来。所以，科学家的安排就相当于做了

📎　**流化床**：流化床反应器是指在高速气流或液流驱动下，将固体颗粒悬浮，像流体一样运动，并进行气固相反应或液固相反应的反应器。比如很大的风，把砂粒吹到空中，随着气体一起运动的过程，也是一种流化过程。

一个分工，在上段的高温区碳源分解，而在下段的低温区碳原子析出自组装成碳纳米管。

从尺度上看，微小的金属颗粒析出碳纳米管的过程发生在纳米尺度上，而流化床反应器常常高达几米甚至几十米（图3.14右下）。这就是典型的运用宏观的、我们熟悉的手段来进行纳米尺度上的调变，充分体现了科学家们的智慧。正是这些技术，使碳纳米管实现了批量制备（图3.14左下）。大批量生产，使碳纳米管价格进一步降低。目前有些碳纳米管的价格，已经低于高性能塑料的价格，碳纳米管的应用离大众越来越近了。

图3.14 垂直分区的流化床反应器

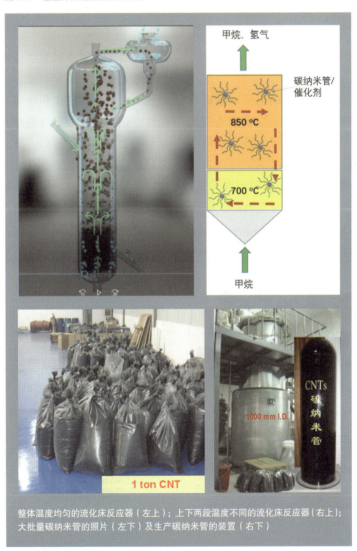

整体温度均匀的流化床反应器（左上）；上下两段温度不同的流化床反应器（右上）；大批量碳纳米管的照片（左下）及生产碳纳米管的装置（右下）

3.4 碳纳米管的应用

锂离子电池

锂离子电池是一种新兴的电化学储能系统。现有锂离子电池中，以磷酸铁锂或三元材料（镍钴锰、镍钴铝、镍锰铝等含锂化合物）为正极材料，以石墨或其他碳材料为负极。磷酸铁锂为颗粒性材料，其导电性很差，需要其他导电性材料来提高导电功能。三元材料的导电性优于磷酸铁锂材料，但用于动力电池还是不能满足要求。动力电池要求充电量大，能快速充电和快速启动，要有高导电性。这就要求添加导电剂。目前，导电剂材料主要是碳黑。然而，碳黑颗粒间接触是点对点接触，导电性也不能满足更高要求。

碳纳米管作为一种线性材料，构建导电网络的能力比碳黑强得多（图3.15）。而且

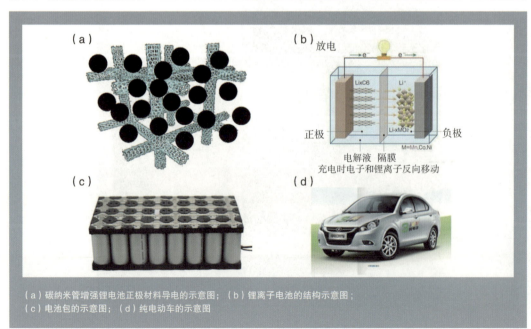

图3.15 作为线性材料的碳纳米管

（a）碳纳米管增强锂电池正极材料导电的示意图；（b）锂离子电池的结构示意图；（c）电池包的示意图；（d）纯电动车的示意图

用碳纳米管做负极材料,材料用量大大减小,也增加了正极材料的占比。这些都有利于提高电池的充放电性能。另外,碳纳米管很细、很柔软,其导电网络可以有效黏附在不同正极材料颗粒的表面,从而不影响电池极片的加工性能。这个领域已经实现了工业化,碳纳米管已经发挥了很显著的作用。

新一代环保材料

环境保护用材料也与能源一样有着巨大的市场需求,碳纳米管在该领域也有广阔的应用前景。比如,固体废物中人们关心的PM2.5,悬浮在大气中,很难去除,容易形成雾霾,容易吸入呼吸道,影响人类健康。传统的口罩虽然阻挡效果不错,但使用久了很憋气。碳纳米管由于长径比巨大,很容易加工成薄膜结构,比表面积与空隙率大,既可有效黏附 PM2.5 颗粒,透气性也好(图 3.16)。

去除废水废气中的有机物一般使用活性炭,由于活性炭是微孔为主的材料,微孔为三维拓扑结构,像迷宫一样,吸附能力尚可,但脱附效果不好,不能长期则循环使用。碳纳米管是直通孔,可以利用其外表面吸附有机物,由于孔径在介孔范围(>2~5 nm),比活性炭的微孔(0.4~2 nm)大很多,碳纳米管吸附剂具有吸附能力强、脱附能力也强的优势。此外,在脱附再生时需将吸附剂加热,再切换回吸附操作时还需降温,这就要求吸附剂具有良好的导热性。而碳纳米管的导热系数是活性炭导热系数的 1000 倍以上,升温快,降温也快,利于吸附与脱附的快速切换。

图 3.16 利用碳纳米管膜捕集 PM2.5 前后的结构

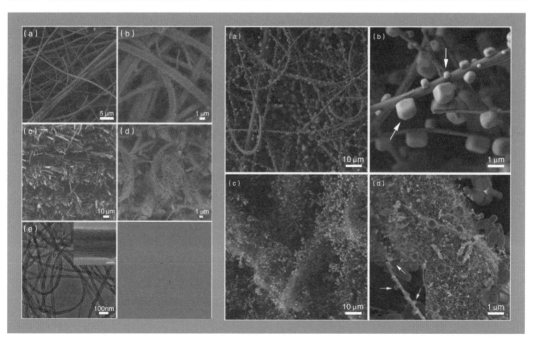

利用这种技术，可以处理化工厂罐区的挥发性油气，可以处理城市加油站的挥发性油气，或者吸附制鞋厂用胶时产生的挥发性溶剂，也可以把废水中的有机物去除以达到民用自来水的标准，用作工业循环水。

还有一点值得一提，经过吸附浓缩后的有机物一般直接焚烧或催化氧化。从循环经济的角度考虑，清华大学化工系的研究人员开发了一种将浓缩的有机物用作制备碳纳米管的原料的专利技术。如图 3.17 所示，把两个设备中装满了碳纳米管吸附剂。把 100% 的有机废水通过一级吸附时，大部分有机物被吸附在吸附剂上，排出的 90% 的废水达标排放。如果把吸附剂上的 10% 浓缩的有机物脱附下来，经过二级吸附，进一步浓缩为总量 1% 的高浓度有机物（其余 9% 的废水达标排放）。这样可以利用前文的催化剂与反应器技术，将其转化为碳纳米管，而碳纳米管又可以继续用作吸附剂。该技术可以显著降低碳纳米管的成本，从而加快碳纳米管吸附剂的应用。目前该技术正在进行工业实验，有望很快取得突破。

结构增强材料

在航天航空、水陆交通运输等行业，对轻质化、强度高的结构增强材料的追求始终如一，它是汽车、飞机、舰船实现结构坚固、行驶安全、多拉快跑、节省能源、经济性好的重要保证之一。仅以航空航天为例：对军用飞机而言，轻质化、高强度，可使续航里

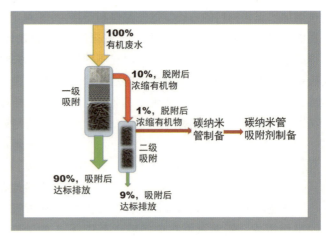

图 3.17　利用碳纳米管吸附剂处理有机废水，并且将浓缩物利用的示意图

程增加，作战半径增大，更好地适应各种恶劣天气条件，提高作战能力；对民用飞机而言，可以大型化，节省燃油，提高经济性。图 3.18 中的两款大飞机使用了大量的碳－高分子复合材料，取得了很好的节油效果。对航天飞机而言，可以增加有效载荷。碳纳米管在力学方面的超轻、超强、超韧的优势，作为结构增强材料，正好满足这些苛刻的要求。未来，将碳纳米管逐渐替代碳纤维、玻璃纤维等材料，添加在金属、塑料等材料中，做成的复合材料会更轻、更坚固。同时，将碳纳米管编织成特定的结构，可进一步提高强度与韧性需求，这是目前的研究热点。

汽车用的橡胶轮胎中，通常添加约 30% 的碳黑用于增强。用碳纳米管代替碳黑，用量少，而且由于碳纳米管的长径比巨大，易在橡胶中形成一个导电导热的网络，可以防止轮胎的氧化，减少摩擦损耗，从而延长轮胎寿命，由目前的五年一换提升至十年或二十年一换（图 3.19），可以大大节约资源。目前这样的轮胎制造技术已经基本成熟，但是大规模量产还需要考虑成本因素。预计碳纳米

图 3.18　大飞机的外形结构

管的产量再增加 10 倍左右时，轮胎行业就能够承受制造成本。

但是，往各种材料中添加碳纳米管，一般用的是较短的碳纳米管。其实，碳纳米管本身也可以制成很长的绳子，实现高强度功能[4]。然而，这样强度的碳纳米管必须完全由碳－碳六元环构成，一旦出现一个碳－碳五元环与七元环的组合，碳纳米管的强度就会急剧下降（图 3.20），断裂伸长率由 17% 下降到 3% 左右[5]。因此，制备长且结构完美的碳纳米管是一个巨大挑战。

2004 年，科学家开发出一种能够制备长碳纳米管的方法，把催化剂种子固定在基板的一端，当碳纳米管开始生长时，部分碳纳米管受到 Seeback 力（热升力）的影响，可以悬浮起来。这样碳纳米管一头在平板上，一头在气

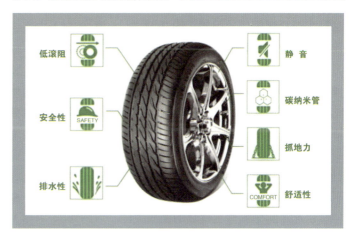

图 3.19　轮胎的功能与碳纳米管的添加

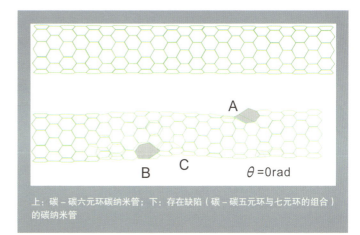

图 3.20　有、无缺陷的碳纳米管之结构示意图

上：碳－碳六元环碳纳米管；下：存在缺陷（碳－碳五元环与七元环的组合）的碳纳米管

图 3.21 左：蝴蝶形风筝；右：像风筝一样生长的碳纳米管示意图

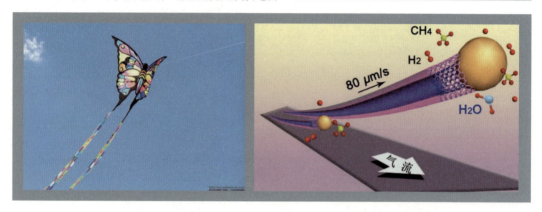

流中自由生长[6]。碳纳米管长度可达 4cm，这种生长原理很像放风筝（图 3.21 左）。清华化工系的科学家则发展了一系列高效率的方法（图 3.21 右），可使这种碳纳米管生长速度达到 80~90 μm/s（如植物中生长最快的毛竹一样快）。他们在 2010 年首次将单根碳纳米管生长到了 20 cm，又在 2013 年达到 55 cm。最近他们又将这样的碳纳米管进行预拉伸，首次在世界上得到了拉伸强度达 80 GPa 的碳纳米管束。这样优异的材料性能，引起了科学家与工程界的强烈关注。目前科学家正在全力开发量产这种优异材料的技术，预计会在未来有所突破。

壁虎脚仿生

有时人类发展科技的动力是来自于模仿大自然的欲望。例如，壁虎可以在平滑的墙壁上来去自如，可以倒挂在天花板上不掉下来，为什么呢？壁虎的这种本领有极大的实用性，比如现代城市中的大楼高耸入云，清扫楼面的外墙是一件很危险的工作。人类如果能够有壁虎那样的本事，就简单多了，所以人们极想模仿。借助于先进的电子显微镜，科学家发现，壁虎之所以能够粘在天花板上，在墙壁上快速攀爬（图 3.22），主要原因是它脚垫上有数百万个微型刚毛。这些刚毛可以直接插入墙壁或天花板的微孔中，与孔道存在着一定的范德华力作用。虽然每根刚毛产生的范德华力非常微小，但是数百万根刚毛所产生的范德华力的总和，足以让壁虎攀爬在光滑的表面上，或倒悬挂在天花板上[7]。当壁虎移动时，只需要将脚稍稍抬起，减少与壁面接触的刚毛数量，附着力就会减小，壁虎就可以抬脚移动。这些动作可以在瞬间完成，

> **微孔**：绝大部分材料在极小的微观层次上都是有孔的。根据国际纯粹与应用化学联合会（IUPAC）的定义，孔径小于 2nm 的称为微孔，孔径大于 50nm 的称为大孔，孔径在 2~50nm 的称为介孔（或称中孔）。

> **范德华力作用**：范德华力，是一种弱的静电引力，只存在于分子与分子之间或惰性气体原子之间。

Carbon Nanotubes

图 3.22 攀爬的壁虎

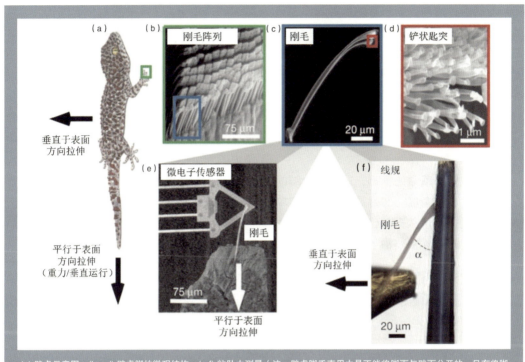

(a) 壁虎示意图；(b,c,d) 壁虎脚的微观结构；(e,f) 粘坠力测量（注：壁虎脚垂直用力是不能将脚面与壁面分开的，只有将脚的一边翘起，才能将脚面与壁逐渐剥离）

所以人们可以看到壁虎在天花板上快速移动。

依据这一思路，科学家制备了碳纳米管阵列（图 3.23），非常整齐，非常密实，毛茸茸的，像壁虎脚底的刚毛。一小块不到 1 cm² 的碳纳米管阵列就能挂住一本 3.5 kg 的字典[8]，非常神奇。这种特性，既应用了碳纳米管的轴向强度，又应用了大量碳纳米管密排后的形成纳米点阵的力。

目前科学家已经可以熟

图 3.23 仿生碳纳米管阵列

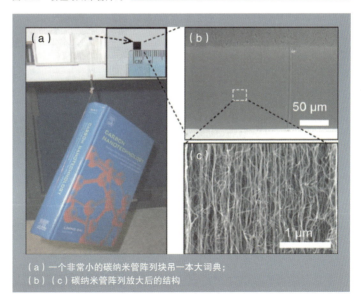

(a) 一个非常小的碳纳米管阵列块吊一本大词典；
(b)(c) 碳纳米管阵列放大后的结构

练地制造这种结构。当然,这种结构还存在着一些弱点,比如,如果碳纳米管表面上粘上了灰尘,其与天花板间的黏附力就会大幅下降。壁虎是活的动物,它有各种方法来清洁脚上的刚毛,但对于碳纳米管,如何使其具备自清洁功能就又是一个非常重要的课题了。

下一代半导体材料

电脑是信息革命的基础,芯片是电脑的心脏。从材料学角度,芯片是在超高纯度单晶硅材料上,利用激光与化学刻蚀相结合的方法,加工各种沟槽,然后再针对性地掺杂,构成电路器件。比如用氯气与硅片反应,在激光的作用下,生成的四氯化硅汽化后,就在硅片留下了痕迹。激光束控制得越小,参与的氯气流控制得越细,刻蚀的痕或槽就越细。这种技术完成了 100 nm、50 nm,以及目前 7 nm 的微芯片加工。但由于激光加工技术的不稳定性,对于更细沟槽的加工将越来越困难。但是,如果在 5 nm 的刻槽中填充直径小于 1 nm 的半导体型碳纳米管,或者在不同的碳纳米管间或用单根碳纳米管构建逻辑电路,可以调变的空间还是非常大的。因此,碳纳米管的出现,为纳米尺度的加工提供了更多的选择方式,受到了国际一

图 3.24 利用化合物与不同碳纳米管的作用力不同,分离得到的彩色碳纳米管示意图

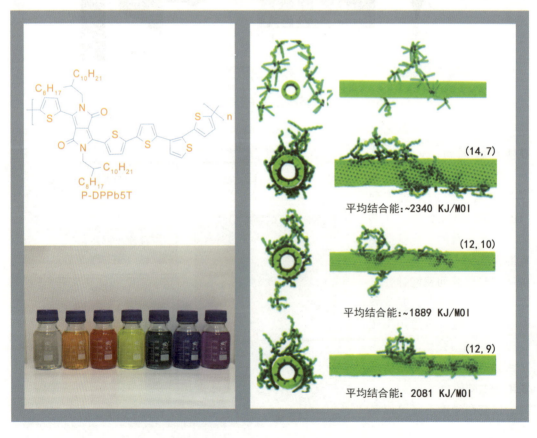

图 3.25　手性相同的超长碳纳米管，结构示意图及电路示意图

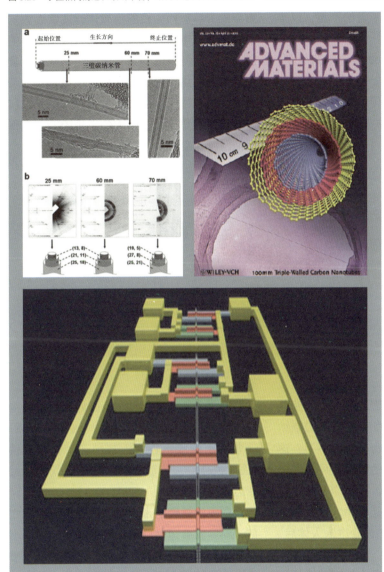

了器件原型。这一技术的关键在于成功制备小直径全半导体型的碳纳米管。目前已经制备出纯度达 90% 的半导体型碳纳米管，再用分离技术，可得到 100% 纯的半导体型碳纳米管。利用各种凝胶和蛋白质分子与不同性质碳纳米管的特异性作用，可以分离出螺旋角(n, m)不同的碳纳米管。这些碳纳米管呈现不同的彩色(图 3.24)。根据不同的颜色，可以将半导体型的碳纳米管收集起来，用于半导体器件加工。这条技术路线进一步发展方向是，开发连续的分离流程和更加便宜的分离剂，进一步提高分离选择性。

另一个路线是制备非常长的全半导体型的碳纳米管(图 3.25)。目前清华大学化工系制备了世界上最长的全半导体型碳纳米管，长度在 55~70 cm。北京大学微电子所利用这种碳纳米管，做出了许多性质优异的电路。这种方法的好处是在一根很长的、性质非常均一的半导体碳纳米管上，可搭建几百万个 PN 结单元。目前

些大公司的高度重视。

目前利用碳纳米管做集成电路有两种技术路线，一个是在事先刻好的硅片沟槽中填充非常小的半导体型碳纳米管，构成 PN 结电路。IBM 公司利用这种方法，已经制造出

这两种方法都只做出了电路原型。科学家正在设法提高这种超长碳纳米管的产量，以推进这些应用的研发。

目前这两种方法都只做出了电路原型，离大规模集成电路要求的一致性相差还很远。但无论如何，利用半导体碳纳米管器件做出的场效应晶体管，开关比高达 $10^6 \sim 10^8$，而硅基半导体的开关比在 10^2，这充分显示了半导体碳纳米管在半导体、通信行业的潜力与魅力。然而，目前半导体行业制造大规模硅基集成电路，已经发展成为非常复杂的工业。如何把离散的碳纳米管组建成如此复杂的电路网络，还需要在材料一致性、加工方式、材料性价比等方面，继续解决无数科学与技术难题。这块巨大的应用潜能，值得人们继续探索。

3.5 碳纳米管安全问题

直接制造的碳纳米管密度很小，为空气的密度的3~10倍。这就意味着吨级的碳纳米管体积几乎大到好几个房间都放不下。这就产生一个问题，这样轻的产品，可能会像病菌一样易在空气中飘浮，极易像花粉一样被人吸入体内。吸花粉得花粉病，吸石棉废渣得"石棉肺病"，如果碳纳米管进入人体后，会不会对人体产生影响呢？

在国际上，科学家对于这种新而奇的物质进行了广泛的病理与毒理研究。其实碳纳米管是一种碳单质，化学成分并无毒性。但是由于其非常小，能够透过皮肤，穿透细胞。比如，有科学家研究了碳纳米管对于植物种子发芽过程的影响。一些织构坚硬的植物种子，水浸入其表皮非常难，因此生长过程很慢。而利用碳纳米管穿入这些种子内部后，这些种子的吸水性大大加快，生长非常快（图 3.26）[10]。实验表明，碳纳米管的渗透能力还是很强的。

在搞清楚碳纳米管对人体是否有影响之前，科学家会遵循临床试验的规定，先以小白鼠为对象进行实验。比如，把碳纳米管掺在食物中喂养小鼠，然后用高级的仪器来检测有无病变产生。目前的研究结果比较混乱，大约50%的研究认为碳纳米管可以停留在组织内部，引发肿瘤生成，而另外50%的研究说没有问题。有的科学家甚至把碳纳米管故意注入大鼠体内，利用其发射的物理信

图 3.26 碳纳米管对植物种子发芽过程的影响

左：正常处理的种子（小）与浸入碳纳米管的种子（大）；右：在培养液中加入不同碳纳米管生长的植物

号进行癌症的排查。总的来说，目前对于接触碳纳米管是否致病还存在分歧，其原因可能在于大家使用的碳纳米管长度与直径不尽相同。

所以，为了人类的健康，抱着一种严肃而负责任的态度，仍然有必要将此类安全研究进行下去。目前碳纳米管的制造已经形成一个产业，这也预示着，只要遵循粉尘防护的规定，大可不必对此安全问题惊慌失措，因噎废食。

3.6 结束语

碳纳米管在声、光、电、力、热、磁方面都具有其他材料无可比拟的优势，是 21 世纪纳米研究的热点。多年来，通过科学家不断地对碳纳米管结构与性能的研究，以及大规模工程制备技术的开发，碳纳米管的应用已经走到了其他纳米材料的前列。

然而，碳纳米管仍有许多高端特性还远远没有得到开发与应用。尽管在超强材料的应用与半导体应用方面，分别代表了两个高端产业的最高水平，但仍值得行业不断努力。同时，碳纳米管作为量子材料，在超润滑材料，弹道输运材料，纳米反应器等方面的研究，都还处于新兴阶段。还有无数新奇、有趣和未知的研究阶段，期待年轻一代的加入，去勇敢探索和开拓。

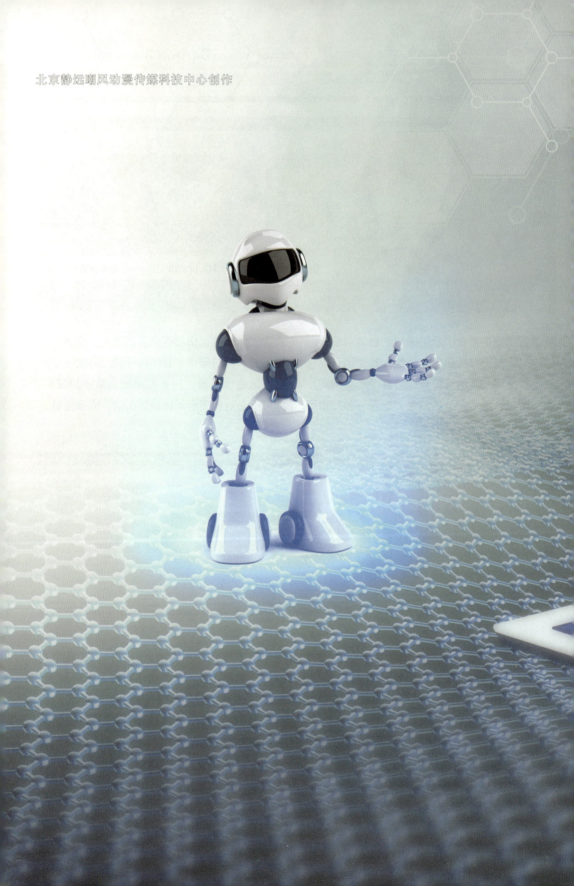

04 石墨烯
Graphene

　　石墨烯在材料领域已经树立了不可动摇的地位，得到了各路科学家对它的尊崇，石墨烯为当代科技实现了很多神奇的功能，也为未来科技发展、为科学家实现一个童话般的科幻世界提供了各种可能性。
　　石墨烯的发现是机缘巧合的偶然，石墨烯的成长却是科学家智慧堆积的必然。

04

石墨烯
Graphene

新材料之王
King of New Materials

唐城 副研究员　陈哨　张强 教授
（清华大学）

　　从远古的石器时代、青铜时代、钢铁时代到如今的硅时代，人类文明的发展历程与使用材料的进步并轨相行。21世纪初，石墨烯的发现为我们打开了新材料时代的大门。石墨烯是由与铅笔芯成分一样的碳元素构成，只有一个原子层厚度，但却拥有其他材料所无法比拟的众多优势和性能，被誉为"新材料之王"，短短数年已在全球范围内引发了一场研究热潮和技术革命。石墨烯为什么能被寄予如此高的期望？它又将如何改造我们的世界，带领我们迈向下一个发展阶段？本章就将为大家讲述石墨烯的前世、今生和未来，解读石墨烯的发现历史、特殊性质、制备技术和应用前景。

4.1 材料发展与人类文明

除了空气和水,在我们的生活中还有什么无处不在的东西呢?

环顾四周,我们可以发现,喝水的杯子由玻璃制成,身上穿的衣服由纤维制品织成,阅读的书籍由纸构成,家里的衣柜由木头制成,居住的大楼由钢筋水泥建造而成……目之所及均由不同的材料制成。可以说,材料早已渗透进了我们的衣食住行,是人类赖以生存和发展的物质基础。什么是材料?材料就是人们用来制造有用物体(物品、器件、构件、机器或其他产品)的物质。

显然,今天的人类生活已经无法离开材料。而人类使用材料的历程几乎与人类文明的历程并轨相行。早在数万年前,人类开始使用最早的材料之一——石头——铸造器物。石器的诞生是人类古老智慧的表现,也标志着人类开始与其他动物区别开来,一个重要的时代——"石器时代"——也由此开启。随着认知的不断进步和加工技术的发展,人类对于材料的使用迈入新的阶段,从单纯打磨外形到改变其性质。于是,同样以材料命名的"青铜时代""铁器时代"等接踵其后(图4.1)。以一种材料作为一段人类文明的注脚,这种命名方式足以说明材料之于人类发展的重大意义[1]。值得注意的是,每一种新材料从初次发现到可控制备,再到为民所用,直到最终的普及和推广,不仅需要初期的洞察力和创造力,即化学、物理等理论科学知识,也需要精巧有效的制造工艺,即化学工程等工程科学和技术。

图 4.1 人类文明发展简史

04 石墨烯

> **隧道效应**：隧道效应是一种由微观粒子波动性所决定的量子效应，又称势垒贯穿。按照经典力学，粒子不可能越过一个高于其能量的势垒，而根据量子力学微观粒子具有波的性质，因而有不为零的概率可以穿过势垒。

今天，材料的种类数不胜数。人类对材料的制造和使用已经炉火纯青，近几十年以来在材料领域取得的成果已经远超过去数千年的发展。20 世纪后半叶以来，芯片、集成电路、计算机、互联网等引领了社会的快速发展，成为时代的聚光点。而这一时代最引人注目的材料无疑是硅，这一时代被当之无愧地称为"硅时代"，正是它缔造了人们所说的"信息时代"。英特尔公司创始人之一戈登·摩尔曾提出，硅基晶体管集成电路的发展遵从摩尔定律，即集成电路上可容纳的元器件的数目，约每隔 18 个月至 24 个月增加一倍，性能也将提升一倍。但由于加工极限和隧道效应的制约，硅基半导体的发展近年来逐渐逼近极限，未来的高速处理器和信息技术的发展，亟待新材料的革新。人们期待的新材料究竟会是什么呢？它又将如何改造我们的世界，带领我们迈向下一个发展阶段？

2010 年，诺贝尔物理学奖授予了英国曼彻斯特大学的科学家安德烈·海姆（Andre Geim）和康斯坦丁·诺沃肖洛夫（Konstantin Novoselov），表彰他们在二维材料石墨烯方面的开创性实验研究（for groundbreaking experiments regarding the two-dimensional material graphene）（图 4.2）[2]。中国华为公司总裁任正非曾于 2014 年在采访中说，未来 10~20 年内将爆发一场技术革命，即"石墨烯时代颠覆硅时代"。2015 年，《中国制造 2025》发布，石墨烯被列入新材料领域的战略前沿材料。看到这里，我们不禁好奇，什么是石墨烯？石墨烯有什么用？为什么能被寄予如此高的期望？

图 4.2　英国曼彻斯特大学教授安德烈·海姆

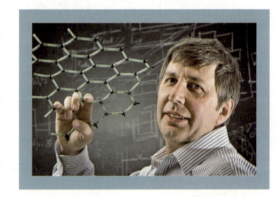

4.2 什么是石墨烯？

1986 年，德国化学家汉斯－彼得·伯姆（Hanns-Peter Boehm）在国际纯粹与应用化学联合会（International Union of Pure and Applied Chemistry，IUPAC）的报告中首次正式给出了石墨烯的定义："the term graphene should therefore be used to designate the individual carbon layers in graphite intercalation compounds"，即石墨烯是指石墨插层化合物中单独的一层碳原子结构。

其实石墨烯的命名本身就非常形象具体地向我们讲述了它的结构特点和电子结构。石墨烯（graphene），顾名思义，是由"石墨"+"烯"构成，这也与其英文命名吻合，即 graphite（石墨）+ alkene（烯烃）。石墨是碳元素的一种同素异形体，是一层一层叠在一起的层状结构，层间是范德华力，而层内每个碳原子的周边以共价键连结着另外三个碳原子，即石墨烯（图 4.3）。因此，石墨烯是由一个碳原子与周围三个近邻碳原子结合形成蜂窝状结构的碳原子单层，石墨烯与石墨的关系类似一页纸和一本字典之间的关系。

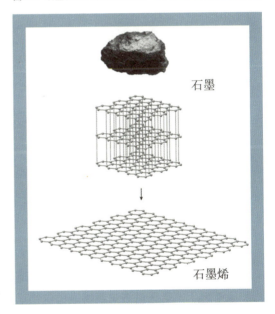

图 4.3 石墨和石墨烯的结构比较

根据 IUPAC 命名规则，烯烃主链的英文命名中缀为 —ene—，如我们所熟知的乙烯（ethylene）和丙烯（propene）。烯烃的特点是含有 C=C 双键（烯键），其中 C 的杂化形式为 sp^2 杂化，这也是石墨烯中碳原子的杂化形式。具体如图 4.4 所示，每个碳原子以 3 个 sp^2 杂化轨道和邻近的 3 个碳原

图 4.4 石墨烯中的 sp^2 杂化结构

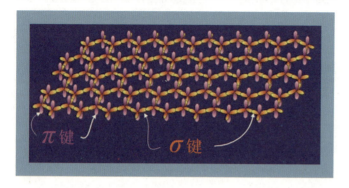

子形成 3 个 σ 键，邻近碳原子剩下的 1 个 p 轨道则一起形成共轭体系，也就是 π 键。这种成键形式与苯环相同，因此也有人将石墨烯看成一个巨大的稠环芳烃，这对于理解石墨烯的结构特点、特殊性质、材料性能和加工特点很有帮助。

4.3 石墨烯的发现和意义

石墨烯的早期实验研究

细心的读者可能会发现，在安德烈·海姆和康斯坦丁·诺沃肖洛夫获得诺贝尔物理学奖的理由中并没有"发现"意味的字眼，这是因为在他们的工作之前关于石墨烯的讨论和探索就已经持续很久了[3]。早在 1859 年，英国科学家本杰明·布罗迪（Benjamin Brodie）用强酸处理石墨，他认为自己发现了一种分子量为 33 的新型碳材料"graphon"。今天我们知道他获得的其实是小尺寸的氧化石墨烯片的分散液，但在接下来的近一个世纪里都没有人能够很好地分析描述这种氧化石墨烯片的结构。直到 1948 年，借助透射电子显微镜这一强大工具，科学家才逐渐观察到石墨烯的真实面貌。1962 年，乌利齐·霍夫曼（Ulrich Hofmann）和汉斯－彼得·伯姆在透射电子显微镜下较好地观察到了氧化石墨烯的碎片（图 4.5），并且指认出其中存在单层结构（monolayer），这被安德烈·海姆认为是世界上第一次直接观察到单层石墨烯的报道。除此之外，也有一些科学家通过不同方法获得了超薄石墨膜或者石墨片，甚至还研究了它的电学性能，但样品层数较多，并不是真正意义上的石墨烯。

图 4.5 超薄石墨片的透射电子显微镜照片

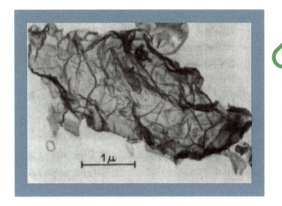

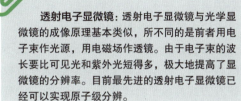

透射电子显微镜：透射电子显微镜与光学显微镜的成像原理基本类似，所不同的是前者用电子束作光源，用电磁场作透镜。由于电子束的波长要比可见光和紫外光短得多，极大地提高了显微镜的分辨率。目前最先进的透射电子显微镜已经可以实现原子级分辨。

获得诺贝尔奖的开创性工作

2004 年，安德烈·海姆和康斯坦丁·诺沃肖洛夫在《科学》杂志（Science）上报道了一种胶带撕石墨的办法[4]，可以非常简单高效地获得高质量的单层石墨烯，并将之成功转移到硅基底上，通过光学显微镜下的颜色差异寻找和定位石墨烯，并且系统地研究了其电学性能，发现石墨烯具有双极性电场效应、很高的载流子浓度和迁移率和亚微米尺度的弹道输运特性等。两人也因为这一工作在 6 年之后获得了诺贝尔物理学奖。正如诺贝尔物理学奖评选委员会指出的，"石墨烯研究的难点不是制备出石墨烯结构，而是分离出足够大的、单个的石墨烯，以确认、表征以及验证石墨烯独特的二维特性。这正是安德烈·海姆和康斯坦丁·诺沃肖洛夫的成功之处。"

考虑到石墨烯是石墨中的一层，自上而下地用胶带撕石墨的想法其实非常简单直观，但又是如此的天马行空（图 4.6）。其实

最初安德烈·海姆是想通过很高端的抛光机将石墨减薄，但是无论如何努力，达到的极限仍有 10 μm 厚，最终以失败告终。几年之后安德烈·海姆在跟隔壁实验室的一位来自乌克兰的高级研究员闲聊时谈起这个实验，对方从自己实验室的垃圾桶里翻出来一片粘着石墨片的胶带送给他。事实上，在扫描隧道显微镜研究中，高定向热解石墨是一种很常见的基准样品。实验前，研究人员都会用胶带把石墨表层撕掉，从而露出一个干净新

图 4.6 用胶带粘撕石墨得到石墨烯

鲜的表面来供扫描，但是从来没有人仔细看过扔掉的胶带上有些什么东西。安德烈·海姆很快发现胶带上的一些碎片远比抛光机抛出来的要薄，研究思路豁然开朗，于是才有了这一让人拍案叫绝的历史性成果。

其实安德烈·海姆一直就是一个与众不同的科学家，他以其异乎寻常的想法和放牧式研究方式闻名于物理学界。一方面，他有着强烈的好奇心和敏锐的洞察力，不断地探求新方向。他曾经对水的磁性很感兴趣，就直接往 20T 特斯拉的磁场里倒水，惊奇地发现水可以被悬浮起来，接着他就把一只青蛙放进磁场（图 4.7）进行演示。因为这个著名的"飞行的青蛙"实验，他获得了 2000 年的"搞笑诺贝尔物理学奖"。另一方面，他又非常严谨勤奋、融会贯通，善于依靠自己的知识和设备来寻找未被探索的新领域，他称之为"积木学说"。曼彻斯特大学的实验设备、曾经积累的低维系统方面的知识、课题组之间的日常交流等，都是构成石墨烯研究的开创性工作的关键"积木"。由此可见，强烈的好奇心和超凡的想象力都是科学进步的重要推动力，而这背后也需要积累大量常人看不到的努力与坚持！

石墨烯开启的材料新时代

石墨自古就有，在生活中也非常常见，考试时用来涂答题卡的 2B 铅笔的主要成分就是石墨。但是为什么科学家经历了这么漫长的努力才得到石墨烯？石墨烯相比于石墨又有什么特殊的性能和意义？

其实关于石墨烯的思考和好奇很早就闯进了科学家的脑海。人们在研究石墨的结构和性质的时候，已经注意到里面的层状结构可能会带来很多新的可能。早在 1947 年，加拿大理论物理学家菲利普·华莱士（Philip Wallace）就已经开始计算石墨烯的电子结构，并且发现了非常奇特的线性色散关系。但此后，石墨烯往往作为理论模型，用于描述碳材料的物理性质，而在实验方面的进展却非常缓慢。这是为什么呢？

科学家曾经一度认为石墨烯在真实世界中无法存在。20 世纪的很多科学家都在理论上预言，像石墨烯这样的准二维晶体本身热力学性质不稳定，在室温环境下会迅速分解或者蜷曲，所以不能单独存在。这样的想法限制了科学家对实验现象的理解和认知。当我们再次翻阅安德烈·海姆的工作时发现，

图 4.7　安德烈·海姆在展示他的"飞行的青蛙"实验

他们得到的单层石墨烯恰巧是一直负载在一定的基底上，比如胶带、玻璃、硅片等，所以能够稳定存在。这一实验中的巧合为人类知识的跨越提供了非常大的便捷。后续的研究已经能够非常清晰地帮助我们来理解这一现象，在大气条件下石墨烯能够在支撑基底上稳定存在，而悬空时由于石墨烯晶格在面内和面外的扭曲，使得石墨烯也能够稳定存在（图 4.8）。

石墨烯的出现打开了二维材料世界的大门，短短十年时间，科学家们已经发现了数千种结构和性能各异的二维材料，为科学研究和生产、生活带来了无限想象[7-8]。而对于石墨烯，除了简单完美的结构，它还有着众多令人惊讶的性质，这也是石墨烯最为吸引人的地方。

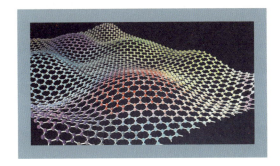

图 4.8　二维石墨烯因为波纹起伏而稳定存在

4.4 石墨烯的特殊性质

如果稍微留心一下网络或者新闻报道，我们就会发现人们对于石墨烯毫不吝啬赞美之词，称之为"新材料之王""黑金""神奇材料"（miracle material），说它是世界上最薄、最硬、最强、导电导热性能最好的材料，甚至有望掀起一场颠覆性的新技术革命。石墨烯真的像大家说的这样神奇吗？

通过一些具体的数据，我们可以窥探一下石墨烯的真容。

石墨烯的厚度只有 0.34 nm，相当于人头发丝直径的十万分之一。石墨烯虽然只有一个原子厚，但是非常致密，最小的气体分子（氦气）也无法穿透，只能透过质子。更神奇的是，即使只有一个中子的差别，石墨烯也能够非常有效地透过氢，而阻挡它的同位素氘。

和普通的金属或者半导体不同，石墨烯是一个零带隙的半导体，电子的运动不遵循薛定谔方程,而是遵循狄拉克方程,可以近似认为电子没有质量,运行速度高达光速的1/300。石墨烯的电子被严格限制在二维平面,即使在室温下也可以观察到量子霍尔效应。

石墨烯的载流子迁移率理论上高达 $2\times10^5\ cm^2/(V\cdot s)$,是目前常用的硅材料的 100 倍,如果能够替代硅做电子器件,将会使计算机的处理能力大幅提高。石墨烯的热导率实验上测得高达 $5000\ W/(m\cdot K)$,是自然界导热最好的金刚石的 3 倍。石墨烯的导电性理论上高达 $10^6\ S/cm$,跟铜相当,但是石墨烯的最大承受电流密度竟达到 $10^9\ A/cm^2$,是铜的 1000 倍。

自由悬浮的石墨烯高度透明,对可见光的透过率高达 97.7%,且与波长无关。单层石墨烯的面密度是 $0.77\ mg/m^2$,比表面积达到 $2600\ m^2/g$。石墨烯的断裂强度为 $42\ N/m^2$,是最强的钢的 100 倍(当钢的厚度跟石墨烯一样时)。假设有一张面积为 $1\ m^2$ 的石墨烯吊床,其质量仅有 0.77 mg,但却可以承受 4 kg 的质量,也就是说一张薄如蝉翼、轻如毫毛、近乎透明的石墨烯都能够承受得住一只猫的重量(图 4.9)。

如此看来,石墨烯真的是像人们传言的那样神奇了,就像材料世界里的"超人"。但需要特别提醒的是,以上列出的性能都是严格意义上的单层石墨烯的理论值,或者结构完美的单层石墨烯的测量值。这样完美的石墨烯非常难以获得,现实中几乎不存在,我们能得到的石墨烯往往带有一定量的修饰、缺陷、孔洞、氧化,或者厚度大于一层,因此相应的性能与此也存在一定的差异,不可混淆。

石墨烯的性质看起来就像一个矛盾的统一体,最薄又最硬,几乎完全透光但完全不透气,导电性极好而导热性也超常。这样的特性使得石墨烯独一无二,集万千宠爱于一身,也为我们提供了无穷的想象空间。

> **量子霍尔效应**:霍尔效应是电磁效应的一种。当电流垂直于外磁场通过半导体时,载流子发生偏转,垂直于电流和磁场的方向会产生一个附加电场,从而在半导体的两端产生电压,这一现象就是霍尔效应,这个电压也被称为霍尔电压。霍尔效应一个显著的特征是霍尔电压与磁场强度成正比。
>
> 量子霍尔效应是霍尔效应的量子力学版本,一般看作是整数量子霍尔效应和分数量子霍尔效应的统称。量子霍尔效应与霍尔效应最大的不同之处在于横向电压对磁场的响应明显不同,横向电阻是量子化的。
>
> 值得注意的是,整数量子霍尔效应的发现获得了 1985 年诺贝尔物理学奖,分数量子霍尔效应的发现获得了 1998 年诺贝尔物理学奖。

图 4.9 石墨烯"吊床"

4.5 石墨烯的应用

在 2018 年平昌冬奥会闭幕式上，张艺谋导演的"北京 8 分钟"惊艳亮相（图 4.10），向全世界发出了 2022 年北京冬奥会的邀请。与传统的"人海战术"不同，这是一场融合了科技与文化的视听盛宴。现场气温达到 −3 ℃，演员们穿着薄薄的演出服还能够从容灵活地做出各种动作，这都有赖于石墨烯智能发热服，可以 3 s 内迅速升温，在 −20 ℃的条件下发热 4 h，实现优异的保温发热效果。可以说，短短十余年的时间，石墨烯已经真真切切地走进了我们的生活，从书架走向了货架，从知识转化为产品，继续生动演绎材料发展与人类文明的共同进步。

目前关于石墨烯应用的研究层出不穷，相关的产品报道也应接不暇，这里向大家介绍几种最具代表性的、能够凸显出石墨烯特质的应用。

图 4.10　平昌冬奥会上的"北京 8 分钟"

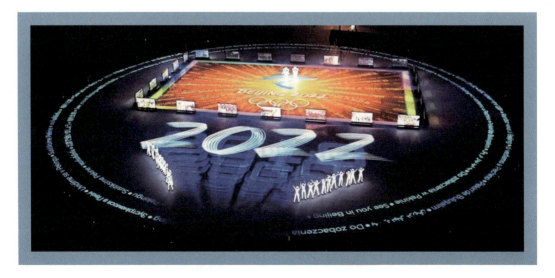

> **场效应晶体管**：场效应晶体管，简称场效应管，是利用控制输入回路的电场效应来控制输出回路电流的一种半导体器件。由于多数载流子参与导电，也称为单极型晶体管。场效应管具有输入电阻高、噪声小、功耗低、动态范围大、易于集成、没有二次击穿现象、安全工作区域宽等优点，现已成为双极型晶体管和功率晶体管的强大竞争者。

电子器件

得益于独特的二维原子结构、超高的载流子迁移率、导电性和导热性，石墨烯最具革命性的应用就在于取代硅材料，成为未来微电子技术和集成电路的新希望。2007年，世界上第一个实际的石墨烯场效应晶体管被成功研制出来。2011年，美国IBM公司的林育明团队研制出了世界首款由石墨烯制成的集成电路——混频器，是无线电收音机的关键组件（图4.11）。2014年，IBM公司再次取得了一项里程碑式的技术突破，制作了世界上首个多级石墨烯射频接收器，进行了字母为"I–B–M"的文本信息收发测试，未来它可使智能手机、平板电脑和可穿戴电子产品等电子设备以速度更高、能耗更低、成本更低的方式传递数据信息。

DNA 测序

过去40年，DNA测序的发展极大地推动了生物学和医学的研究和发展，同时也快速拓展到了犯罪调查、产前诊断等。由于优异的导电性、气液隔绝性和单原子厚度的特点，石墨烯从一出现就在纳米孔测序方面深受欢迎。2010年，美国哈佛大学和麻省理工学院的科学家在《自然》杂志（Nature）上证实了石墨烯有可能制成人工膜用于DNA测序。研究人员在石墨烯上通过电子束钻出5~10 nm的孔，DNA分子就像线穿过针眼一样地通过石墨烯纳米孔（图4.12）。当DNA分子穿过纳米孔时会阻断离子流，不同的核苷酸碱基对的特征性电子信号不同，同时石墨烯的厚度和孔的尺寸小到足以分辨两个近邻的碱基对，从而可以依次识别出单个碱基对，实现DNA测序。经过不断地改进，石墨烯DNA测序的精度和速度都已经提高了上千倍，为更好更廉价的DNA测序开辟了

图4.12 石墨烯DNA测序示意图

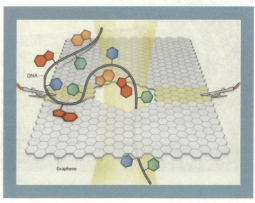

图4.11 石墨烯混频器光学图像

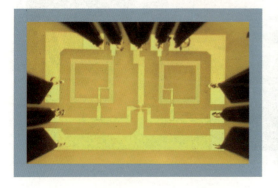

新的道路。

海水淡化

石墨烯本身是对气体和液体都完全隔绝的，但如果把石墨烯片一层一层重新叠起来形成一张纸，那么石墨烯片之间的空隙则可能透过一些分子。安德烈·海姆团队在这方面就进行了大量的研究，他们发现通过精确的控制，可以让抽滤得到的氧化石墨烯薄膜只能选择性地透过水分子而留下盐离子，也就是可以实现海水淡化。中国的科学家在这方面也取得了一系列重要的进展，通过不同阳离子的选择性作用实现了对石墨烯膜的层间距在 0.1 nm 尺度上的精确控制，从而获得了出色的离子筛分和海水淡化性能（图 4.13）。

智能玻璃

理想的石墨烯作为准二维晶体是不能稳定地单独存在的，需要一定的基底来支撑，

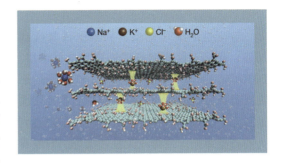

图 4.13　氧化石墨烯薄膜海水淡化示意图

那能不能让石墨烯和基底的组合直接成为我们想要的产品呢？北京大学的刘忠范院士团队经过多年的研究，在国际上首次提出了石墨烯玻璃的概念，为石墨烯和玻璃的应用都带来了革命性的变化。通过生长过程的精确调控，团队成功实现了在玻璃表面石墨烯的直接生长，得到的石墨烯玻璃兼具玻璃的透光性，以及石墨烯的导电、导热和表面疏水性等优点（图 4.14），所以表现出了很多新颖的性能。通电时石墨烯产生的热量可以去除玻璃表面的水雾，也能够使热致变色涂层的颜色发生改变，因此可以用作汽车的防雾视窗或者飞机的智能玻璃等。

图 4.14　石墨烯玻璃

柔性显示屏

与刚性的玻璃相反，如果选择柔性的基底，那么石墨烯就可以做成柔性显示屏。2010年，韩国三星公司和成均馆大学的研究人员将生长的单层石墨烯转移到柔性聚酯薄膜上，得到了30英寸（1英寸=2.54 cm）大的石墨烯膜，并做成柔性触摸屏。四层石墨烯叠在一起得到的柔性触摸屏的导电性和透光性就已经超过商品化的氧化铟锡（ITO）透明导电薄膜（图4.15）。近年来，国内在石墨烯柔性显示屏方面的研究和产业化发展迅速，中国重庆某公司已相继发布了世界上第一款石墨烯柔性屏手机、超柔性石墨烯电子纸显示屏等。相信在不久的将来，能卷起来或者穿在身上的柔性电子书、手机、电脑和电视就会出现在我们身边。

多功能传感

石墨烯兼具导电、导热、柔性等多种特性，能够将微小的温度、压力、声音的变化转化为电流信号，从而可以实现多功能的传感，比如贴身式体温计、穿戴式力学传感器等。利用力学传感的特性，中国常州某公司开发了一款中医诊脉手环，可以随时记录脉搏的波动曲线，并据此提供体质诊断和中医建议。借助独特的激光直写技术工艺，清华大学任天令教授的团队制备出一种多孔的石墨烯材料，能够同时实现感知声音和发出声音。一方面，石墨烯的多孔微结构对压力极为敏感，可以通过压阻效应将聋哑人低吟时喉咙的微弱振动接受为电学信号；另一方面，由于高热导率和低热容率，石墨烯又能够通过热声效应发出100 Hz～40 kHz的宽频谱声音，从而有望帮助聋哑人"开口说话"（图4.16）。

图4.15 石墨烯柔性显示屏

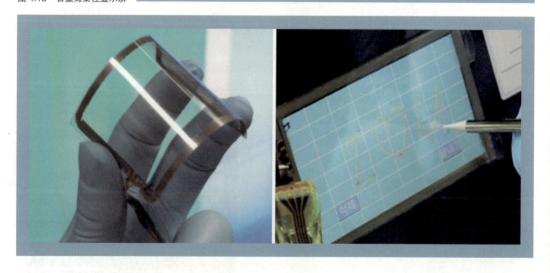

图 4.16 基于石墨烯的人工喉器件示意图

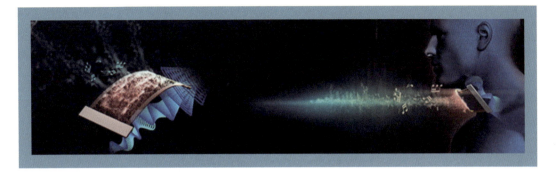

热声效应：热声效应是指温度可以诱导产生声波的现象，即温度在空间中的周期性振荡导致压力在空间中的周期性振荡，这一过程反过来也是可行的。按能量转换方向的不同，热声效应分为两类：一是用热能来产生声能，包括各类热声发动机、热声扬声器等；二是用声能来输运热能，包括各种回热式制冷机。

高性能电池

许多人都曾经历手机电量不够或者天冷充不上电的情况，现代社会快节奏高质量的生活，已经越来越离不开高性能电池的帮助。然而目前商用锂离子电池的性能已逐渐趋于饱和，难以满足人们对于电池电量和充电速度的要求。石墨烯的出现，为锂离子电池的性能改进提供了新的可能，用于负极材料或者导电添加剂，可以有效地提升电池的循环寿命、整体容量和充电速度，从而充得更快、用得更久。此外，石墨烯的高导热特性，也可以拓宽电池工作的温度区间，能够在更恶劣的情况下正常充放电，这对于电动车和无人机意义重大。在很多新的电池体系中，如锂硫电池、铝离子电池、金属空气电池等，石墨烯有着更大的发挥空间，为下一代高性能电池提供了材料保障。

超级电容器

与电池相对应的，超级电容器是另一种非常常见的储能器件，功率密度可以是锂离子电池的 30~100 倍，可逆充放电次数也能达到 50 万次以上，但是能量密度却比电池低一个数量级。石墨烯由于兼具高导电性、高比表面积、高化学稳定性和高力学柔性，已被证明是一种非常理想的超级电容器电极材料。普通超级电容器的电极中添加质量分数 2% 的石墨烯之后，单体容量就能够提升 20%。2015 年，中国中车公司研制成功世界领先的大功率石墨烯超级电容器，已运用在广州、宁波、武汉等地的有轨电车和无轨电车上（图 4.17）。继续提高石墨烯的用量，甚至完全用石墨烯作为电极材料，有望进一步提高超级电容器的性能，但在工业化的过程中需要解决好低密度石墨烯带来的材料加工、极片制备和器件组装的工艺改变。由于二维纳米结构的特点，石墨烯在一些特殊的场合，如柔性、纤维状或者微型超级电容器

图 4.17 超级电容器驱动的电车

方面也具有突出的应用优势。

防腐

金属腐蚀是生活中非常常见的现象，但却是钢铁、冶金、建筑、交通运输等行业面临的最大挑战之一，有统计称全世界每年因腐蚀造成的直接经济损失相当于 2013 年全球 GDP（国民生产总值）的 3.4%。石墨烯作为一种二维致密的纳米级新材料，理论上很有希望为防腐带来全新的机遇。但实际石墨烯涂层不可避免出现轻微裂纹或划痕，这会加速局部的电化学腐蚀，暴露区域的腐蚀速率反而大大加快，并降低金属的强度和韧性等性能。通过研发石墨烯/聚合物复合涂层，或者增加阳极材料（比如锌），利用高中化学中说的"牺牲阳极的阴极保护法"，就可以实现长久保护。中科院宁波材料所经过近 10 年的努力，成功开发了一系列石墨烯改性新型防腐涂料（图 4.18），锌的用量可以降低一半以上，性能却至少提高 2 倍。

智能吸附

石墨烯作为一个巨大的稠环芳烃，表面疏水亲油，加上巨大的比表面积，在吸附领域有广阔的应用潜力。东南大学孙立涛教授的研究团队曾在国际上首次报道了石墨烯海绵可作为超高效可循环利用的吸附材料，应用于油和常见的有机溶剂吸附方面，通过优化，吸附能力可以增加到自身重量的 800 倍以上。实际发生的海上原油的泄漏事故中，由于重质原油的黏稠性较大，吸附速率十分缓慢。借助石墨烯的特殊性质，中国科学技术大学俞书宏院士的研究团队在经石墨烯功能化后的海绵上施加电压，产生的焦耳热会迅速提高周围原油的温度，进而降低黏度，实现了水面上高黏度原油的快速吸附，时间缩短了 94.6%（图 4.19）。此外，石墨烯在空气净化器、甲醛吸附剂、防雾霾口罩等方面也有所应用。

石墨烯的应用远不止以上介绍的这些，在关乎人类未来发展的各个领域，从生命健康，航空航天到人工智能，石墨烯都能够发挥举足轻重的作用。不论是 DNA 测序，人工器官制造，靶向给药技术，还是特种航空材料的研发，亦或是高性能计算芯片制造，你都将看到石墨烯的活跃身影。值得注意的是，石墨烯不同的应用场景其实都对应着某些优异的性质，且每一种应用的要求也有所

图 4.18 石墨烯防腐效果的实验

不同。这正是石墨烯的一大迷人之处，可以一体多面，和而不同，而这都离不开高质量石墨烯材料的制备和加工，离不开化学和化工领域的研究突破。

图 4.19 石墨烯吸附原油

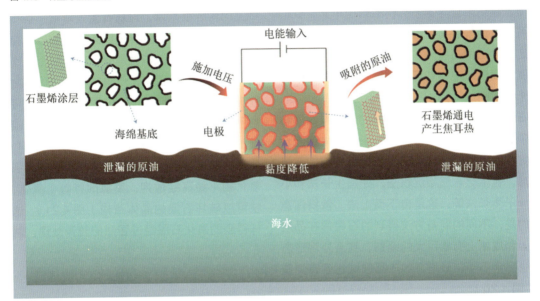

4.6 石墨烯的制备

人类第一次获得单层石墨烯是通过撕胶带这样简单但精巧的机械剥离法实现的，这种方法得到的石墨烯虽然质量很好，是实验室基础研究的绝佳材料，但是产量太低，成本太高，无法满足工业化和规模化生产要求。正如上文介绍的那样，其实在安德烈·海姆2004年开创性的实验之前，石墨烯相关的初步实验探索就已经很多，这为后来石墨烯制备技术的发展打下了良好的基础。

考虑到石墨烯的单原子层的特殊结构，石墨烯的制备可以分为自上而下法和自下而上法。一方面，这种单原子层的碳结构是石墨、碳纳米管等很多材料的结构单元，我们可以以这些容易得到的材料为原料，通过一定的办法把石墨烯从里面剥离出来，包括机械剥离法、液相剥离法、氧化还原法、碳纳米管切割法等，这是自上而下法。另一方面，石墨烯的结构是已知且简单的，如果能够将碳原子以蜂窝状的形式一个一个地排列组合好，就可以直接合成出形状大小可控的石墨烯，包括化学气相沉积法、外延生长法和小分子生长法等，这是自下而上法。值得注意的是，不同的制备方法得到的石墨烯在品质上和成本上有着巨大的差别，甚至外观形态也完全不同，最适合的应用领域也各有侧重（图 4.20）。

下面向大家介绍目前最常用、实现产业化且应用最广泛的两种方法：氧化还原法和化学气相沉积法。

图 4.20　石墨烯不同制备方法的成本、品质与应用的关系

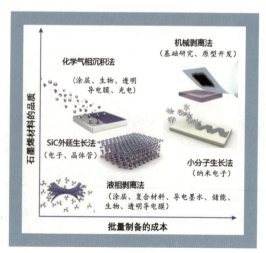

氧化还原法

如果把石墨看作一本厚厚的字典，那石墨烯就是其中的一页纸。从字典中翻看一页纸上的内容很简单，但从石墨里得到一层石墨烯却不容易，这主要是因为石墨的层间存在范德华力。范德华力是分子间的弱相互作用，比化学键弱很多，但也很可观，这也是壁虎能够稳稳地待在墙上的原因。不过这可难不倒聪明的化学家，他们用强酸（如浓硫酸、发烟硝酸等）处理原始的石墨粉原料，使得强酸小分子进入到石墨层间，而后用强氧化剂（如高锰酸钾、高氯酸钾等）氧化，就可以破坏石墨的晶体结构（图 4.21）。这样得到的氧化石墨经过强烈的超声处理，就

图 4.21　石墨烯的氧化还原法制备过程示意图

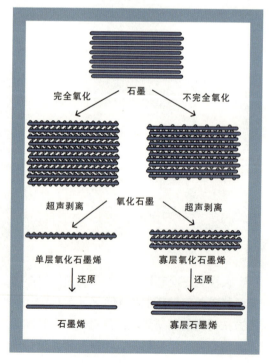

图 4.22 氧化还原法得到的石墨烯

可以破坏层间的范德华力,实现剥离,得到大小和尺寸不同的氧化石墨烯。这就像用很薄很尖的刀片插进一本密实的字典,撬开一个缝之后再进行高强度的机械处理,就可以轻松地撕开每一页。

但这样会让每页纸变皱、变碎、变破,因此得到的氧化石墨烯上有很多的官能团和缺陷,还需要通过不同的还原方法修复它的结构,才能最终得到石墨烯。

氧化还原法得到的石墨烯是黑色粉末状的,如果把它放大几十万倍会发现确实是薄片状的结构,但显得褶皱不平(图 4.22)。这种石墨烯材料由于制备过程中经过强酸、强氧化剂和超声的处理,缺陷较多,性能跟理想的石墨烯差别也较大。但是这种方法工艺简便成本较低,是最早实现产业化的石墨烯生产工艺,而且由于中间过程的氧化石墨烯具有很好的分散性,方便进行各种加工处理,能够得到浆料、薄膜、泡沫等各种形态的石墨烯材料,在吸附、储能、催化、散热、防腐、润滑、复合材料、电子墨水等多个领域都有着广泛的应用。

上面的这种方法虽然高效简便,但是对石墨烯结构的破坏较大,而且生产过程中产生了大量的废酸废液,污染环境。后来化学家们发现不一定需要强酸强氧化的处理来对抗范德华力,当溶剂的表面能与石墨烯相匹配时,溶剂与石墨烯之间的相互作用,就可以平衡和打破范德华力所需的能量,可以直接在液相中剥离石墨或者膨胀石墨,实现高质量石墨烯的大规模、低成本、绿色制备。

化学气相沉积法

相信很多人都有过搭积木或者玩拼图的经历,成功的那一刻很兴奋,但肯定也很疲惫。我们在宏观世界里把一些小零件按照特定的顺序排列整齐尚且不是一件轻松的事情,那要想在微观世界里把一个个碳原子按照规则组装起来几乎难如登天。不过这在化学工程师的眼里并不是没有可能。在接近1000 ℃的高温下,我们所熟知的天然气会在金属薄膜的表面脱掉氢原子,然后在一些高活性的地方成核,拼接出一个碳原子的小岛,逐渐扩大最终长成连续的石墨烯,这就是化学气相沉积法。看似简单的过程其实涉及非常多的基元步骤,比如碳源分子的吸附、裂解,碳原子的迁移、扩散、析出,石墨烯的成核、长大等(图 4.23)。

可以想象这个过程很难控制,微小的碳原子就像一个个调皮的小孩子,肯定不会轻易乖乖地在金属薄膜的表面排好队。通过精确地控制金属薄膜的组成、生长过程中的温度、压力、气体、气速等,化学工程师们如

图 4.23 化学气相沉积法生长石墨烯的基元步骤

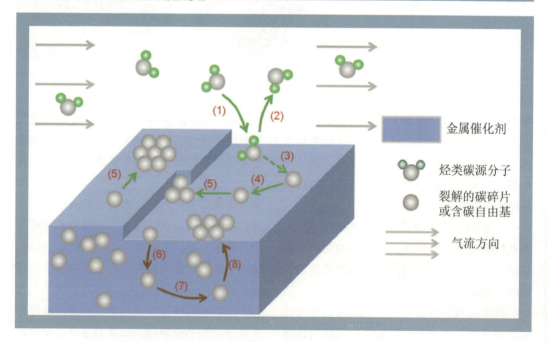

今已经能够得心应手地制备出各种想要的石墨烯结构（图 4.24）。中国科学家在这个领域取得了领先世界的进展，不仅能够制备出像雪花一样的石墨烯图案，也成功制备了世界上最大的石墨烯单晶，这种结构完美的石墨烯单晶为电子学领域的规模化应用打下了坚实的基础。无数的石墨烯单晶在生长的过程中通过化学键无缝拼接在一起就可以形成一张完整连续的石墨烯薄膜。与氧化还原法得到的石墨烯粉体不同，化学气相沉积法得到的石墨烯薄膜是透明的，而且可以精确地控制层数。

相比于自上而下氧化还原的制备方法，自下而上的化学气相沉积法制备得到的石墨烯结构更加完美可控，性能更加突出，但非常遗憾的是加工难度和成本也成倍增大。在金属薄膜表面生长的石墨烯只有通过一定的方法转移到想要的基底上才能做成最后的产品，而这个过程也会不可避免地使石墨烯产生一些缺陷。目前，通过工艺的优化和放大，我们已经可以在一体化的化工生产线上，依次完成升温、生长、降温、转移等环节，得到任意尺寸的石墨烯薄膜，用在柔性显示屏、触控传感等领域。

图 4.24　化学气相沉积法得到的石墨烯

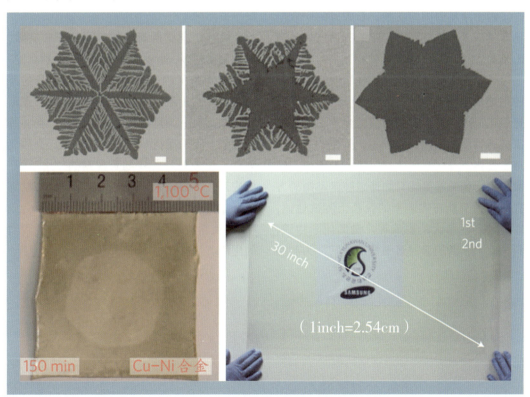

4.7 化学化工助力石墨烯未来

石墨烯就像材料世界里的"神童"一样，天赋异禀，有着其他材料所无法比拟的优势和性能，从一出生就得到了万千宠爱，无数的科学家和工程师陶醉于石墨烯的研究。经过短短十余年时间的发展，石墨烯的研究早已非常深入具体，而石墨烯的应用产品也遍地开花。

虽然关于石墨烯的开创性实验工作获得的是诺贝尔物理学奖，但作为一个材料，要想真正高效、可控、大规模地生产，能够加工成各种所需的产品和应用，其中的每一个进步都离不开化学和化学工程学的贡献。想象一下，如果石墨烯只能通过胶带粘撕的方式获得，只能在实验室的仪器上测试性能，它能够产生多大的影响呢？借助化学知识，科学家们不断加深对石墨烯的理解，为石墨烯的剥离、生长、转移、分散、修饰等提供指导；而在化学工程的知识和技术的帮助下，工程师能够实现石墨烯制备、加工、应用的工艺优化和放大，从实验室到工厂，最后走进千家万户。

目前工业化的石墨烯应用还比较有限，而且用量较少，所以很多人说"新材料之王"石墨烯沦为了"工业味精"。但石墨烯的身上有太多的宝藏，充满了无数的神奇、革新和未知，每一种可能，每一个答案，都在等待探索。我们期待年轻一代来加入，去放飞创意，勇敢开拓，找到石墨烯的"杀手锏"的应用，带来技术和时代的变革，让石墨烯真正成为一个时代和文明的注脚。

"我希望石墨烯会像塑料一样改变我们的生活。"安德烈·海姆如是说。

05 百变高分子

The Diverse World of Polymers

看我 72 变，可柔可刚可光亮。在分子的世界中，高分子可是不止 72 变的。当高分子组合方式发生变化时，它呈现出来的形态可以多种多样，既可以坚固如磐石，又可以柔软似凝胶。科学家对高分子的改造就像一个拼之不尽、玩之不竭的乐高积木，只要不断变化方式，就能生出新趣味，变出新造型。

05 百变高分子
The Diverse World of Polymers

变化万千、性能各异的高分子世界
Various Structures Create Marvelous Properties of Polymers

庹新林 副教授　徐军 副教授　和亚宁 副教授
谢续明 教授　阚成友 教授　黄延宾 副教授　唐黎明 教授
（清华大学）

　　高分子，除了分子量高，还有哪些高明之处呢？或许有人以为，高分子不就是我们耳熟能详的脸盆、牙刷、拖鞋吗？那可是太小瞧了高分子！除了衣食住行所见的高分子熟面孔，还有不少"黑科技"后面的材料英雄也是高分子。上天、入地、下海；国防、航天、信息，各处都有高分子大显身手！本章将从这些千变万化、性能各异的多彩高分子世界中略举几例，以飨读者。亲爱的读者朋友，更多的神奇高分子，还有待你来探索和创造！

5.1 前言

有一个谜语,打一材料:"刚可擎巨栋,柔能伴枕眠。最是它绝缘,导电亦不难。出海护艇舰,航天保飞船。处处皆可见,亿吨每一年。"这想必难不倒你,谜底就是高分子。高分子材料已经渗透到了生活的方方面面,我们的衣食住行,都离不开高分子材料。

高分子是高分子化合物的简称,又叫大分子,相对分子质量高达几千到几百万。虽然高分子化合物的相对分子质量很大,但组成并不复杂,它们的分子往往都是由特定的被称为单体的结构单元,通过共价键多次重复连接而成。由单体经聚合反应而生成的高分子化合物又称为高聚物。以生产和使用量最大、结构最简单的聚乙烯为例,它的结构单元就是[CH_2CH_2]。当把乙烯单元中的一个氢原子替换成一个苯环,就得到了聚苯乙烯。

高分子种类繁多,按性能分类可把高分子分成塑料、橡胶和纤维三大类。按用途分类可分为通用高分子材料、工程高分子材料和功能高分子材料。塑料中的"四烯"(聚乙烯、聚丙烯、聚氯乙烯和聚苯乙烯),纤维中的"四纶"(锦纶、涤纶、腈纶和维纶),橡胶中的"四胶"(丁苯橡胶、顺丁橡胶、异戊橡胶和乙丙橡胶)都是用途很广的高分子材料,为通用高分子。工程高分子材料是指具有特种性能(如耐高温、耐辐射等)的高分子材料,如聚甲醛、聚碳酸酯、聚芳酯、聚酰亚胺、聚芳醚、聚芳酰胺和含氟高分子、含硼高分子等,已广泛用作工程材料。常见的离子交换树脂、感光性高分子、仿生高分子、医用高分子、高分子药物、高分子试剂、高分子催化剂和生物高分子等都属功能高分子。

高分子的分子结构可以分为两种基本类型:线形结构和体形结构。线形结构的分子中,原子以共价键互相连接成一条很长的卷曲状的分子链。体形结构是分子链与分子链之间还有许多共价键交联起来,形成三维网络结构。此外,有些高分子是带有支链的,但也属于线形结构范畴。在线形结构高分子中有独立的大分子存在,在溶液中或在加热熔融状态下,大分子可以彼此分离开来,因而具有可塑性,在溶剂中能溶解,加热能熔融。而在体形结构的高分子中则没有独立的大分子存在,故没有可塑性,不能溶解和熔融,只能溶胀。两种不同的结构,表现出相反的性能。

从分子结构上看,橡胶是线形结构或交

联很少的网状结构的高分子，纤维也是线形的高分子，而塑料则两种结构的高分子都有。

除了线形高分子，科学家还通过改变单体的连接方式，设计出了环形高分子、星形高分子、刷形高分子和树枝状高分子等。其中的树枝状高分子具有数十个到上百个末端基团，且均可作为功能化位点，可以用作药物载体治疗疾病。

高分子的性能也和聚集状态密切相关。高分子化合物几乎无挥发性，常温下常以固态或液态存在。固态高分子按其结构形态可分为晶态和非晶态。前者分子排列有规则，而后者无规则。晶态高分子内部分子间的作用力较大，故其耐热性和机械强度都要高于非晶态的同种高分子。非晶态高分子则没有一定的熔点，耐热性能和机械强度都比晶态的低。

由于线形分子链很长，要使分子链间的每一部分都做有序排列是很困难的，因此，通常线形高分子兼具晶态和非晶态两种结构。而体形结构的高分子，例如，酚醛塑料、环氧树脂等，由于分子链间有大量的交联，不可能产生有序排列，因而都是非晶态的。

高分子材料在国防、航空、航天、信息、电子、医药等高技术领域有广泛的应用，而且在各种"黑科技"中，高分子也大放异彩。下面举几个例子，让大家仔细了解一下，如何通过选择不同的单体种类，通过控制相对分子质量和分子结构，通过改变高分子的聚集状态，创造出千变万化的高分子材料的。

5.2 耐热高强的芳纶纤维

尼龙（nylon）是大家熟悉的一种高分子材料，1938年尼龙就实现了工业化生产。尼龙的学名是聚酰胺，英文polyamide（PA），它的大分子主链是脂肪链，重复单元中含有酰胺基团（—CO—NH—），分子式如图5.1所示。最初用作制造纤维的原料，后来由于PA具有强韧、耐磨、自润滑、使用温度范围宽等特点，成为目前工业上五大工程塑料中产量最大、品种最多、用途最广的一种工程塑料。

在1938年尼龙实现工业化生产之后，许多化学家还在不停尝试提高聚酰胺纤维的性能，其中一个途径就是改变聚合所用的单体，改变聚合物主链极性。

图 5.1　聚酰胺尼龙 66 与尼龙 6 的分子式

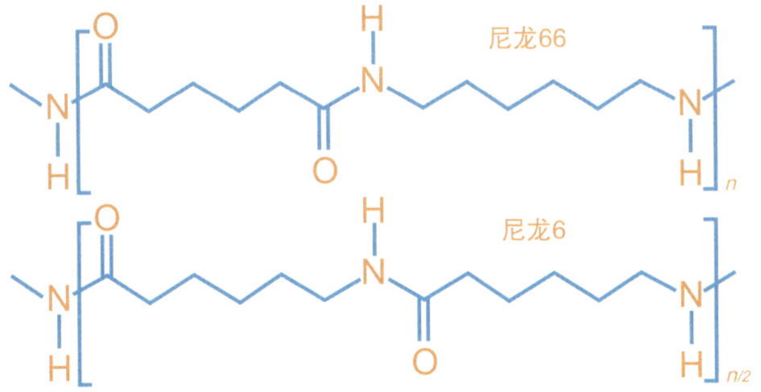

能仅和普通纤维相当，但耐热性能优异，所以常用作耐高温材料。实物如图 5.2（b）所示。另一种是聚对苯二甲酰对苯二胺（PPTA），即对位芳纶，分子式如图 5.3（a）所示。

芳纶的分子链间可以通过羰基和氨基形成氢键，与主链上苯环结构带来的刚性，进一步提高了纤维的强度和稳定性。

对位芳纶呈金黄色，具有高强度、高模量、耐高温、耐酸碱以及重量轻等优异性能，比强度（强度除以单位质量）是钢丝的 5~6 倍，比模量（模量除以单位质量）为钢丝或

湿法纺丝：一种溶液纺丝方法，将高分子溶解在适当的溶剂中配成纺丝溶液，将纺丝溶液从喷丝孔中压出后射入凝固液中凝固成丝条。腈纶、维纶、黏胶纤维和芳纶等难以熔融纺丝的高分子可以采用湿法纺丝。

基于这个思路，20 世纪 60 年代，有科学家发现，将聚酰胺中的脂肪链换成苯环，聚合物主链刚性增强，加上分子链间的氢键作用，虽然使得聚合物黏度和熔点大幅升高且难以溶解，但是得到的纤维在力学、耐热等方面具有优异的性能。这种聚合物就是主链重复单元中含有苯环及酰胺基团的高聚物全芳香族聚酰胺，俗称芳纶。此时恰逢美苏争霸，在军事、航空、航天等尖端领域对耐热高强轻质材料有急迫的需求，因此美国杜邦公司率先开始尝试进行对位芳纶纤维的生产。

芳纶主要有两种；一种是聚间苯二甲酰间苯二胺（PMIA），即间位芳纶，分子式如图 5.2（a）所示。间位芳纶呈白色，力学性

图 5.2　间位芳纶

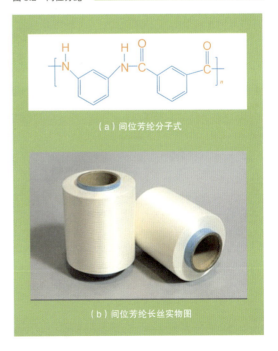

（a）间位芳纶分子式

（b）间位芳纶长丝实物图

玻璃纤维的 2~3 倍，韧性是钢丝的 2 倍，而重量仅为钢丝的 20% 左右。实物如图 5.3（b）所示。常用作增强纤维制备防弹衣，想想看金灿灿的黄金甲穿在身上，是不是很神气？

试想想，间位和对位芳纶化学组成完全相同，仅仅因为基团连接位置的差异就导致纤维性能差别巨大，为什么？这是共轭效应导致的。对位芳纶分子链中的苯环和酰胺基团是全共轭平面结构（电子云的重叠使化学键旋转受限），分子链刚性，经过拉伸成纤维后，分子链沿同一个方向排列，就会具有优异的力学强度。而间位芳纶没有共轭结构，化学键旋转受到的限制较小，分子链相对柔性，难以形成稳定的取向结构，所得到的纤维力学性能自然不高。

聚合得到的对位芳纶是粉末状的，就必须经过纺丝才能转变成可利用的纤维长丝。纺丝是指将某些高分子化合物制成溶液或熔化成熔体后，由喷丝头细孔压出形成化学纤维的过程。

要想得到对位芳纶纤维，必须解决纺丝过程中的两大难题：溶解和分子取向。刚性结构和分子间的氢键作用（图 5.4）使得对位芳纶分子难以溶解，只能在浓硫酸、氯磺酸等强氧化性酸中溶解。更麻烦的是，对位芳纶在这些酸中的溶解度极低，溶液黏度随浓度的提高会急剧上升，导致纺丝原料输送

图 5.3 对位芳纶

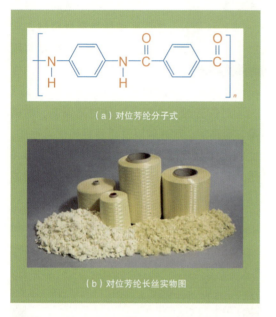

（a）对位芳纶分子式

（b）对位芳纶长丝实物图

图 5.4 对位芳纶（PPTA）分子间氢键和取向示意图

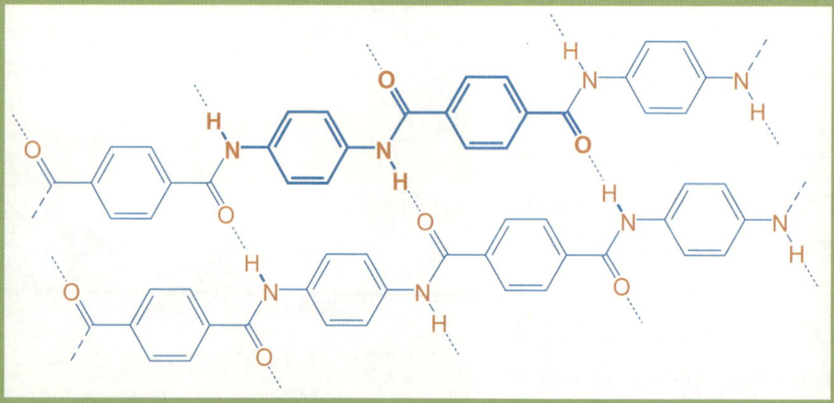

和挤出喷丝难以进行。用传统的湿法纺丝不能使分子高度取向,得到的对位芳纶纤维力学性能就很差,比普通的纤维强不了多少。

对于第一个问题,科学家们一直一筹莫展,对位芳纶在浓硫酸中的浓度最高只能到 10% 左右,最终导致该项目到了不得不终止的地步。此时,一位名叫布莱兹·赫布(Blades Herb)的年轻科学家的发现拯救了大家。布莱兹没有被传统溶解理论所束缚,他非常好奇对位芳纶浓度超过 10% 会是什么样子。结果神奇的现象出现了:对位芳纶在浓硫酸中的浓度超过 10% 以后,形成了取向有序的液晶相,黏度反而开始显著下降,到达 15% 左右浓度后黏度降至最低,然后再开始上升(图 5.5)。此发现不仅解决了对位芳纶溶解的难题,而且由此开启了液晶高分子研究的新时代。

对于第二个问题,杜邦公司创造性地发明了一种新的纺丝方法——干喷湿纺(图 5.6)。当刚性的对位芳纶分子通过喷丝孔道时被强制取向排列,但是出口胀大效应会导致部分对位芳纶分子取向被破坏。如果此时对位芳纶分子被直接凝固,则得到的纤维力学性能很差。而干喷湿纺法巧妙解决了这一难题。当纺丝原液流出喷丝孔时,先经过一个空气层(干喷),此时由于出口胀大效应引起的对位芳纶分子部分链段在重力拉伸下重新取向,然后再进入凝固液中定型(湿纺),这样对位芳纶分子的取向程度就比较高,得到的纤维也可以保持优异力学性能。干喷湿纺法已经被逐步推广到其他纤维的纺丝中了。

对位芳纶纤维直径越细,纤维比表面积越大,与其他材料的复合性能就会大幅提高。超细的对位芳纶纤维(图 5.7)也会更柔软,在防护能力相近的情况下由其制成的防护服

图 5.6　干喷湿纺原理示意图

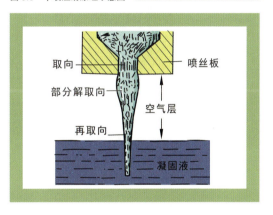

图 5.5　对位芳纶在浓硫酸中浓度和黏度的关系

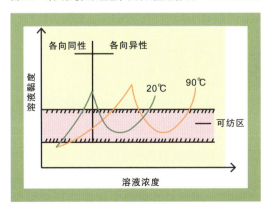

图 5.7　对位芳纶长丝纤维显微镜图,直径约为 12 μm

会更贴身，穿着更舒服。

目前，对位芳纶领域一个新的研究热点是对位芳纶纳米纤维，其直径在几纳米到几十纳米，如图 5.8（a）所示。目前制备对位芳纶纳米纤维的方法有静电纺丝法、化学解离法、物理劈裂法以及聚合自组装法等。其中聚合自组装法得到广泛关注。该方法是在聚合过程中一边确保分子链的生长，一边控制分子的聚集，阻止分子链之间形成无规团簇结构，最终形成稳定的纳米纤维 [图 5.8（a）][2]。此方法得到的纤维直径为纳米和亚微米尺度，且均匀可调。由这种纳米纤维制成的纸质材料 [图 5.8（b）]，不仅力学、热稳定性及绝缘性能优异，而且可以得到多孔薄膜，有望在芳纶蜂窝 [图 5.8（c）]、锂离子电池隔膜等方面得到应用。

图 5.8　稳定的对位芳纶纳米纤维

（a）透射电镜图；（b）纸质材料；（c）蜂窝结构

5.3 神奇的防弹和防爆塑料

改变高分子的化学结构和聚集态结构，是开发新型高分子材料的重要手段。科学家们通过这一手段，可以制备刚柔相济的高性能材料，它们既有高的强度，又有好的韧性。

聚氨酯就是这样的一种材料，它由异氰酸酯和端羟基的聚醚或者聚酯反应生成

图 5.9 异氰酸酯和端羟基化合物反应生成聚氨酯的反应方程式

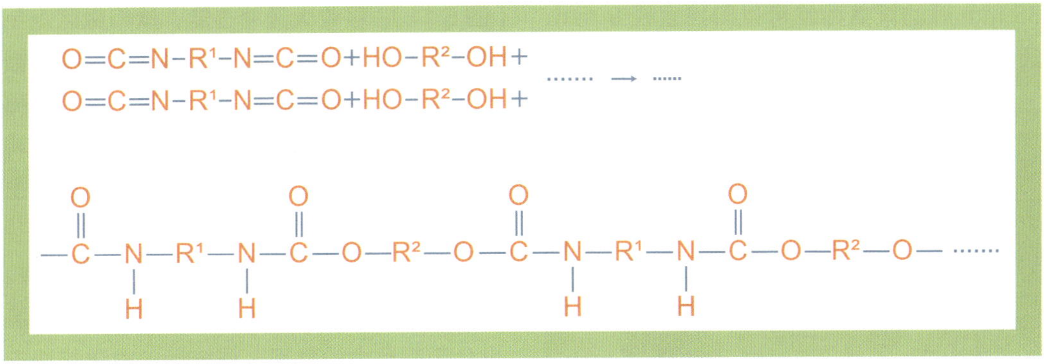

$$O=C=N-R^1-N=C=O+HO-R^2-OH+$$
$$O=C=N-R^1-N=C=O+HO-R^2-OH+ \cdots\cdots \rightarrow \cdots\cdots$$

$$\cdots\cdots \underset{H}{\overset{O}{\underset{\|}{C}}}-N-R^1-N-\underset{H}{\overset{O}{\underset{\|}{C}}}-O-R^2-O-\underset{H}{\overset{O}{\underset{\|}{C}}}-N-R^1-N-\underset{H}{\overset{O}{\underset{\|}{C}}}-O-R^2-O-\cdots\cdots$$

(图 5.9)。聚氨酯分子由刚性的氨酯段和柔性的聚醚或者聚酯段交替组成。由于不同链段间的相互作用不同,刚性链段倾向于和刚性链段聚集在一起形成硬相微区,柔性链段倾向于和柔性链段聚集在一起形成软相微区。但是由于这两种不同的链段之间有共价键相互连接,结果导致形成几十纳米左右的软相微区和硬相微区[图 5.10(c)]。这样的高分子材料既有高的强度和硬度,又有好的韧性和耐挠曲性,是最耐磨的高分子材料之一。根据结构的不同,聚氨酯可以有不同的

力学性能,广泛应用于人造革、纤维(氨纶)、塑胶跑道、保温材料、涂料、胶黏剂等领域。

具有微相分离结构、刚柔相济的聚氨

微相分离:以嵌段共聚高分子为例,它由两种或多种不同性质的单体聚合而成。当不同单元段之间不相容时,它们倾向于发生相分离,但由于不同结构单元之间有化学键相连,不可能形成通常意义上的宏观相分离,而只能形成纳米到微米尺度的相区,这种相分离通常称为微相分离,不同相区所形成的结构称为微相分离结构。

图 5.10 防弹塑料聚氨酯及其微观结构示意图

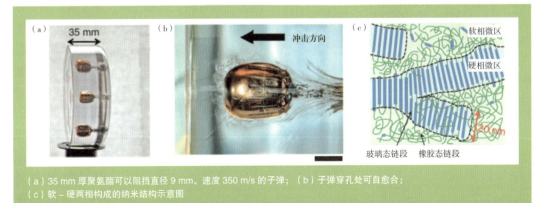

(a) 35 mm 厚聚氨酯可以阻挡直径 9 mm、速度 350 m/s 的子弹;(b) 子弹穿孔处可自愈合;
(c) 软-硬两相构成的纳米结构示意图

酯材料，还能用作纳米防弹衣。试验表明，35 mm 厚的聚氨酯就可以阻挡直径 9 mm、速度为 350 m/s 的子弹（图 5.10）。在子弹的高速冲击下，材料中的硬相微区破碎（图 5.11），吸收大量冲击能，软相微区避免了裂纹的直线扩展，使材料中形成纵横交错的裂纹，进一步吸收更多的能量。这种防弹材料还有神奇的自愈合功能，子弹进入材料后，产生的热会让材料熔化流动，修复枪击形成的孔洞。

在现代战争和反恐行动中，除了子弹、破片等对人员的杀伤外，爆炸带来的冲击波也会带来巨大的危害。据统计，由爆炸冲击波引发的创伤性脑损伤已经占到士兵战斗伤亡的 60%，即便戴着头盔。由于头盔并不能有效抵御和减缓冲击波，所以会引起脑损伤，导致战争后遗症。因此，对防护爆炸冲击波材料的研究十分迫切。有研究表明，在钢板表面喷涂一层几毫米厚度的聚氨酯脲或者聚脲，可以有效防护爆炸冲击波（图 5.11）。

把聚氨酯中的氨酯键部分或者全部替换为脲键，就获得了聚氨酯脲或者聚脲。前者是异氰酸酯和端羟基化合物、端氨基扩链剂的反应产物，后者则是异氰酸酯和端氨基化合物的反应产物（图 5.12）。和聚氨酯相比，生成聚脲的反应速率更快，形成的氢键相互作用更强，耐水解性更好。由于聚脲具有性能大范围可调、柔韧性好、强度大、热稳定性高、附着力强、耐腐蚀、耐冲击、耐疲劳等优异性能，其制备过程无溶剂、无污染、对水分和湿度不敏感，可常温固化、任意形状施工等优点，所以聚脲的应用越来越广泛。

通过控制合适的条件，高分子中

图 5.11　1100m/s 的微子弹击穿后材料的微观结构变化

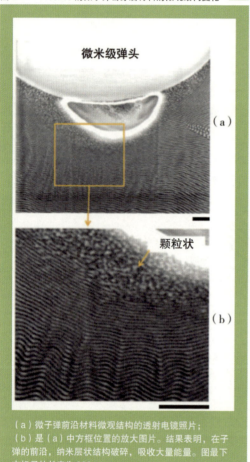

（a）微子弹前沿材料微观结构的透射电镜照片；（b）是（a）中方框位置的放大图片。结果表明，在子弹的前沿，纳米层状结构破碎，吸收大量能量。图最下方标尺的长度为 200nm

图 5.12　聚脲的反应方程式

的微区可以规整排列,形成纳米级的周期结构。利用这种结构,可以进一步制备陶瓷纳孔膜(图 5.13)和锂电池用微孔隔膜(图 5.14)。

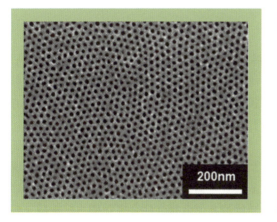

图 5.13　以嵌段共聚物微相分离结构为模板制备的陶瓷纳孔膜

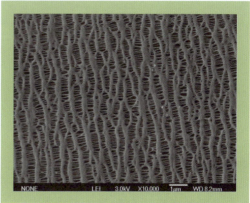

图 5.14　锂电池用微孔聚丙烯隔膜

5.4 具有光响应特性的功能高分子

改变单体的化学结构,将功能性结构单元引入到高分子中,是制备各种功能高分子的重要方法之一。如果引入的是具有光响应特性的功能单元,就可以得到具有光响应特性的功能高分子。这样的光响应功能基团有很多,如二芳基乙烯、螺吡喃、俘精酸酐和偶氮苯等。这些光响应基团有一个共同的特点,就是在合适波长的光的作用下会发生可逆的构型变化,导致材料的许多重要的性质,如折射率、介电常数、氧化 – 还原电势等发生可逆的变化,从而给材料带来很多有意思的光响应行为。这些光响应材料在未来光通讯、图像显示、光信息存储、光开关、光加工以及光控制方面具有广泛的应用前景。

偶氮苯是一类常见的光响应功能分子,在紫外及可见光作用下,会发生可逆的顺 –

图 5.15 偶氮苯基团顺反异构示意图

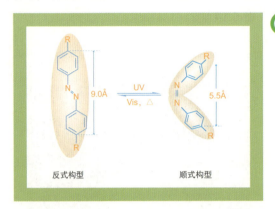

> **功能高分子**：功能高分子材料，简称功能高分子，是具有光、电、磁、生物活性、吸水性等特殊功能的高分子材料。

反构型变化（图 5.15）。

如果将单丙烯酸酯基的偶氮苯分子 1 与少量的双丙烯酸酯基的偶氮苯分子 2（图 5.16）共聚合，可形成具有一定交联度的网状结构。

在适当条件下偶氮苯基团会按照同一方向进行取向排列。用这种材料做成薄膜，当紫外光从膜上方照射时，膜中靠近光源一侧的偶氮苯会发生构型的改变，引起膜的弯曲。光强在膜内会逐渐衰减，光强越弱，弯曲的曲率越小。通过改变入射光的偏振方向和光强，就能控制膜弯曲的方向和速度。再用可见光进行照射，弯曲后的薄膜又会恢复到原来的形状（图 5.17）。这种光致形变高分子材料无需直接物质接触即可智能地实现对形状的精准控制，是一类具有很好发展前景的智能高分子材料。

通过进一步分子剪裁，调整材料的分子及聚集态微观结构，得到的新型材料可实现多波长（紫外/可见/近红外）光响应，这样就可方便地将光能直接转变为机械能。科学家们在此基础上开发出了光控微泵、微阀、微马达等原型机，组装出了全光驱动的多关节、多自由度微型机器人（图 5.18）等。用这种材料做成传动带，还可以实现光致转动，将光能转变为机械能，带动轮子转动（图 5.19）。

在合适波长的干涉偏振激光照射下，偶氮聚合物膜中发生偶氮苯基团可逆顺反异构的同时，还会引起膜表面聚合物分子链的宏观迁移，从而在聚合物膜表面形成几百纳米

图 5.16 单丙烯酸酯基的偶氮苯分子 1 与少量的双丙烯酸酯基的偶氮苯分子 2 的化学结构式 [6]

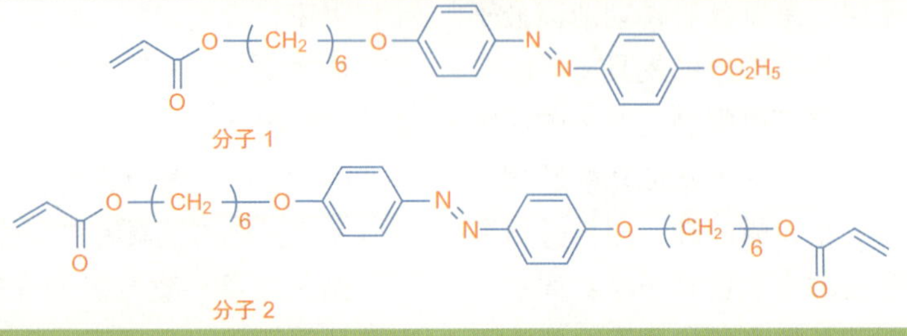

The Diverse World of Polymers 117

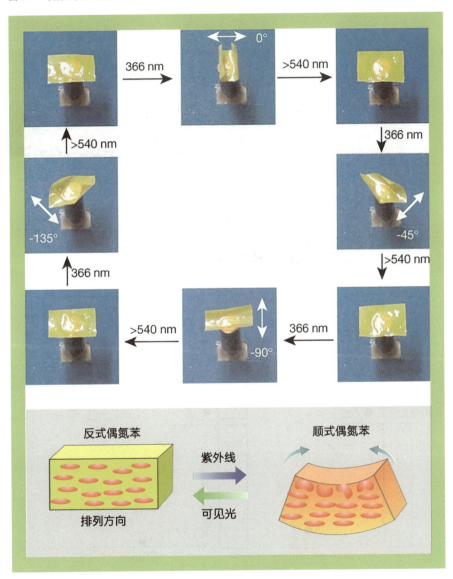

图 5.17 偶氮聚合物薄膜光致弯曲

尺度高低起伏的结构（图 5.20）[10]。温度低于聚合物玻璃化转变温度时，分子运动被冻结，表面起伏结构可长时间保存；将温度升到玻璃化转变温度以上或用光的方法，可擦除表面起伏结构。这种效应可以拓展偶氮聚合物在光电信息储存处理和制备新型光学器件等方面的应用，如用于透视光栅、共振耦合器和非线性光学波导等。与传统高分子光加工方法相比，这种光加工方法的优点在于只需一步偏振激光照射即可完成，不需要预

图 5.18　全光驱动微型机器人模型

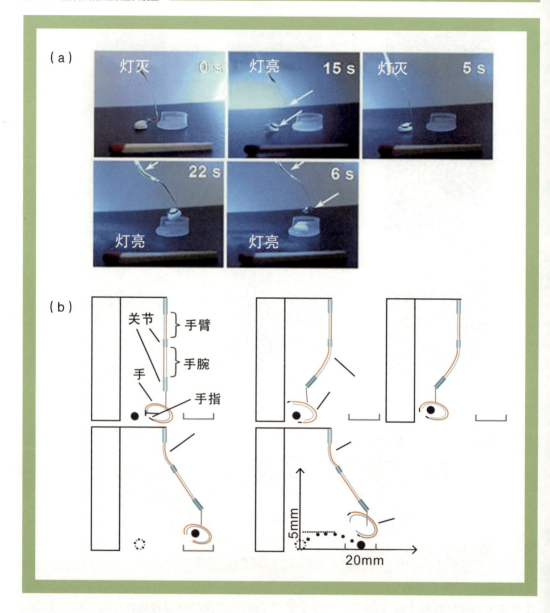

处理或后处理。传统方法都为不可逆光加工，一经加工定型后，不能复原，而偶氮聚合物膜可多次重复读写。另外，此类偶氮聚合物材料的光致分子迁移效应还可以用于自愈合材料，材料在外力作用下形成的划痕、裂纹等可以通过光照得到愈合。

光响应高分子材料可以作为光信息存储材料。用一种波长的光进行照射，由于受光

图 5.19 偶氮聚合物薄膜光驱动马达示意图[9]

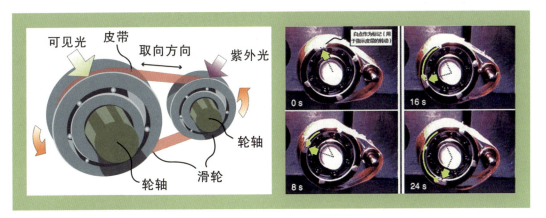

图 5.20 典型表面起伏光栅结构原子力显微镜图[10]

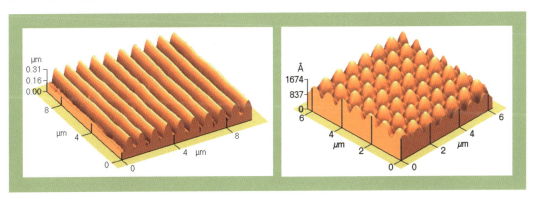

照的部分光响应的基团发生了结构变化，可以把信息存储进去，用另一种光照射又可以将存入的信息读取出来。这种光信息存储材料的存储量大、性能稳定、结构更简单，并且不会发热。由于光响应基团用不同的光照可实现可逆的光致异构化，因此信息存储可反复多次进行擦除、重写。

光响应基团的不同异构体之间的转变会引起材料颜色的显著变化，这就是光致变色高分子材料，可发展各种新型、高效的防伪技术。光照下防伪标记图案发生变色，可肉眼防伪识别，也可以用专用仪器进行测试识别，如用紫外-可见光谱仪测其特有的吸收波谱，进行辨别真伪。另外，通过对分子结构的调控，可精确调整光致变色材料的颜色变化，从而可以把目标融入大自然背景当中，实现智能的隐蔽伪装。这一特性也可在建筑物、国防和军事目标隐蔽伪装方面得到应用（图 5.21）。

光致异构还会引起材料亲水性的变化，利用光响应材料制备的两亲性高分子，在光的作用下，疏水部分可以变为亲水，从而可

图 5.21 军事上隐蔽伪装

以实现材料表面的亲/疏水性控制,还可以用于药物缓释等领域。

如果将光功能性结构单元换成热、电、磁等刺激响应性结构单元,就可以获得更多新奇的智能材料。

总之,近年来光响应高分子材料在各个领域都有着广泛的应用,已经成为功能高分子材料领域中不可或缺的重要部分。

5.5 基于多重键合交联的新型高强度高分子水凝胶

如果将常见的线性高分子变成空间网络状结构,材料的性能会有很大的改变。高分子水凝胶就是一种三维网络状交联结构的高分子及其所吸收的大量的水所组成的材料,如图 5.22 所示。

图 5.22 吸水 1000 倍前后的高分子凝胶

根据网络的交联方式,凝胶可分为化学交联水凝胶和物理交联水凝胶两种。通常,化学交联水凝胶是高分子链间以共价键交联形成;而物理交联水凝胶是由包括微晶、氢键、静电相互作用、配位键及疏水缔合等分子间作用力交联形成,其中的网络结构可以

随着温度等的变化发生可逆的改变。

高分子水凝胶材料在医疗卫生、生物医用、药物缓释、柔性传感器等诸多领域有着重要应用。但常规制备的高分子水凝胶，由于交联点分布不均匀导致网络的不均一性，存在力学强度低和延展性差等缺陷，制约了水凝胶的实际应用。

如何获得高强度水凝胶？近十多年来，科研工作者一直在致力于改善水凝胶的力学性能，其中最成功的几个例子包括拓扑水凝胶、纳米复合水凝胶、双网络凝胶、四臂聚乙二醇水凝胶、杂化双网络凝胶、疏水缔合水凝胶等。

与传统的水凝胶相比，这些新方法可以简单归为两类：一种是从分子设计出发制备均匀凝胶网络；另一种是在凝胶网络结构中互穿另外一个可以破坏的牺牲网络构成双凝胶网络，在受力条件下通过牺牲网络的破坏耗散能量。这种水凝胶在力学性能上有较大改善。但其凝胶体系都属于化学交联水凝胶，一般制备较繁琐，且均匀网络的制备和能量耗散单元的引入需要分别去做。

能否在制备高强度凝胶时，将能量耗散单元的设计和凝胶网络均匀化同时实现呢？清华大学化工系谢续明课题组独辟蹊径，提出了基于多重键合交联（Multi-bond network, MBN）的高分子凝胶网络设计概念，制备了由强弱不同的物理和化学键组合交联所形成的多层级多重键合网络凝胶。

众所周知，具有动态可逆性的物理交联点，在外场作用下凝胶网络会发生破坏 – 重组。通过对这个过程的适当调控，可以使交联点的分布重组，达到均化网络的目的。此时，更强的交联键则可以发挥承受和分散应力的独特优势。凝胶网络中交联键的层级越多，越是可以通过由弱至强的多层级逐步破坏，持续有效地耗散能量，达到强化凝胶的目的。

为此，谢续明课题组提出了一种借助纳米材料制备高强水凝胶的新方法：在纳米材料表面接枝聚合物链形成纳米刷，以纳米刷作为凝胶因子，采用一步法简便地构筑了具有双交联点的单网络纳米复合物理水凝胶[12]。

如图 5.23 所示，首先制备单分散的纳米粒子，如乙烯基杂化的二氧化硅纳米颗粒。由于纳米颗粒表面的乙烯基团可以与聚合物单体（丙烯酸、丙烯酰胺类水溶性单体）发生反应，在其上接枝上亲水性聚合物分子链，从而形成核 – 壳结构的纳米分子刷，称

图 5.23　纳米复合多重键合交联网络水凝胶制备过程及结构示意图

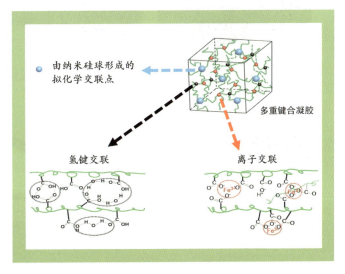

图 5.24　含不同浓度铁离子的水凝胶[13]

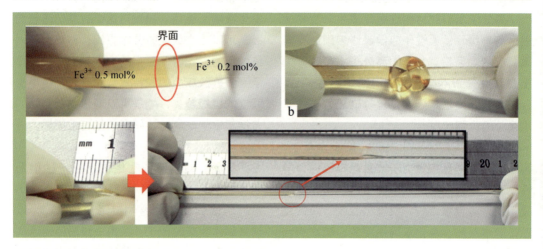

图 5.25　可自修复柔性超级电容器构筑架构示意图

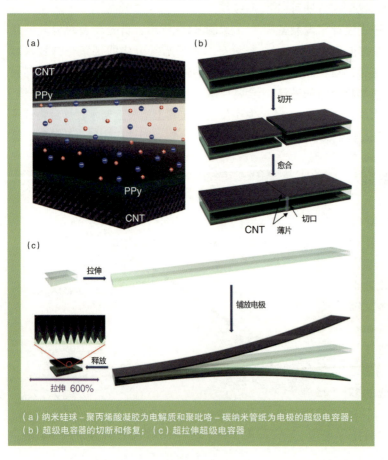

（a）纳米硅球 - 聚丙烯酸凝胶为电解质和聚吡咯 - 碳纳米管纸为电极的超级电容器；
（b）超级电容器的切断和修复；（c）超拉伸超级电容器

为凝胶因子。壳层的聚合物链之间可以通过侧基（酰胺基、羧基等）形成大量的氢键，生成物理交联点，再加入铁离子后丙烯酸分子间可以进一步形成离子键合交联点。需要强调的是，随着氢键或离子键形成了动态交联点，接枝了聚合物的纳米粒子就自然地成为凝胶中的一个个共价交联点，称为"拟交联点"。因为随着动态交联点的全部破坏，"拟交联点"也将不复存在，体系将恢复为纳米刷状凝胶因子。当外力作用在凝胶上时，能量可以通过两种途径得到有效耗散：

第一是可逆动态键的氢键和离子键在应力作用过程中不断地断开和重组，耗散能量，并使网络均化；第二是以纳米粒子为中心，施加在凝胶上的应力可以通过纳米粒子传递、分散至聚合物分子链，使应力在整个凝胶网络上均匀分散。因此，以此方案所制备的一种纳米复合"多重键合交联网络"水凝胶，具有极好的力学强度，可以高达兆帕级，为普通凝胶的50~100倍，断裂伸长率提高超 20 倍[12]。

具有离子交联的多重键合交联网络水凝胶还具有良好的自修复性能。如图 5.24 所示，含不同浓度铁离子的水凝胶，离子浓度高的颜色较深，可以和离子浓度稍低的（颜色较浅）自愈合到一起，得到的凝胶能够弯曲、打结、轻易拉伸 20 倍。使用该凝胶作为固态电解质制备出了可自修复、高拉伸的柔性超级电容器，如图 5.25 所示。该柔性超级电容器可以轻易拉伸 6 倍，卸载后完全恢复；且切断后重新对接可以完全自修复，性能完美保持。相关研究成果 2015 年底发表在国际权威期刊《自然·通讯》上。一种既可拉伸十数倍又可随意压缩的柔性超级电容器也基于多重键合交联网络凝胶被研制出来，成果发表在 2017 年 7 月的国际著名期刊《德国应用化学》上。

总之，基于所提出的多重键合交联的新型高强度水凝胶这一概念，成功地实现了在外力作用下使凝胶网络能量耗散和网络均匀化相结合，获得了高强韧、超拉伸的水凝胶，为水凝胶的高性能化及发挥其在生物材料、人工肌肉、药物缓释、自修复材料、能源材料以及传感材料等领域的功能应用开辟了一条新路。

5.6 聚合物微球

高分子材料除了可以被加工成宏观的纤维状、块状和薄膜等形状外，还可以采用特殊方法和工艺制成直径从纳米到微米、外形为球体或其他几何形状的聚合物小球的特种功能高分子材料，其性能和用途与宏观材料迥异，例如聚合物微球。

橡胶树中的胶乳就是自然界中聚合物微球的典型例子，它主要是由聚异戊二烯微球分散在水中形成的。早期人工合成的聚合物微球主要用来制备橡胶制品，目前已扩展到塑料、涂料、黏合剂、纺织、造纸、印染、皮革等领域。特别是近三十年来，随着聚合

图 5.26 微米级聚合物微球

物微球形态控制和功能化技术的发展,其应用也从传统工业迅速扩展到医疗诊断、药物递送、电子信息、能源、化妆品、高性能材料等领域。

聚合物微球的制备方法有多种,可以通过小分子单体在特定介质中的聚合反应来制备,也可以通过特殊手段将聚合物分散在介质中而得到。为了满足不同用途对微球大小和功能的需求,还需要在制备过程中引入功能性单体、或者对已有聚合物微球进行功能化改性。常用的制备方法包括悬浮聚合、分散聚合、乳液聚合、微乳液聚合、细乳液聚合、相反转乳化技术等。由于水无毒价廉,不存在环境污染和健康危害等问题,以水为介质,已成为研发和产业化聚合物微球的主要方向。

图 5.26 是微米级聚合物微球的照片。其中(a)是粒径为 4 μm 的聚苯乙烯微球的透射电镜照片,以其为主要成分制备的诊断试剂,可实现对特定疾病的快速诊断;(b)是粒径为 3 μm 的聚丙烯酸酯微球的扫描电镜照片,已在化妆品生产中得到应用;(c)是粒径为 10 μm 的聚甲基丙烯酸甲酯多孔微球的扫描电镜照片,是高分辨率激光打印墨粉的主要成分之一;(d)是一种粒径为 8 μm 的交联聚丙烯酸酯微球的显微照片,是目前制备高分辨平板显示器不可或缺的功能材料。

图 5.27 是亚微米级聚合物微球的透射电子显微镜照片。其中(a)是粒径为 298 nm 的聚合物微球,通过一定手段将生物酶或药物固定在聚合物微球上,可制备出性能优异的固定化酶或缓控释药物;(b)是粒径为 300 nm、壁厚为 50 nm 的中空聚合物微球,作为白色塑料颜料代替钛白粉已得到广泛应用;(c)是一种多层核壳结构的聚合物微球,以它为主要原料制备的外墙涂料具有高抗污和抗裂等优异性能;(d)是一种

图 5.27 亚微米级聚合物微球

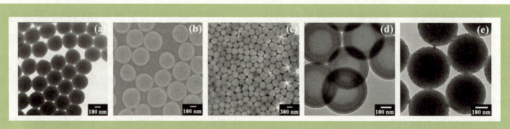

图 5.28 纳米级聚合物微球的 TEM 照片

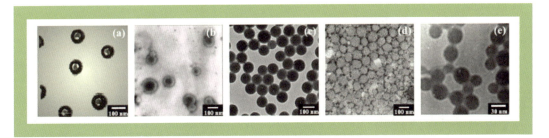

内部为空气、中间层为聚合物、外层为二氧化钛的聚合物－无机复合中空微球，这种新材料将空气的轻质、无机物的高强度，以及聚合物的黏弹性集成在一起，实现了从材料结构到性能的精确可控；(e) 是粒径为 360 nm、表面定向生长了二氧化铈纳米晶的聚合物微球，它可以快速分解环境中危害环境和人体健康的有机物。

图 5.28 是纳米级聚合物微球的透射电镜照片。对于由聚硅氧烷和聚丙烯酸酯两种材料制备的核壳结构聚合物微球，若以聚丙烯酸酯为核，所得微球是一种很好的织物整理剂 (a)；反之，若以聚硅氧烷为核，所得微球则是一种性能优异的脆性塑料的抗冲改性剂 (b)。将抗癌药物或农药通过特殊方法包封或负载到聚合物微球里，可以制得具有靶向和缓控释性能的抗癌药物 (c) 或纳米农药 (d)；具有质子传导性能的高分子微球 (e) 在燃料电池领域也有很好的应用前景。

另外，将染料单元聚合到分子链上，还可以制备出色彩绚丽的纳米级彩色聚合物乳液 [图 5.29 (a)]。这类新型乳液可以直接生产出各种颜色和荧光的水性涂料、水性漆、水性墨等产品 [图 5.29 (a)、(b)、(c)]，没有掉色问题，不用担心染料或颜料的脱落给环境带来的危害，是一种对环境友好的新产品。

从上面的介绍中可以发现，我们可以通过对微球的组成、尺寸及其分布、形态形貌的调控、表面化学修饰等多种手段来控制微球的性能，使其具有极为丰富的功能和用途。

图 5.29 彩色纳米聚合物乳液及产品照片

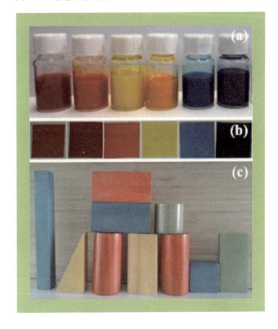

5.7 生物医用高分子

与金属和陶瓷材料相比，高分子材料具有无可比拟的结构和性能可调范围，是生物医用材料中最大的一个类别。再说，生物体本身就是由蛋白质、核酸和聚糖等生物高分子构建成的，高分子材料往往是替代生物组织的最佳选择。

经过多年研究，高分子材料在医疗器具领域已经广泛应用，例如聚乳酸基可降解血管支架、超高分子量聚乙烯人工关节、聚丙烯酸酯或者聚硅氧烷基的水凝胶隐形眼镜等[16]。此外，高分子材料在制药中的应用也很广泛。药品中常常使用大量的辅料来提高药物的溶解性、帮助药物吸收甚至使药物能够靶向到达体内的作用部位，这些辅料对增加药物疗效和降低毒副作用会起到关键作用[17]。药品中的辅料大多为高分子材料，而每一个药品制剂都可以看作是通过特定加工方法（制剂工艺）得到的多组分多相材料（图 5.30）。因此高分子物理和成型加工方法是制药研究的基础之一。合成高分子本身也可以作为药物的有效成分，例如临床上用于治疗多发性硬化症的 Capoxane®，其有效成

图 5.30　药物有效成分和高分子材料成型加工制造片剂的双螺杆挤出机

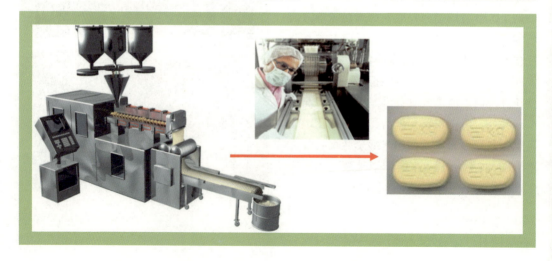

分就是一个由谷氨酸、赖氨酸、丙氨酸和酪氨酸这四种氨基酸单体通过无规共聚得到的相对分子质量在 4700~11000 的聚氨基酸。还有临床上用来治疗肾病患者血液中磷酸根含量过高病症的交联聚烯丙胺的口服凝胶颗粒（Renagel®）。

下面通过两个例子，简单介绍一下高分子生物医用材料的设计原理。

第一个是治疗白内障的人工晶状体的研制。白内障是患者的眼内晶状体混浊，影响光线到达视网膜成像。临床上常用的治疗办法是手术摘除混浊的晶状体，植入人工晶状体[18]。人工晶状体最早使用的材料与第二次世界大战有关，英国的哈罗德·雷德利（Harold Ridley）医生注意到有些战斗机飞行员在执行任务时眼内会溅入驾驶舱玻璃碎片，这些驾驶舱玻璃使用的材料是聚甲基丙烯酸酯。令人惊奇的是这些有机玻璃碎片可在飞行员眼内长期存留而未引起显著的毒性，也就是说在眼内的生物相容性很好。受此启发，雷德利医生在 1949 年使用聚甲基丙烯酸酯材料发明了第一代人工晶状体。如图 5.31 所示，人工晶状体的主体是一个直径为 8~9 mm，厚度约为 2 mm 的圆片，周围有伸出的襻来使其植入后固定。但是由于聚甲基丙烯酸酯在室温下处于玻璃态，不能折叠，所以植入手术需要在眼球上切出一个较大的伤口，患者往往需要术后住院观察数天。

为了减轻患者伤痛，第二代人工晶状体应运而生（图 5.31）。选用多种丙烯酸酯类单体的共聚物，通过对单体种类的选择和组成进行调节，新材料的玻璃化转变温度低于室温，在室温下是一个弹性材料。这样人工晶状体可以折叠后植入眼球，植入后由于弹

晶状体：眼球的主要屈光结构。位于虹膜之后，玻璃体之前，为透明的双凸形扁圆体。由睫状肌调节使之改变曲率，使物像清晰地落于视网膜上。晶状体浑浊，引起视力障碍，此时瞳孔内呈白色，称白内障。

图 5.31　聚丙烯酸酯材料的 AcrySof® 人工晶状体

性使其恢复原来的形状。这样人工晶状体植入变成一个微创手术，几分钟即可完成。材料设计上一个小改良就可使治疗前进一大步。

进一步研究发现，原来晶状体可以吸收部分紫外线，从而降低紫外线对视网膜的损伤。因此，在材料中引入对紫外光有吸收的单体，又开发了第三代人工晶状体。目前使用的 AcrySof 人工晶状体的高分子材料化学结构如图 5.32 所示，是一种交联的聚丙烯酸酯共聚物，其中最右边的单体侧基由于有

图 5.32　目前使用的一种人工晶状体的高分子化学结构示意图

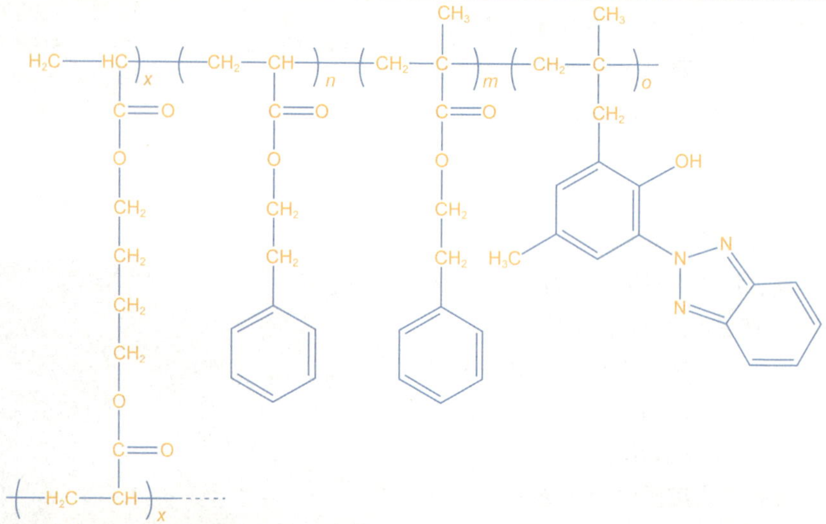

长的共轭结构，因而对紫外光有吸收作用。

第二个例子是聚乙二醇化蛋白药物的制备。聚乙二醇化蛋白质药物（图5.33）是指蛋白质分子与聚乙二醇之间通过化学键连接而成的复合大分子[19]。随着生物技术的发展，越来越多的蛋白质和多肽被用作药物，成为小分子药物之外的一个重要的药物分子类型。但是，对许多蛋白质和多肽而言，其尺寸小于肾过滤孔径（6~10 nm），在注射后会很快由肾排出体外；再加上血液中各种各样的蛋白酶也会导致这些蛋白类药物降解，使得许多蛋白类药物在体内停留时间非常短，其停留半衰期甚至要以分钟来计，因此需要频繁注射，从而大大降低了其临床使用的可行性。通过在蛋白质上键连上一条或多条水溶性高分子链，既可以增加整个分子的尺寸，也可以抑制酶与蛋白质分子的接触，从而在肾排出和酶降解两个方面同时起作用，大大延长了蛋白质药物在体内的停留时间。

以肝炎治疗药物干扰素 Interferon-α-2a 为例[20]，其静脉注射后消除半衰期仅为

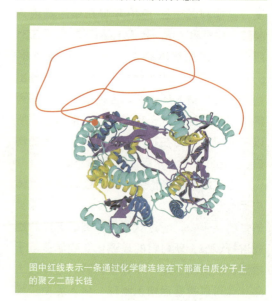

图 5.33　聚乙二醇化蛋白质药物的结构示意图

图中红线表示一条通过化学键连接在下部蛋白质分子上的聚乙二醇长链

3~8h，即使每天注射，体内的药物浓度也会在相当长的时间内低于最低有效浓度。与之相比，在干扰素上接枝一条4万分子量的枝化聚乙二醇链后，就可以将静脉注射后的消除半衰期提高至65h，每周注射一次就可以在体内维持有效药物浓度，极大地提高了患者的顺应性和临床疗效。

大多数蛋白质-高分子偶联物使用聚乙二醇作为高分子组分，一是由于聚乙二醇有着极好的注射生物相容性，二是可以方便地利用聚乙二醇的端基官能团进行接枝反应。到目前为止批准临床使用的蛋白质-高分子偶联物约有12个，都是使用相对分子质量5000~40000的直链或者枝链的聚乙二醇。

5.8 超分子组装与超分子聚合物

如果将原子比喻成"字母"，结构单元就是"单词"，高分子就好比是"句子"（图5.34），下面要介绍的超分子就是"段落"。化学家通过一定的手段，将"句子"组装成"段落"，就能够谱写出更加华丽的篇章。

分子是通过原子间共价键相互作用形成的，而超分子则是由不同的分子通过非共价相互作用（超分子作用）形成的功能组装体。

1987年的诺贝尔化学奖授予了美国科学家彼得森（Charles J. Pedersen）、克拉姆（Donald James Cram）和法国科学家莱恩（Jean-Marie Lehn），以表彰他们在超分子

化学方面的开创性工作。莱恩在获奖演说中为超分子化学作了如下解释：超分子化学是研究不同化学物种通过非共价相互作用缔结而成的、具有特定结构和功能的组装体系的科学。超分子化学的研究领域主要包括分子自组装、折叠、分子识别、主客体化学、机

图5.34 聚乙烯（句子）及其结构单元（单词）

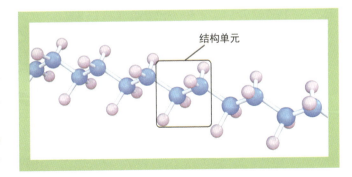

📎 **非共价相互作用**：一般是指除了共价键、金属键以外的分子间相互作用的总称，主要包括范德华力、氢键、离子键、π–π 堆砌作用等。大多数非共价相互作用的强度比一般的共价键低 1~2 个数量级，作用范围在 0.3~0.5nm 之间。这些作用单独存在时，的确很弱，极不稳定，但在超分子和生物高层次结构中，许多弱的非共价相互作用同时发挥作用，往往对超分子聚集态结构和生物大分子构象起到决定性作用。

械互锁分子构造和动态共价化学。2016 年迎来了超分子化学领域的又一重要事件，法国科学家索瓦热（Jean-Pierre Sauvage）、美国科学家斯托达特（J. Fraser Stoddart）和荷兰科学家费林哈（Bernard L. Feringa）因在"分子机器的设计和合成"方面的杰出贡献而获得诺贝尔化学奖。分子机器可谓是"最小机器"，只有人类头发直径的千分之一大小。

双螺旋结构的 DNA 就是一种典型的超分子（图 5.35）。1953 年，美国科学家沃森（James Watson）和英国科学家克拉克（Francis Harry Compton Crick）发现了 DNA 双螺旋结构。DNA 分子中脱氧核糖核苷的序列记录了生命的遗传信息，并且可以通过精确的氢键识别、配对来表达、复制这些遗传信息，从而决定了生物性状。这项成果被誉为"20 世纪最伟大的科学成就"，他们与英国科学家威尔金斯（Maurice Hugh Frederick Wilkins）共同获得 1962 年诺贝尔生理学或医学奖。

生物体系中就有很多超分子作用，例如，血红蛋白（Hb）基于超分子作用，实现对氧的吸附与运载（图 5.36）。双层磷脂分子通过超分子作用形成细胞膜（图 5.37），这是构成生命的基本结构。

与共价作用相比，分子间的非共价相互作用属于弱相互作用，主要包括氢键、金属配位作用、π–π 相互作用、范德华力、静电相互作用、疏水作用等。共价作用与非共价作用的主要区别见表 5.1。

图 5.35 DNA 双螺旋结构

（a）碱基配对示意图　　　　（b）结构示意图

图 5.36 血红蛋白对氧的吸附

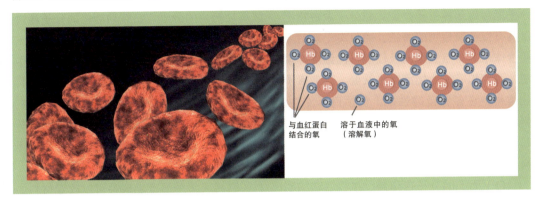

图 5.37 双层磷脂分子自组装细胞膜

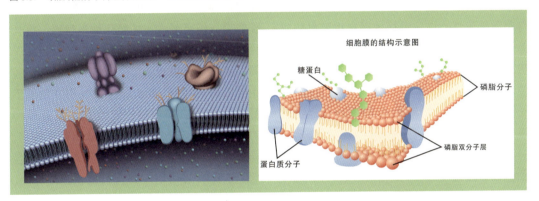

表 5.1 共价作用与非共价作用的区别

项目	共价作用	非共价作用
构成单元	原子	分子、离子
键的类型	共价键	氢键、配位作用、π-π相互作用等
键能（kJ·mol^{-1}）	146.5~565	8.4~83.7
稳定性	高	低
溶剂的影响	次要	主要

超分子化学与高分子科学相结合，就衍生出了超分子聚合物这一全新的研究领域。1990年，莱恩首次提出超分子聚合物（supramolecular polymer）的概念。1997年，荷兰科学家梅耶尔（E. W. Bert Meijer）首次证明单体仅依靠非共价相互作用，就可以结合成超分子聚合物[22]。

超分子聚合物主要包括氢键超分子聚合

物、金属配位超分子聚合物和 π–π 堆积超分子聚合物三种主要类型。超分子聚合物不仅具有传统聚合物的特征，而且由于弱的非共价作用，其组装结构及性能可随温度、溶剂、添加剂等的变化而发生改变，这就赋予此类材料许多新奇的性能，包括自修复性、刺激响应性、加工性、特异性识别等。因此，超分子聚合物适合用作自修复材料、热熔涂料及黏合剂、吸附材料、药物载体等。

自下而上的分子自组装，是构建结构明确的功能体系的重要技术之一。非共价相互作用具有动态可逆特征，因而自组装结构具有刺激响应性。这一特征使得自组装材料成为一种新的智能材料，能满足药物控释体系、敏感元件、自愈合材料、刺激响应设备等的要求。

常见的外界刺激信号包括 pH、温度、湿度、压力等。

人工 pH 响应性结构必须含有质子化基团，或者含有可随 pH 变化而断裂的化学键。最简单的 pH 响应性分子自组装结构是由脂肪酸形成的囊泡，就是利用质子化基团来设计的。还可利用超分子两亲性分子来获得 pH 响应性。荷兰科学家埃什（Jan H. van Esch）等利用动态亚胺键，将两种非表面活性分子结合成表面活性剂[23]。在碱性条件下，醛基功能化的分子与伯胺功能化的分子通过形成亚胺键，原位形成两亲性分子，并进一步组装成胶束（图 5.38）。这种胶束空腔中可以装载尼罗红染料，当将 pH 调至酸性时，亚胺基断裂，导致胶束解体，染料释放出来，这一过程可以通过紫外–可见光谱进行分析。这种 pH 调控的自组装结构非常适合用作智能控释体系。

利用氢键的温度响应性可以改变材料的颜色。例如，聚苯乙烯 –b– 聚（乙烯基吡啶甲磺酸盐）和 3– 正十五烷基苯酚通过氢键作用，组装形成光功能化纳米材料，是长片状的，具有周期有序阵列结构[24]。由于周期结构带来的光子带隙，可见光的传输被完全或部分抑制，因此，这种材料在室温下是绿色的。当加热到一定温度，氢键破坏的同时，3– 正十五烷基苯酚从侧基上脱落，导致层状结构破坏，材料快速转变为无色（图 5.39），当再次冷却，又能恢复成绿色。这种材料适合用作传感器和温度响应性材料。

超分子化学未来的发展方向主要有两点：第一，要把研究从简单体系转移到复杂体系，超分子体系和构建体系的单元从功能和结构上都要更加复杂；第二，要把研究从

图 5.38 基于动态亚胺键形成超分子两亲性分子

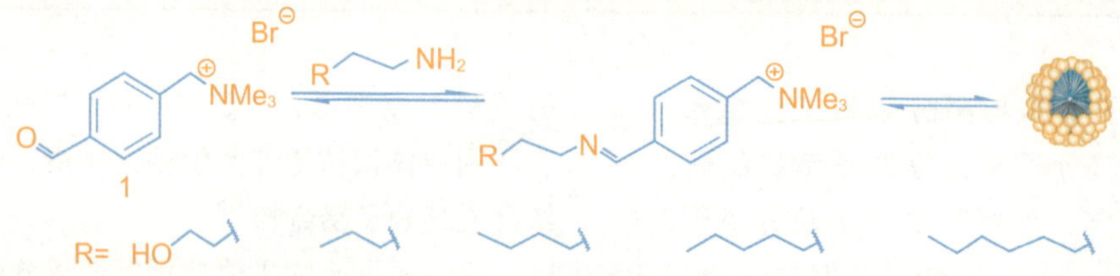

固态和溶液的均相体系转移到表面和界面上。总之,要研究更加复杂的超分子体系,并能表达多功能性和响应反馈的协同作用。

相信随着超分子化学的发展,将来我们利用化学手段来人工制造生命,将不再是梦想!

图 5.39 组装纳米材料的热响应性颜色变化

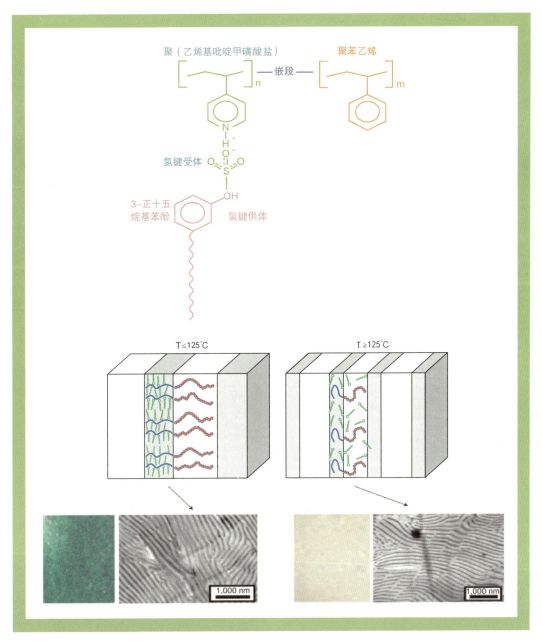

5.9 结束语

新材料是工程和技术的基础。今天，可以毫不夸张地说，几乎每一项新技术、新产品的发明都离不开材料。而高分子材料是结构最多样、性能最丰富、加工最容易、发展最迅速的一大类材料。我们耳闻目睹的各种黑科技，背后大都有高分子材料的身影。

"穷则变，变则通，通则久。"百变高分子，我们可以通过改变其单元的分子结构、单元的连接方式以及材料的聚集态结构，获得从软到硬、从绝缘到导电、从通用塑料到高性能工程塑料、从日常包装到功能应用的各种性能各异的高分子材料。因为变化多样，不拘一格，所以无所不能。高分子材料成功地改善了人们的生活，也推动着社会的进步。为高分子材料再添一种变化，就为美好未来再加一份可能。这份努力需要他，需要我，更需要你。也许下一种神奇的高分子材料，就诞生在你的手中！

06 太阳燃料
Solar Fuel

"上帝说要有光,于是我们有了太阳。"在古代宗教信仰中,太阳一直是大家敬重的神明。在现代科技社会,我们已然知晓太阳不是上帝,它是人类赖以生存的"燃料",是我们可以借力的能源工具。

在科技力量的加持下,我们一直在破解太阳的神奇魔力,还将太阳与植物之间的合作秘诀解锁并放大,从而推进了人类社会生产力的进步,同时也保护了我们赖以生存的自然环境。

06

太阳燃料
Solar Fuel

人工光合成生产太阳燃料
Artificial Photosynthesis for Solar Fuel Production

王旺银 副研究员　李灿 院士
（中国科学院大连化学物理研究所）

  人工光合成太阳燃料是解决能源和环境问题，构建生态文明的根本途径之一，其发展仍然面临许多科学和技术上的挑战。自然光合作用是利用太阳能将水和二氧化碳转化为生物质的过程，其基本原理为构建高效的人工光合成体系提供重要的理论基础。发展高效的人工光合成体系，形象地可称之为"人工树叶"，就是实现利用太阳能分解水制氢，或者耦合二氧化碳产生液态太阳燃料。本章内容阐述了从自然光合作用的原理获得启发，道法自然，构建高效人工光合成体系生产太阳燃料的基本理念、基本原理和实践，特别介绍了我国科学家的突出贡献。

6.1 引言

随着社会的发展，能源短缺和环境问题日益突出。人类越来越多的能源需求不仅导致了传统化石能源的逐渐枯竭，而且燃烧排放的二氧化碳等温室气体还带来了全球气候变化和环境污染等问题，给人类生存和发展带来严峻的挑战，这些问题已经引起了世界各国政府和科学家的高度关注。我国的能源结构中，煤炭消耗比例较高（图 6.1），而粗犷的燃烧利用带来了雾霾等更为严重的环境问题。因此，开发清洁可再生能源体系取代化石燃料支撑人类可持续发展已经迫在眉睫。

据统计，大量化石能源的使用造成全球二氧化碳排放量以每年接近 2.5% 的速率增长，大气中二氧化碳浓度已从工业革命前的 280 ppm 左右上升到 410 ppm 左右（图 6.2），并有可能在 2050 年达到 470 ppm。过高的二氧化碳浓度严重影响了自然界中碳循环的平衡，导致温室效应加剧、极端气候增多、生态破坏严重等一系列负面影响，对全球气候和生态环境提出了严峻挑战。因此，如何高效地实现二氧化碳的捕获和存储以及转化利用，成为近年来备受关注和亟待解决的问题。2015 年 12 月 12 日，巴黎世界气候变化大会通过了温室气体减排协议。我国计划在 2030 年碳排放达到峰

> **碳中和**：碳中和简单指的是社会发展过程中，人类通过植树造林、节能减排和洁净能源技术等方式，优化产业和能源结构，消纳向地球大气排放二氧化碳的总量，排放和吸收平衡，实现二氧化碳零排放。

图 6.1 中国能源消费结构示意图

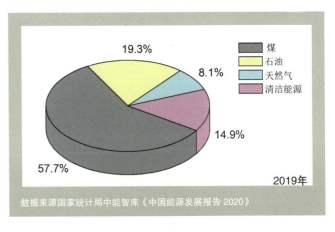

数据来源国家统计局中能智库《中国能源发展报告 2020》

图 6.2 大气二氧化碳浓度变化趋势据

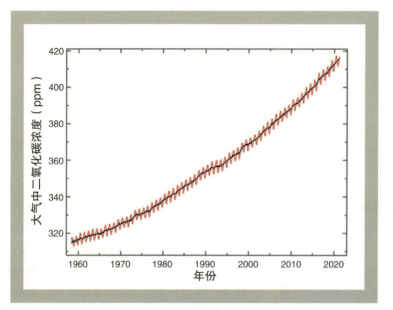

时放出氧气。近年来，化学家向自然学习，从生物光合作用原理中得到启发，提出了人工光合作用（artificial photosynthesis），即通过构建高效的人工光合成体系将太阳能转化为化学能生产太阳燃料（solar fuels）的过程[1]。

氢气具有能量密度大、燃烧效率高等优点，且燃烧产物只有水，洁净无排放，是最佳的太阳燃料，在未来的能源发展中占据不可替代的地位。尽管应用氢燃料需要建设新的能源基础设施，但是整合现有的能源基础设施，对于经济发展和加速向可持续能源转变是非常重要的。同时，氢气还是非常重要的生产其他能源分子以及化学品的原料。因此，利用丰富的太阳能和水资源，发展太阳能分解水制氢技术，是从根本上解决能源和环境问题的有效策略之一。

值，2060 年实现碳中和，如何在不影响经济发展的前提下降低碳排放，是我们面临的巨大挑战。

取之不尽，用之不竭的太阳能是最理想的可再生能源之一。利用太阳能生产清洁可储存太阳燃料，受到世界各国科学家越来越广泛的重视。自然界中的光合作用（photosynthesis）是利用太阳能的高手。在这个过程中，太阳能被高效地转化为化学能，储存在由水和二氧化碳转化的生物质中，同

> 太阳能：太阳光辐射（单位面积内的辐射能量）进入大气层时，由于大气臭氧层对紫外光的吸收，水蒸气对红外光的吸收，以及大气中尘埃和悬浮物的散射等作用，其辐射能量衰减 30% 以上，在典型的晴天时太阳光照射到一般地面的情况，其辐射总量为 1000W/m^2。

6.2 光合作用——大自然的秘密

光合作用是地球生物圈中能量循环不可缺少的环节，时时刻刻在调节着人类赖以生存的地球环境。人类现在使用的化石燃料煤炭和石油也都是很久以前的光合作用产物。因此，光合作用对能源供给和改善地球环境具有非常重要的作用。光合作用的本质是将太阳能转化为化学能，并将能量储存在有机物分子中。科学家很早就开始了对光合作用的研究，其中 1961 年发现了 CO_2 固定的 Calvin 循环，1988 年确定了光合反应中心的三维结构，1997 年阐明了 ATP 合成酶的催化机理，这三项成果都获得了诺贝尔化学奖。光合作用不仅是化石燃料的源头，而且对开发新的洁净能源具有重要的指导作用。人们通过研究自然光合作用获得灵感，尝试构筑人工光合作用系统，合成人类可以直接利用的洁净可再生能源。

春天的田野里，我们经常可以看到一棵棵向日葵每天都在迎着太阳转动，艳阳高照的夏天，向日葵茁壮成长，结出了像太阳一样的"果盘"，到了秋天，沉甸甸的果盘成熟了，结出丰厚的果实，给我们提供了营养丰富的植物油。这个过程让我们对大自然充满了好奇，也更加崇拜自然的力量。如果你了解一些生物化学知识，就知道这就是我们通常说的光合作用。绿色植物利用太阳光进行光合作用，是将水（H_2O）和二氧化碳（CO_2）转化成有机化合物的过程，为地球上一切生物包括人类的生存和发展提供了物质和能量基础。在光合作用中，光能被转化为化学能储存在碳水化合物中，是一个重要的能量转化过程。

在光合作用中，与太阳能转化直接相关的过程发生在叶绿体的类囊体膜上（图 6.3）。在类囊体膜上广泛镶嵌着进行光合作用的四种光合膜蛋白：光系统 II（photosystem II，PS II）、光系统 I（photosystem I，PS I）、细胞色素 b_6f（cytochrome b_6f）和 ATP 合酶（ATP synthase）。这些光合膜蛋白都是超分子蛋白复合体，在其蛋白主体结构上结

> **光合作用**：光合作用被认为是"地球上最重要的化学反应"，也是规模最大的化学反应。约 35 亿年前，地球上出现了最早的放氧光合生物——蓝细菌，通过光合作用放出氧气，使地球的进化过程发生了翻天覆地的变化。之后大量生物的出现，并经过数十亿年的演化，地球上才形成了人类得以出现和赖以生存的生态环境。

合了大量光合作用中所需要的色素、电子传递辅因子、酶类等。这些光合膜蛋白各有分工、协同作用,共同完成了光合作用太阳能转化。

光合作用一般可以分为以下四个基本过程:①原初光反应,包括太阳光能的捕获与传递,反应中心光反应形成电荷分离态。②光驱动水氧化,水被氧化产生质子放出氧气。③同化力形成,光系统之间的电子传递及耦合的磷酸化反应,最后形成同化力还原型辅酶Ⅱ(NADPH)和三磷腺苷(ATP)。④碳同化作用,即利用同化力 NADPH 和 ATP,通过 Calvin 循环将 CO_2 转化为碳水化合物。

其中,原初反应、光驱动水氧化和同化力的形成是在类囊体膜蛋白上发生的,与光直接有关,又被称为光合作用的光反应阶段;而碳同化过程是发生在叶绿体基质中的酶催化反应,不需要光的参与,被称为光合作用的暗反应阶段。

图 6.3 光合作用的光反应示意图[1]

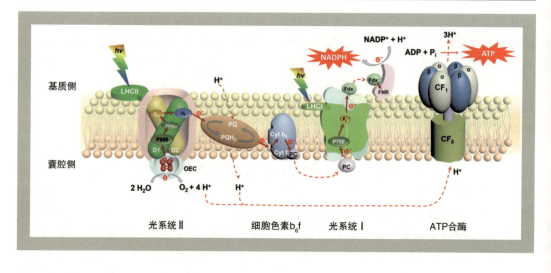

6.3 道法自然——人工光合成

大自然的伟大成就成为科学家学习和超越的梦想。科学家希望通过模拟自然光合作用，创造出一个与之相似的人工光合成系统，我们可以形象地把这种系统称为"人工树叶"，它不仅可以自动捕获太阳光，还可以在常规温和的条件下将水分解为氢气和氧气，或者将水和二氧化碳转化成甲醇等太阳燃料。然后，太阳燃料为小汽车等提供动力，燃烧之后产生水和二氧化碳，净反应只是利用了太阳能，实现了零排放（图6.4）。人工光合成并不是一个新名词，早在20世纪70年代初，受石油危机的影响，科学家就开始尝试模拟光合作用进行光驱动水分解和二氧化碳还原的研究，但是该研究具有非常大的挑战性，由于技术条件的限制，这项研究一度进展缓慢，最近十年才得到迅速发展。

"人工树叶"的设想如果真的能够实现，那将是未来解决能源和环境问题最理想的方案之一，因此深深吸引着科研人员寻找有效的方式进行多种模型体系的设计。人们期望得到一种类似自然界绿叶甚至比它更优化的系统，成为高效的太阳能转化制备太阳燃料的工厂。我们身边的那些植物，它们每天都在悠闲自得地完成这一看起来不可能

道法自然：道法自然出自《道德经》，是老子哲学的重要思想，"人法地、地法天、天法道、道法自然"。道是自然界万物发展最基础，最简明而又最深邃的规律；法是效法，受到启迪；自然指的是自然而然的状态。在这里道法自然指科学家效法自然光合作用的深层规律，发展人工光合成体系。

图 6.4 人工光合作用生产太阳燃料

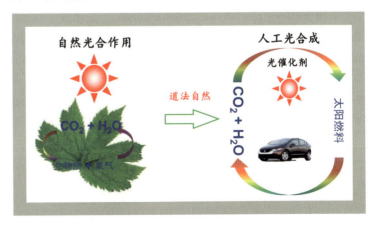

完成的任务。可以想象，若"人工树叶"在日照充分并且无人居住的沙漠地区大规模地推广，形成一片片"人工树林"，将为人类和地球带来巨大的生态改善和能源革命。实际上，传统的太阳能利用技术，例如太阳能发电、太阳能供热、生物质能利用等，都已经步入实用化阶段，但是仍然无法取代化石能源。倘若人工光合成技术能够实现，它将有望成为替代化石资源的新一代能源技术。

在科学家眼里，人工光合成的研究是一尊"化学圣杯"。

光催化分解水是一个涉及多电子转移的能量爬坡反应，总吉布斯自由能为 237 kJ/mol，整个反应是由三个在时间尺度上跨越多个数量级（从飞秒到毫秒）的过程构成的：光吸收产生光生电荷，光生电荷分离，表面催化反应。太阳能总利用效率由光吸收效率、电荷分离效率以及表面催化反应效率的乘积共同决定，其中任何一个过程都会影响到光催化分解水的效率。该反应的研究目前仍面临巨大的挑战。

从该领域发展趋势和经验分析来看，人工光合成要取得大的突破，必须在几大关键基础科学问题上取得突破性进展：研制新型宽光谱捕光材料，提出高效的光生电荷分离策略，发展高效的氧化还原双助催化剂以及新的助催化剂沉积方法，发展集成光催化剂和光电极体系的构筑方法，深入理解光－化学转化过程的微观机制和催化反应动力学，进而发展稳定高效的人工光合成体系。

因此，世界各国政府和科研部门都在加大力度，加强人工光合成的研究。2009年韩国也成立了人工光合成研究中心（The Korea Center for Artificial Photosynthesis, KCAP），专注于太阳能的转化与存储研究。美国能源部实施了一个庞大的氢能计划，并于2010年成立了人工光合成联合研究中心（Joint Centre for Artificial Photosynthesis, JCAP），提出到2025年氢能将占整个美国能源市场8%~10%的发展目标。欧洲各国对人工光合成的研究始终给予了极大的关注，例如瑞士"NanoPEC"项目联合欧洲七大研究机构，重点开展高效太阳能分解水制氢研究。日本人工光合成化学工艺技术研究组（ARPChem）于2012年12月开展了"清洁可持续化学工艺基础技术开发（革新性催化剂）"项目，集合日本5家企业、1家研究机构和6所大学展开联合攻关，预计10年内共提供约150亿日元的研发资金，用于人工光合成化学的基础科学研究和技术开发。由此可见，国际上人工光合成太阳燃料的研究竞争已十分激烈。

我国也高度重视太阳能光－化学转化利用研究，2009年中科院启动"太阳能行动计划"，其中大连化物所作为依托单位组建"光－化学转化中心"，近年来取得了一系列国际领先的研究成果，先后在国际上提出了在光催化剂上构筑异相结、选择性担载双功能助催化剂和晶面间促进光生电荷分离的新概念；在光电催化领域，研究了助催化剂、空穴储存层、界面态能级在光催化过程中的重要作用，为高效太阳能转化体系的构筑提供了新策略。在国际上第一次成功构筑完全水分解的人工－自然光合杂化体系，为自然光合和人工光合的研究提供了一种新思路。

6.4 清洁可再生的太阳燃料

人工光合成的主要目的是生产清洁可再生的太阳燃料,就是通过人工光合装置,利用太阳能把水分解成氧气和氢气,而氢气是一种清洁能源,燃烧以后可以释放大量能量被人类利用,同时又变为水,无任何污染;利用太阳能把水和捕获的二氧化碳转化为液体燃料,液体太阳燃料在终端用户被利用,产生无污染的水和二氧化碳,如此循环,实现清洁无污染的能源体系(图6.5)。

因此,以生产太阳燃料为目的,人们开展了包括光催化分解水制氢、二氧化碳还原等人工光合成的研究,下面将分别进行介绍。

光催化或光电催化分解水制氢

对于水的分解来说,可以理解成水的还原和水的氧化两个半反应。相对来说,水的氧化是目前水分解反应的瓶颈,不仅需要比较高的能量,而且要得到一个氧气分子,需要完成四个电子的转移过程,十分复杂。自然光合作用的水氧化反应在光系统Ⅱ的锰簇(Mn_4CaO_5)水氧化中心完成。目前科学家通过人工设计的水氧化催化剂进行高效的水氧化反应,速率甚至比天然的植物要快很多倍,但是催化剂的稳定性和实际应用还受到诸多限制。

光催化分解水制氢的主要原理如图6.6所示。装置主要由吸收太阳光的半导体材料或染料分子等捕光组分和促进化学反应发生的助催化剂组成。在催化剂作用下,吸收太阳光能,打断氢氧化学键,形成氢气和氧气分子。

常用的光催化剂为半导体材料,当光催化剂被具有一定能量的光子激发后,将半导体的电子(负电荷)激发至高能量,相应地产生一个空穴(正电荷),生成电子-空穴对。正负电荷发生分离并迁移至光催化剂的表面后,与吸附在表面的水分子分别发生还原反应和氧化反应,形成氢气和氧气。

高效的光催化分解水体系不仅要有好的吸光材料,以更好地捕获太阳光,还需要对催化剂表面进行修饰合适的助催化剂,来克服水的氧化和还原过程中的能量势垒,降低活化能。助催化剂通常是不吸光的材料,主要作用是提供表面反应的活性位点,提升表

图 6.5 基于太阳燃料的洁净能源体系[3]

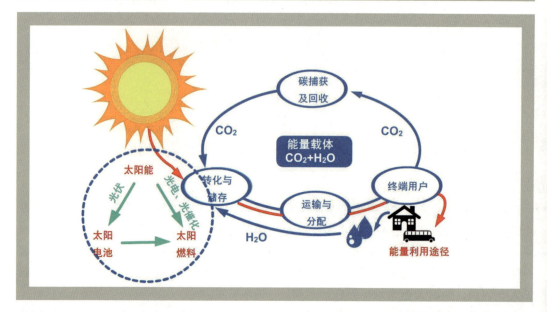

图 6.6 光催化分解水制氢示意图

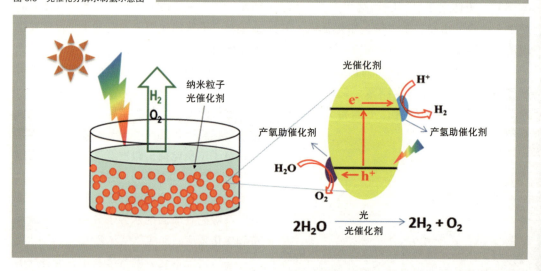

面氧化还原反应的效率。

中国科学院大连化学物理研究所李灿院士研究团队，开发了以钒酸铋（$BiVO_4$）为产氧端，氧化锆修饰的氮氧化钽（ZrO_2/TaON）为产氢端，以铁离子对（$[Fe(CN)_6]^{3-}$/$[Fe(CN)_6]^{4-}$）为氧化还原电对的全分解水的光催化体系。通过设计和调控钴氧化物和金助催化剂（CoO_x/Au），成功地构筑了新型太阳能转化成氢能的体系，表观量子效率首次突破10%，制氢效率显著提高，见图6.7。

图 6.7 BiVO₄–ZrO₂/TaON 光催化水分解制氢示意图

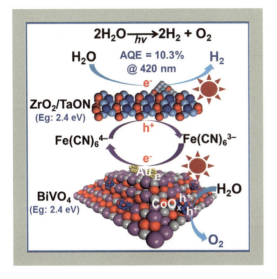

图 6.8 光电催化水分解制氢原理示意图

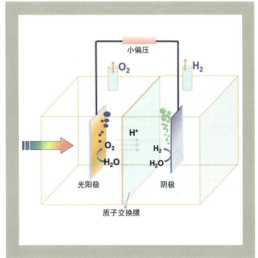

一般将颗粒状纳米结构光催化剂分散在溶液中,进行光催化分解水制氢,形式简单且成本较低。但是水的氧化和还原反应通常在同一个小颗粒表面,产生的活性氢在被释放出来之前可能与附近的活性氧发生逆反应,这将大大降低体系的效率。更重要的是,氢气和氧气一起被释放出来,有爆炸危险,必须及时分离。

为了解决这些问题,人们把光催化剂负载在导电基底上做成光电极,与一金属电极组成电解池,就是所谓的光电催化分解水,见图 6.8。光照下半导体产生的电子和空穴,在光生电压的驱动下,电子向阴极表面运动参与水的还原反应,空穴则向阳极表面运动参与水的氧化反应。这样,水的氧化和还原分别在阳极和阴极进行。在阴极和阳极之间嵌入隔膜,巧妙地实现了氢气、氧气在空间上的分离。

二氧化碳资源化利用

二氧化碳的排放是影响气候变化的主要因素,利用清洁可再生的太阳能,将二氧化碳捕获并转化为可利用的液体燃料是解决二氧化碳问题的最佳方式之一。

1. 光催化或光电催化二氧化碳还原

光催化或光电催化二氧化碳还原,是利用吸光材料在光照下产生活泼的正电荷,将水氧化放出氧气,并释放出电子和质子,这些电子和质子可以用来将二氧化碳还原和固定,生产一氧化碳、甲烷或者甲醇等有用的化学品,实现由二氧化碳和水制备燃料的过程(图 6.9)。

必须要强调的是,真正的可以将太阳能转化为化学能的光催化二氧化碳还原过程,必须同时实现水的氧化反应和二氧化碳的还原反应。在甲醇、三乙醇胺等比较容易被氧

图 6.9　光催化二氧化碳还原示意图及二氧化碳还原助催化剂的催化作用原理

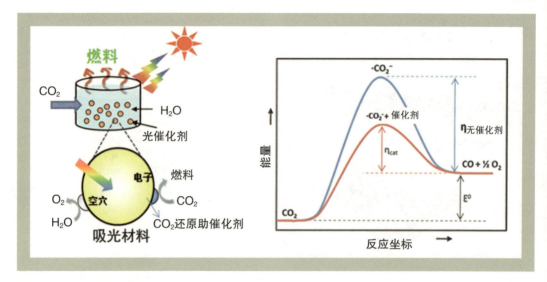

化的牺牲试剂存在的情况下，发生的二氧化碳还原反应并没有储存太阳能，也不是真正的人工光合成过程。

光催化还原二氧化碳需要符合两个基本条件：①光子能量要能够被光催化材料吸收并将其激发；②材料产生的电子的能量要足以将二氧化碳还原，正电荷的能量要足以将水氧化为氧气。

相比光催化分解水制氢，二氧化碳还原反应更加复杂，更具挑战性。因为二氧化碳分子是一个极为稳定的化合物，需要提供很高的能量才可以使C=O化学键断裂。并且，二氧化碳还原涉及多个电子和多个质子的转移，以及C=O键的断裂和C—H键的形成等多个复杂过程。不同的反应路径可能会导致几种不同产物的生成，因此反应选择性难以控制。另外，水溶液中二氧化碳的溶解度很低，也就是说反应物的浓度很低。由此可见，二氧化碳还原反应十分困难。

针对二氧化碳还原反应中的科学问题，目前国内外科研工作者正在致力于二氧化碳还原助催化剂的开发。高效的助催化剂应具备良好的二氧化碳吸附能力以及稳定中间产物的能力，能够降低反应需要的能垒使原本很困难的反应可在温和的条件下快速进行。大量研究发现，纳米结构的金属催化剂可以有效提高二氧化碳还原反应的活性。Cu、Au、Ag、Pd等贵金属类催化剂，可以将二氧化碳高效还原为一氧化碳或甲烷，某些金属有机络合物催化剂则可以高选择性产生甲酸。在光催化体系中，科学家们将这类贵金属作为二氧化碳还原助催化剂负载到光催化剂材料上，用于光催化二氧化碳还原的研究。例如，在碳化硅吸光材料表面负载高分散的Pt-Cu_2O核壳结构CO_2还原助催化剂，与WO_3光催化水氧还原体系耦合可以实现光催化分解水放出氧气和还原二氧化碳为甲酸（图6.10）。

中国科学院大连化学物理研究所李灿院士团队与福州大学王绪绪教授课题组合作，

发展了一种固态 Z- 机制复合光催化剂，可在可见光下将 H_2O 和 CO_2 高效转化为甲烷（天然气），实现了太阳能人工光合成燃料过程。

人工光合成太阳燃料的反应有若干个，其中，太阳能 $+CO_2+2H_2O \rightarrow CH_4+2O_2$ 为涉及 8 个电子的多步反应，是最具挑战性的一个反应。迄今虽有大量文献报道，但催化剂性能不尽如人意。近年来虽然不少文献报道光催化产生 CH_4，但是这类反应大多是在有牺牲剂存在下取得的结果，并没有检测到释放氧气或氧气量远低于化学计量比，这不是真正意义上的太阳能转化为化学能的反应。因此，将水计量地氧化为氧气（或过氧化氢）并同时将二氧化碳高效还原为甲烷的光催化过程才实是正意义上的太阳能到化学能的转化。

针对这一难题，李灿院士团队与王绪绪教授小组用纳米晶（3D-SiC）和二维纳米片（2D-MoS_2），通过静电组装技术构筑出了一种万寿菊型纳米花材料，其具有二型异质结和 Z-scheme 半导体构型[8]。这种 3D-SiC@2D-MoS_2 催化剂（图 6.11）在可见光照射下可有效地将水和二氧化碳转化为甲烷，放出氧气。详细的产物分布分析和同位素示踪等实验和机理研究表明，伴随着 H_2O 的氧化，CO_2 在光催化剂上依照 $CO_2 \rightarrow HCOOH \rightarrow HCHO \rightarrow CH_3OH \rightarrow CH_4$ 的加氢途径逐步被还原为甲烷。值得强调的是，在这个研究过程中检测到化学计量比例的氧气和甲烷（氧气/甲烷摩尔比接近 2），用同位素实验也确认了化学计量氧的生成，这对于学术界理解和进行人工光合成具有重要借鉴意义。这个工作为人工光合成太阳燃料提供了一条新的途径。

目前光催化分解水和二氧化碳还原研究的重点是开发吸光材料和水分解、二氧化碳还原的催化剂，目的是提高太阳能利用率、提高转化反应速率和提高产物的选择性等。主要研究途径有：

（1）通过在吸光材料表面担载有效的助催化剂，提高光催化还原二氧化碳活性；

图 6.10 Z- 机制（Z-scheme）光催化体系水分解和二氧化碳还原产甲酸示意图[7]

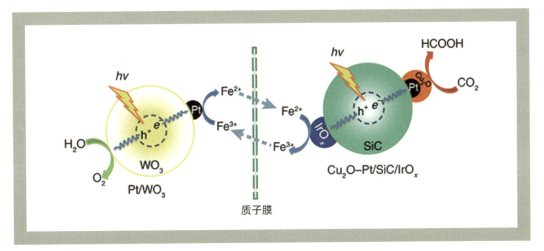

图 6.11 3D-SiC@2D-MoS₂ 催化剂及其催化 CO_2 高效还原为甲烷的反应历程

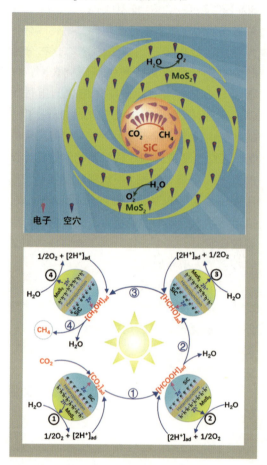

（2）开发复合半导体光催化材料，提高光生电荷的分离效率；

（3）通过材料的设计、引入新的制备方法开发和探索新型的光催化材料，控制材料的微结构和形貌，最终寻找出新型高效光催化材料。

太阳能光催化二氧化碳还原也可采用光电催化方法，如图 6.12 所示。光电催化二氧化碳还原是在光能和少量电能的共同驱动下，阳极和阴极表面分别发生水氧化和二氧化碳还原反应；并且，由于氧化还原反应在空间上是隔离的，所以可以抑制二氧化碳还原产物再次被氧化的逆反应。

2. 模拟自然光合作用，通过光反应和暗反应两步转化二氧化碳制甲醇

自然光合作用包括光反应和暗反应两个过程，光反应利用太阳能提供还原力，暗反应利用还原力固定 CO_2 制生物质，通过光反应与暗反应的适配，将太阳能转化为化学能并存储在化学分子中；模拟自然光合作用的光反应和暗反应，两步转化二氧化碳制甲醇的过程是光反应利用太阳能分解水制氢，暗反应利用光反应产生的氢气和二氧化碳合成甲醇等燃料和化学品，净反应结果是水和 CO_2 转化为甲醇，放出氧气，这与自然光合作用的反应结果是一致的。这里甲醇是一个太阳燃料分子，如图 6.13 所示。通过这种策略，人工光合成可大规模合成太阳燃料。中科院大连化物所开发的技术总的太阳能到甲醇的能量转化效率超过 13%，实现了道法自然，超越自然，达到规模化合成的要求。

（1）人工光反应：通过利用太阳能等可再生能源分解水制氢。前面提到的光催化和光电催化分解水过程仍处在基础研究阶段，太阳能的转化效率还有待提升。目前可大规模实施的方案是利用太阳能发电或者风电通过电解水的方式生产可再生的氢气。太阳能发电技术已经市场化，而且日趋成熟，那么最关键的问题就是发展高效的电催化剂提高电催化分解水的效率。李灿院士团队开发的新一代电解水催化剂，经过在额定工况条件下长时间的运行验证，电解水制氢电流密度稳定在 4000 A/m²

时，单位制氢能耗低于 4.1 kWh/m³H₂，能效值大于 86%；电流密度稳定在 3000 A/m² 时，单位制氢能耗低于 4.0 kWh/m³H₂，能效值约 88%。这是目前已知的规模化电解水制氢的最高效率。

（2）人工暗反应：利用光反应所转化的化学能 H_2 与 CO_2 催化反应合成甲醇。二氧化碳加氢过程中，提高甲醇的选择性是 CO_2 加氢转化最大的挑战。例如传统的用于合成气制甲醇的 Cu 基催化剂应用于 CO_2 加氢制甲醇时，突出问题是甲醇选择性低（只有 50%~60%）。另外，反应生成的水会加速 Cu 基催化剂的失活，李灿院士团队发展了一种不同于传统金属催化剂的双金属固溶体氧化物催化剂 $ZnO-ZrO_2$，实现了 CO_2 高选择性、高稳定性加氢合成甲醇，在 CO_2 单程转化率超过 10% 时，甲醇选择性仍保持在 90% 左右，是目前同类研究中综合水平最好的结果。该催化剂连续运行 500 h 无失活现象，具有较好的耐烧结稳定性和一定的抗硫能力，表现出了良好的工业应用前景[9]。传统甲醇合成 Cu 基催化剂要求原料气含硫低于 0.5 ppm，而该催化剂的抗硫能力使原料气净化成本降低，在工业应用方面表现出潜在的优势。

可以预计，在全世界科研工作者的共同努力下，纳米技术、仿生技术和合成生物学技术等一些新兴科学技术的引入，利用光催化分解水制氢或二氧化碳还原制备太阳燃料，将最终实现新的突破，描绘出低碳经济的美好未来，造福于人类。

图 6.12 光电催化分解水和二氧化碳还原

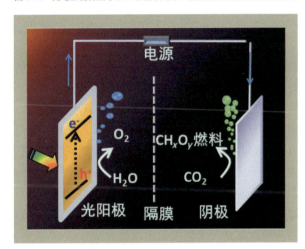

图 6.13 模拟自然光合作用的光反应和暗反应两步转化二氧化碳原理图

$$2H_2O \xrightarrow{\text{光（电）催化剂}} 2H_2 + O_2 \quad \text{(光反应)}$$

$$3H_2 + CO_2 \xrightarrow{\text{催化剂}} CH_3OH + H_2O \quad \text{(暗反应)}$$

净反应：

$$2H_2O + CO_2 \rightarrow CH_3OH + 3/2 O_2 \quad \text{(人工光合)}$$

$$6H_2O + 6CO_2 \rightarrow C_6H_{12}O_6 + 6O_2 \quad \text{(自然光合)}$$

6.5 结束语

道法自然,研究开发人工树叶,不是简单的模仿,而是将大自然不同方面的优点结合起来,发展适合我们人类的洁净燃料光催化合成方式。在自然光合作用中,高效的光催化体系(光系统Ⅱ和光系统Ⅰ)具有光生电子和空穴向不同方向转移,相对应的氧化和还原反应在不同的空间和时间尺度上进行的特点。学习和借鉴自然光合作用的部分原理,发展人工的太阳能光催化和光电催化体系,把太阳光、水和二氧化碳转化成太阳燃料和氧气。太阳燃料的生产主要通过两个非常具有挑战性的化学反应途径来实现:①在太阳光的作用下,光催化剂将水分解,产生氧气和氢气。在未来洁净"氢"能源体系中具有不可或缺的地位;②捕获二氧化碳,利用太阳能产生的氢合成液体燃料。甲醇是非常重要的用于生产其他高附加值产品的原料,可以生产类似汽油、航空燃料等液体燃料,解决能源短缺问题,这一燃料合成过程不但转化和存储了洁净的太阳能,还固定了大气中二氧化碳温室气体,从而有效缓解地球气候变暖。自然光合作用是大自然的杰作,道法自然,向大自然学习构筑人工光合作用体系,也体现了人类的智慧和创造。

人工光合成太阳燃料技术的突破必将改变世界能源消费格局,引领人类进入低碳生态文明社会。在不远的未来,"雾霾"将会从我们的生活中消失,我们可以自由自在地呼吸新鲜的空气,也可以开着太阳燃料汽车,开开心心上班和旅行,孩子们更加可以随时随地在户外玩耍嬉戏,尽情地享受太阳燃料带给我们的绿色高品质生活,实现人类生态文明的理想。

07 矿化固碳
Mineral Carbonation to Sequester CO₂

工业化以及人类日常活动中日益增加的二氧化碳排放让南北极的寒冷日渐消散，这就是气候变化。人类必须尽力遏制二氧化碳气体排放的速度，同时还要把过量的二氧化碳封存起来。

其实，地球上有自行处理二氧化碳气体的方式，环环相扣的连锁反应可以将二氧化碳气体转化为矿石，沉入海底，回归自然。

07

矿化固碳
Mineral Carbonation to Sequester CO$_2$

借助自然法则与化学工程的力量
The Way of Nature and Chemical Engineering

蒋国强 副教授
（清华大学）

　　减少二氧化碳排放，已成为人类的共同使命。矿化固碳，是基于地球大气演化过程中的"硅酸盐 – 碳酸盐"转化，将二氧化碳转化为碳酸盐而固定并重新利用的途径。为加速这一地球上古老化学反应的速度，满足减少二氧化碳排放的迫切需要，化学和化学工程领域的科学家，基于化学链的原理构建了新的矿化工艺，通过化学工程的方法为二氧化碳矿化反应量身定做高效反应器，并降低整个过程的能量消耗，加速自然界的碳循环，让二氧化碳重返正途。

7.1 序：二氧化碳——地球变暖的罪魁祸首

2017年4月18日，位于夏威夷群岛莫纳克亚山顶峰上莫纳罗亚天文台（Mauna Loa Observatory），人类历史上第一次测到大气中的二氧化碳（CO_2）含量达到410 ppm（百万分之一），CO_2含量达到了300万年来的巅峰。

仅仅200多年前，地球大气中CO_2的含量只有280 ppm。公元1776年，英国人詹姆斯·瓦特（James Watt）制造出第一台具有实用价值的蒸汽机，工业革命伊始，人类开启了利用能源的新时代。化石能源被大量开采和使用，为现代工业提供了强大的动力，推动人类文明进入一个前所未有的快速发展期。然而，化石能源的大量使用和现代工业的快速发展，也付出了新的代价。这些以碳氢为主的化合物在加工和使用过程中，排放出大量的CO_2。2019年，全球排放CO_2约达368亿t，相当于每人每天排放15 kg CO_2（折合约7.5 m^3）。工业排放的CO_2使地球大气中CO_2的含量持续升高（图7.1），特别是近50年来，二氧化碳含量加速上升；按目前的增速估算，到2030年，大气中二氧化碳的含量将上升到600 ppm以上。

二氧化碳的含量对地球的生态环境有着重要的影响。CO_2是主要的温室气体之一，如同温室的玻璃一样，它允许来自太阳的可见光到达地面，但阻止地面重新辐射出来的红外光返回外空间。如果大气中温室气体增多，便会有过多的热保留在大气中而不能正常地向外空间辐射，从而使地面和大气的平均温度升高。联合国政府间气候变化专门委员会（Intergovernmental Panel on Climate Change, IPCC）第五次评估报告（2014年）指出，从1880年到2012年，地表的平均温度已经上升了0.85 ℃。中国国家气象局的研究显示，自1913年以来，我国的地表平均温度已经上升了0.91 ℃。不要小看这不到1 ℃的温升，它已经对地球环境和生态带来严重影响——冰川融化，全球海平面上升了19 cm；全球陆地降雨量增加了1%；冰川融化将会使更多的CO_2从两极附近的冰层和永久冻土中释放到空气中，产生连锁效应，带来全球范围的灾难。

科学家预测，如果CO_2的排放量按照目前速度不断增加，人类将在21世纪末迎来3.2~5.4 ℃的温度升高水平，这将会给我们生存的这个星球带来剧烈而不可逆转

图 7.1　1960 年以来 CO_2 的排放量及大气中 CO_2 含量变化

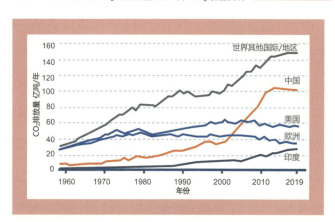

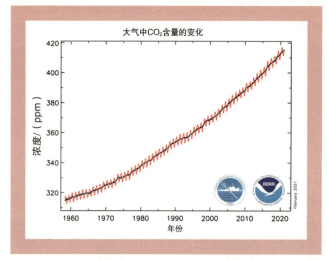

的变化——冰盖融化、物种灭绝、城市淹没……IPCC 第五次评估报告提出，为避免全球变暖进一步造成的恶果，要将 21 世纪末的温升控制在 2℃ 以内。2015 年 12 月，在巴黎气候变化大会最后一次全会上，里程碑式的《巴黎协定》诞生，要把全球平均气温较工业化前水平升高的幅度控制在 2℃ 以内，这成为各国共同的目标。中国向世界承诺：2030 年前碳达峰，2060 年前实现碳中和。

根据计算，如果人类想要避免温度上升超过 2℃，大气中的 CO_2 排放量需要控制在 3.2 万亿 t 以内。进入工业化时代以来，人类已经向大气排放了大约 2 万亿 t CO_2，留给我们的额度只剩下 1.2 万亿 t。按照目前的增长速度，人类会在 20~30 年内用光这个额度。二氧化碳的排放必须紧急刹车，2050 年 CO_2 的排放量较 2010 年要下降 41%~72%，2100 年时要进一步下降 78% 以上。

达到这个目标困难重重，但是，为拯救和保护我们赖以生存的这颗星球，人类正在朝着这个目标艰难前行。一方面，人们正在利用各种途径减少碳基能源的使用、提高碳基能源的使用效率；另一方面，人们正在努力将排放的 CO_2 重新收集和固定起来。

7.2 深埋二氧化碳：装进牢笼或许不是最终的归宿

面对快速增长的 CO_2 排放，人们急切地寻找减少 CO_2 排放的途径。科学家首先在化肥和天然气净化工业中得到启发。早在 100 多年前，合成氨工业中就开始使用氨气（NH_3）来吸收在制造氢气过程中产生的 CO_2。20 世纪 70 年代 BASF 公司以甲基二乙醇胺（MDEA）水溶液取代氨水，开发出 MDEA 吸收 CO_2 的新工艺，此后被全球近百个大型合成氨厂和天然气净化工厂采用。科学家和工程师们希望利用并改进这一工艺，将工业排放气体中的 CO_2 吸收并纯化。

然而这些捕集的 CO_2 又如何处置呢？要知道，为给这些使气候变暖的"罪犯"找到一个安全和永久的"监狱"，并不是一件容易的事情。二氧化碳在常温常压下是气体，储藏占用的空间非常大。一个典型的燃煤发电厂，100 兆瓦（MW）机组一年的 CO_2 排放量大约 100 万 t，常温常压下这些 CO_2 的体积大约是 5 亿 m^3，这相当于北京密云水库的库容的 1/8。显然以常温常压的气态来储藏这些 CO_2 是不可能的。大气中增多的 CO_2 主要来源于人们从地下开采的各种化石能源和资源。于是，科学家首先想到的是：把这些收集起来的 CO_2 重新埋回地下。早在 20 世纪 70 年代，石油天然气工业中就开始了把 CO_2 注入到地下的探索。1972 年美国 Terrell 天然气加工厂就开始将天然气净化过程吸收的 CO_2 注入地下油井中并驱动采油（被称为强化采油，enhanced oil recovery, EOR）。但是，为驱动采油而封存在地下油井中的 CO_2 只是捕集到的 CO_2 的一少部分，而大部分还必须找到更广阔的存储空间。煤层和地壳深部的咸水层，都成为埋藏 CO_2 的潜在空间。为减少体积，这些 CO_2 通常需要被压缩至 8MPa 以上，以超临界流体的状态存储在这些地下空间中，这个过程被称为 CO_2 的捕集和封存（carbon capture and storage，CCS）。

位于美国得克萨斯州休斯敦附近的 W.A.

醇胺法吸收和纯化二氧化碳：醇胺溶液呈碱性，可选择性吸收气体中的 CO_2 并与之反应生产氨基甲酸盐等结合物；吸收了 CO_2 的醇胺溶液通过加热可以重新分解为 CO_2 和醇胺溶液，并在蒸馏塔中实现分解的 CO_2 和醇胺溶液的分离，得到纯度非常高的 CO_2 气体。

Parish 电厂里,世界上最大的碳捕集与封存项目正在运行(图 7.2)。发电厂排放气中的 CO_2 被吸收和捕集,然后压缩并运输到 120 多公里外废弃的油井中封存,其中的部分被用来驱动采油。该项目每年可封存 140 万 t 的 CO_2,相当于这个电厂排放 CO_2 的 90%。在我国西北的陕西榆林,类似的装置也在运行。神华锦界电厂 15 万 t/a 碳捕集示范工程于 2021 年开车运行。在这个项目中,收集起来的 CO_2 被压缩干燥冷却制成液态二氧化碳,通过车辆运输到油田,进行驱油。

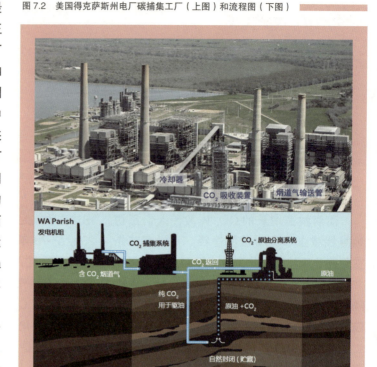

图 7.2 美国得克萨斯州电厂碳捕集工厂(上图)和流程图(下图)

二氧化碳捕集与封存技术,作为人类工业固碳的初步尝试,给人们带来了启发和希望。全球目前建成与在建的碳捕集封存项目(不包括燃烧前)达 50 多个,每年可封存约 5700 万 t CO_2。我国各大发电集团和大型石化企业也相继开展了 CO_2 捕集工业示范装置的建设。然而,这个看似合理的技术路线,实际面临着巨大挑战。地下咸水层被认为是最具潜力的封存空间,但由于 CO_2 的封存对储层封闭性等地质条件有着苛刻的要求,真正能够实现工业化封存的空间实际非常有限。更重要的是,大量 CO_2 注入咸水层后,部分溶解于地下咸水中,当遇到地下咸水中的矿物成分或构成岩石骨架的矿石颗粒时,将与其发生化学反应,生产碳酸盐,从而改变地壳的结构和组成。当这种改变大面积的发生时,地壳内应力就会产生显著变化,这将引发不可预料的地质灾害。

7.3 光合作用：如何比植物更高效的转化二氧化碳

地球上碳循环的一个重要的途径就是大家熟悉的光合作用。我们通常所讲的光合作用，指的是生氧光合作用（oxygenic photosynthesis）——光养生物以光作为能量来源、利用 CO_2 和水合成碳氢化合物并释放氧气。

地球上生氧光合作用大约出现在24亿年前，但在此之前的10亿年，光合细菌就开始了利用光能将 CO_2 同化为有机物的过程，只不过这个过程不释放氧气，被称为"厌氧光合作用"。光合作用不仅是生命得以积累的化学基础，也是生命改造地球的重要方式。光合作用使大气中 CO_2 含量降低，氧气含量增加，在地球大气的演进中发挥重要作用。

人们自然而然地想到利用光合作用来减少 CO_2。北京西北部，万里长城蜿蜒在崇山峻岭间，其中最著名的一段就是八达岭长城。在八达岭长城的脚下，一个规模3000亩（约 $2\ km^2$）的林场已经成形，这就是北京市首个碳汇林——八达岭碳汇林。植树造林，通过植物光合作用吸收大气中的 CO_2，将其固定在植被中，成为人们应对 CO_2 排放的举措之一。根据理论测算，林木每生长 $1\ m^3$ 蓄积量，大约可吸收 $1.8\ t\ CO_2$，一亩成年树林一年净吸收约 $24\ t\ CO_2$。然而实际上森林并不具有如此的固碳能力，如果考虑林木的种植、采伐、退化和腐化等，其结果可能是会净释放 CO_2。2017年美国波士顿大学的研究组利用12年（2003—2014年）的MODIS卫星数据，来量化热带木本活植物地上碳密度的年度净变化，结果发现全球热带森林每年净排放4252亿 kg 的碳，相当于全球每年化石燃料排放的5%左右，这一研究成果发表在2017年的 *Science* 上。

利用藻细胞和光反应器固定转化二氧化碳[7]

和植树造林相比，利用藻类的光合作用固定和转化 CO_2 可能更加可行。藻类是地球上最早进行生氧光合作用的生物，也是地球上光合效率最高的生物。科学家想通过工业化的方式养殖藻类，吸收 CO_2 并将其转化为生物燃料。在中国北部内蒙古高原广袤的土地上，一项利用藻类固定 CO_2 并生产生物柴油的示范工程正在进行。为了提高微藻

> **光合作用及其效率**：光合作用通常指生氧光合作用，光养生物以光作为能量来源、以二氧化碳和水合成碳氢化合物、并释放氧气。其具体包含光解（photolysis）和固碳两个过程。光解过程中，生物体内的叶绿素和其他类型的色素，利用光分解水获得氢并释放出氧气，将光能转化为化学能；在固碳过程中，氢与二氧化碳通过一系列的酶催化反应合成碳水化合物。光合作用的理论最高能量利用率为20%，但实际受到光照强度、温度、水分等环境条件的影响，大部分绿色植物的光合效率不超过1%。在生物反应器条件下的微藻，光合效率通常可达3%以上，最高可达8%。所以从光能的利用率角度来看，微藻具有更好的光合固碳效率。

的养殖和固碳效率，研究者利用化学工程的原理，开发了"光反应器"，为微藻的生长和光合作用提供最佳的环境。他们根据藻细胞所需要的光照条件和流体力学条件，设计和优化反应器的结构，开发出能使 CO_2 更加快速和均匀地溶解于藻液中的气体分布系统。在这些精细设计的光反应器中生长的藻类，有良好的光照环境和更充足的 CO_2 供给，这使得他们具有更加出色的固定 CO_2 的能力。例如，在图 7.3 中这样的管道式反应器中培养藻类，单位土地面积上固定的 CO_2 量可达到自然界的数十倍。利用化学工程的手段，研究者们进一步开发出微藻分离、油

图 7.3 用光反应器培养微藻

左上：管道式反应器；左下：跑道式反应器；右上：位于建筑物表面的平板式反应器；右下：柱式反应器

脂提取和转化等一系列单元，这些单元通过管道连接起来，成为一个微藻固定转化 CO_2 的绿色工厂。来自煤电厂和化工厂等排放的 CO_2 从一端进入这个工厂，而在另一端，生物燃料源源不断地流出，这些生物燃料经过进一步的精制后将作为航空燃料，供大型民航客机使用。

人工光合作用

科学家还有更大胆的设想——人工构建更高效的光合作用系统，这被称为"人工光合作用"。在美国加州大学伯克利分校（University of California, Berkeley），华人科学家杨培东正在带领他的团队，建立一种高效的生物–无机杂化的光合作用系统——纳米线/细菌混合物（图 7.4）。他们在不具备光合作用的细菌（moorella thermoacetica）表面制备人工的光能捕获系统，将光能传递给细菌，然后将 CO_2 选择性地转化成醋酸。杨培东团队这个人工光能捕获系统，太阳能–化学能转化率可达 3% 以上。醋酸类产物可以作为这种细菌的养料，供给细菌生长，从而实现了细菌通过光合作用的自养生长[9]。

图 7.4 杨培东团队建立的纳米线/细菌混合物（左）及其化学反应机理（右图）

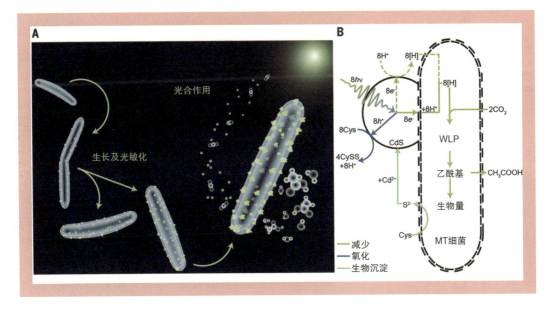

7.4 矿化二氧化碳：古老地球的化学反应发挥新作用

科学家相信，在地球的自然法则中蕴涵着丰富的智慧和原理，他们希望从地球上 CO_2 的循环转化过程中，找到更加安全和经济的固定 CO_2 的方法。

在地球进化的漫长地质年代里，大气中的 CO_2 曾发生显著变化。大约 45 亿年前，地球开始形成，刚形成的地球处于高温岩熔状态；大约 40 亿年前，随着地表的温度降低，大气中的水汽逐渐凝结并沉降到地面，形成了最初的海洋。那时，地球内部构造运动非常活跃，火山频繁喷发，大量的 CO_2 被排放到大气中。尽管水蒸气随地表温度的降低逐渐减少，但大量 CO_2 仍留在大气中。在距今 33 亿年左右，地球大气中的 CO_2 达到了 30% 以上的峰值。此后开始不断下降，逐渐达到现在大气中 CO_2 的水平[10-11]（图 7.5）。

二氧化碳矿物化——地球上古老的化学反应

早期地球上大量的 CO_2 如何消失的呢？一个古老的化学反应发挥了重要作用：

$$CaSiO_3 + CO_2 \rightarrow CaCO_3 + SiO_2 \quad (7-1)$$

在 CO_2 含量高的早期地球，地表温度高，降水丰富，裸露在地表的硅酸钙岩在火山风的作用下大量风化。风化的硅酸钙与大气中的 CO_2 接触，在水的帮助下发生化学反应，生成碳酸钙，并随着雨水流进了海洋，形成了海底的沉积岩层（图 7.6）。这个过程被称为二氧化碳矿物化，也被称为"硅酸盐－碳酸盐循环"[10-11]（图 7.7）。

那么，大自然为何选择矿化的途径固定大气中的 CO_2 呢？首先，碳酸盐是碳在地球上最稳定的化学形式，或者说是能量最低的形式。物质处于不同的化学环境，其蕴

图 7.5 地球大气演进过程中组成以及 CO_2 含量的变化

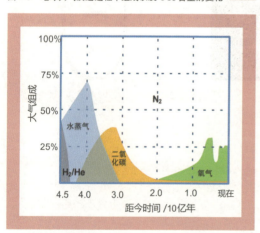

含的能量就不同,而碳酸盐就处在由碳元素组成的各种化学物质的能量阶梯的最低端(图 7.8)。就像水会从自发地从高处向低处流动一样,处于高能量态的物质会自发地向低能量态转变,因此 CO_2 会自发地向碳酸盐转化。与此同时,另一产物 SiO_2 也是自然界最稳定的物质之一。其次,地球主要是由硅酸盐组成(除了挥发元素外),地球上有足够的硅酸盐固定大气中的 CO_2。

即使现在的地球,在人类目前可利用的范围内(地下 15km 深),硅酸盐的储量理论上可以矿化封存至少 4 万亿 t CO_2。我国年排放 CO_2 约 100 亿 t,硅酸盐的这个储量理论上可矿化封存我国约 330 年的 CO_2 的排放量。此外,全球每年生产水泥等建材,相当于人造硅酸盐 30 亿 t/a,可封存 11 亿 t CO_2。

地表上,硅酸钙与 CO_2 的反应一直延续至今。风化的作用仍在不停地发生,在这些被风侵蚀的尘埃中,硅酸盐成分与 CO_2 的反应仍在持续。只不过,随着 CO_2 含量和大气温度的降低,反应的速率变得更加缓慢,时间尺度达到百万年,几乎不被我们察觉。现在科学研究表明,硅酸钙和碳酸钙的相互转化反应,是使得大自然中 CO_2 的含量稳定、进而稳定气候的主要调节机制。该机制使得地球气候不至于太热,也不至于太冷。

图 7.6 大约 5 亿年前形成的石灰石沉积岩

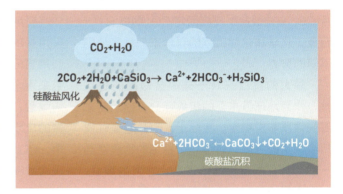

图 7.7 地球上的 CO_2 矿化——"硅酸盐 – 碳酸盐"转化

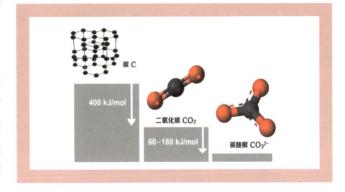

图 7.8 碳酸根是碳在地球上最稳定的形态

在化学反应器中加速自然矿化过程

与自然界缓慢的矿化反应相比，人类的工业生产活动以更快的速率释放 CO_2，自然界的碳平衡正在面临考验。既然工业生产让 CO_2 的释放速率大幅增加，那我们能否利用工业装备，让硅酸盐与 CO_2 的反应速率也相应提高，这样"硅酸盐－碳酸盐"的平衡将被更好地维持？

1990年，瑞士的科学家首选提出了利用 CO_2 和硅酸盐的反应固定 CO_2 的概念[12]，自此，化学和化学工程的科学家开始了他们不懈的努力[13-14]。

最大的挑战来自于硅酸盐极高的稳定性。作为地球最主要的组成部分，硅酸盐矿石的性质非常稳定。实际上，CO_2 也是性质相当稳定的气体。两种非常稳定的物质遇到一起，其化学反应速率当然会非常的缓慢。一个可能的提高反应速率的途径是提高反应温度和反应压力。当温度提高到185℃，压力提高到 12 MPa（120个大气压）时，硅酸钙和 CO_2 的反应可在 1 h 内获得80%以上的转化率。然而高温和高压将带来巨大的能量消耗，同时需要造价高昂的高压容器作为反应设备。这无论从能耗还是经济性上都是不允许的。此外，1 h 内80%的转化率仍然不能满足大规模转化封存 CO_2 的要求。

硅酸盐（以硅酸钙为例）和 CO_2 的反应是在水中完成的，反应方程如式（7-1）。反应的历程大致是这样的：CO_2 先溶解于水中生成碳酸，碳酸在水中解离出氢离子（H^+）和碳酸根离子（CO_3^{2-}），使溶液产生酸性；硅酸钙缓慢地溶解于碳酸溶液中，解离出钙离子（Ca^{2+}）和硅酸根（SiO_3^{2-}）离子，Ca^{2+} 和 CO_3^{2-} 结合产生 $CaCO_3$，$CaCO_3$ 在溶液中溶解度极小，因而从溶液中沉淀出来；而 SiO_3^{2-} 和 H^+ 结合生成硅酸（H_2SiO_3），硅酸不稳定，进一步分解为水（H_2O）和二氧化硅（SiO_2）。这个反应历程，实际上就是"复分解反应"。由于碳酸的酸性略强于硅酸，所以反应能够进行。但是碳酸的酸性较弱，而 $CaSiO_3$ 的离子键能很高，因此硅酸钙在碳酸溶液中的溶解非常缓慢，导致总反应的速率非常低。

利用高中的化学知识，我们就可以推断，采用强酸可以加速硅酸钙的溶解。因此可以利用强酸来加速反应。然而，强酸的使用又带来两个新问题：第一，过程如果消耗大量的强酸，就会带来巨额的物耗并可能产生大量的废水；第二，更重要的是，在强酸环境中，CO_2 无法溶解在水中，那么就无法实现碳酸根和硅酸根之间的复分解反应。对于 CO_2 溶解而言，更有利的实际是碱性的环境。

如何解决这个矛盾？科学家巧妙地构建了化学循环（chemical looping）。如图7.9所示，他们引入一种盐（用 AB 表示）作为循环介质，盐 AB 可以通过加热或者其他方式，反应分解为碱 AOH 和酸 HB，当然这里的酸 HB 是强酸（比如盐酸 HCl）。然后用强酸 HB 加速溶解 $CaSiO_3$，消耗完 H^+，得到的溶液中含有 Ca^{2+} 和 B^-，而不溶解的 SiO_2 则从溶液中沉淀析出；在另一个化学反应器中，用分解得到的碱 AOH 溶解排放气体中的 CO_2，得到的溶液中含有 A^+ 和 CO_3^{2-} 离子。二氧化碳在碱溶液中的溶解速率和溶解度都会大幅提升。溶解了 $CaSiO_3$ 的溶液与溶解

了 CO_2 的溶液混合后，发生复分解反应，生成 $CaCO_3$ 和盐 AB，$CaCO_3$ 从溶液中沉淀析出，溶液中就只剩下盐 AB。这样盐 AB 完成了一个化学循环。接下来盐 AB 将被重新分解为酸和碱，从而推动这个循环不断进行下去。

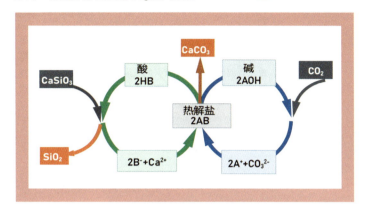

图 7.9 利用化学循环来加速 CO_2 的矿化反应

如上所述，通过化学链，就可以在不消耗任何酸碱原料的情况下，将反应时间缩小到数分钟；而且整个过程都在常压下进行。盐 AB 是使整个循环得以进行的介质，它在很大程度上决定过程的能耗、速率和经济性。虽然有大量的盐可以实现上面这个循环过程，但科学家需要找到它们中的佼佼者：容易分解得到酸 HB 和碱 AOH（比如在较低的温度下通过热分解反应就能分解），酸 HB 有强酸性，溶解 $CaSiO_3$ 的速率快，而且 B– 和 Ca^{2+} 不会结合成沉淀（也就是说 CaB_2 是可溶解于水的）。1995 年，在矿化固定 CO_2 的思路提出 5 年后，美国洛斯阿拉莫斯（Los Alamos）国家实验室的科学家提出了采用 $MgCl_2$ 作为循环介质的方案[15]，并证实了该循环方案是节约能量的。这个循环方案的化学反应如式（7–2）～式（7–5）：

$$MgCl_2 \cdot 6H_2O \rightarrow Mg(OH)Cl + HCl + 5H_2O \quad (7\text{–}2)$$
$$2Mg(OH)Cl \rightarrow Mg(OH)_2 + MgCl_2 \quad (7\text{–}3)$$
$$CaSiO_3 + 2HCl \rightarrow CaCl_2 + SiO_2 + H_2O \quad (7\text{–}4)$$
$$Mg(OH)_2 + CO_2 + CaCl_2 \rightarrow CaCO_3 + MgCl_2 + H_2O \quad (7\text{–}5)$$

化学链（chemical looping）：化学链（也称为化学循环）是指将某一特定的化学反应，通过引入一种化学介质，分多步反应完成，以达到实现不同产物的分离和提高反应速率等目的。在这些多步反应中，上一步反应的产物通常作为下一步反应的原料，而最后一个反应的产物又是第 1 个反应的原料，这样就形成了一个闭环的过程。通常，所引入的化学介质在整个循环过程中经历反应和再生两个过程，而不会被消耗。例如对于化学反应 A+B → C+D，引入化学介质 X，总反应过程分为三步进行：A+X → E；E+B → D+F；F → C+X；这样就形成了一个化学链，如右图所示。

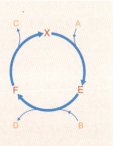

气升式反应器（aAir-lift reactor）：在如右图所示的筒式反应器中，加入一个与外筒共轴的内筒（称作导流筒）；反应器内装入液体，使其液面高于导流筒。此时在导流筒的下部通入气体后，由于导流筒内部存在较多的气泡，使得导流筒内外相同液位的液体产生了静压差，在静压差和进入气体的动量作用下，液体携带气泡在反应器内形成了环绕导流筒的循环流动，从而实现良好的气、液、固混合。

类似的，还可以将两个筒式反应器上下相连接，在其中一个反应器中通入气体，就会形成两个反应器间的环流，这也是一种气升式环流的方式。

此后，科学家还寻找到了其他的循环介质，建立了不同的化学循环，来加速 CO_2 的矿化反应，他们的原理都是相同的。

建立了化学循环，我们就找到了实现快速矿化的化学路线。但这只解决了问题的一半。要使这些化学反应变成真正能够将 CO_2 变成碳酸钙的工厂，还要针对这些反应，量身定做高效的化学反应器，为化学反应提供有利的环境。

在清华大学化学工程系，研究者们在气升式环流反应器的基础上，为矿化反应开发了一种新型的反应器，不仅实现了 CO_2 的快速吸收矿化，而且同步实现了将反应生成的碳酸钙的快速分离。更奇妙的是，所得到的碳酸钙颗粒是微米级的轻质碳酸钙。要知道，同样是碳酸钙，颗粒大小和性质不同，它们的用途和价值有很大的差异。微米级的轻质碳酸钙，是价值不菲的精细化学品，是造纸、涂料、橡胶、高强度混凝土中不可缺少的添加剂。

气升式环流反应器巧妙地利用鼓入反应器内的气体，形成快速的环流运动，使得气体与液体、固体与液体之间以极快的速率和极高的频率接触和混合，这样参与反应的 CO_2 和另一碱性物质原料均可快速溶解到水中，使得矿化反应能够快速完成。而生成的 $CaCO_3$ 在反应器内的停留时间也得到了严格控制，从而得到大小均一的微米碳酸钙颗粒。气升式环流反应器为反应和分离提供有利的流体力学条件，同时实现了快速吸收、深度反应和产品粒度可控。工厂排放的废气（已经过脱除氮、硫氧化物和粉尘等污染物的处理）直接进入矿化反应器，经过不到2min的时间，其中90%的 CO_2 就可以被吸收和矿化，转化为轻质碳酸钙。

矿化固碳的绿色工厂

化学和化学工程领域的科学家通过不懈的努力，已经实现 CO_2 的快速吸收矿化。通过 CO_2 矿化得到碳酸钙，不仅解决了 CO_2 减排的问题，也得到了有价值的工业产品，同时也有助于解决石灰石开采带来的严重的环境和生态问题。目前，工业和建材上使用的碳酸钙主要来源于石灰石矿，我国每年消耗的石灰石达到35亿t。石灰石的开采影响地形地貌、破坏生态景观、造成粉尘、噪声以及地震波等。利用自然界的"硅酸盐－碳酸盐"转化，科学家让 CO_2 重新发挥作用。

然而，做到这里科学家还不能满意，因为采用化学循环的方法，在加速反应的同时，也增加了能量的消耗。如果这些能耗是源于碳基能源，那就意味着整个捕集利用 CO_2 的过程又释放了新的 CO_2，尽管释放出的 CO_2 比捕集转化的 CO_2 少，但这也说明 CO_2 的净捕集率下降了。

二氧化碳的净捕集率反映了一个碳捕集过程真正所具有的 CO_2 减排能力，它是评价一个碳捕集过程最重要的指标之一。为了提高 CO_2 净捕集率，一方面要减少捕集处理过程自身的能量消耗；另一方面可以采用可再生能源/太阳能代替碳基能源。

在利用化学循环实现矿化的工艺过程中，有些反应是放热的，有些反应则需要供热。比如上面提到的盐 AB 的热分解反应就需要提供热量，而 CO_2 的矿化反应，以及 $CaSiO_3$ 和 HCl 的反应都是放热反应。将反应释放的热量重新利用，并提供给吸热反应或者其他过程，就可以降低能量的消耗，这即所谓的热量综合利用。当然，实际的过程还要考虑放热源和吸热源的温度、热量，通过大量的计算进行系统优化。此外，在整个过程中所需要的一些高温热量无法简单从过程的其他放热单元获得（因为这些放热单元的温度都低），这个时候我们还可以利用可再生能源/太阳能。例如，一种高温太阳能光热技术，可将换热工质加热到 400℃，这样的高温热源，就可以完全满足 CO_2 矿化过程的需要。通过这些途径，科学家已经可以将矿化过程的 CO_2 净捕集率提高到 80% 以上，而且这个数字还在进一步的提高。

矿化固碳的工业实践已经起步。美国

> **二氧化碳净捕集率**：在二氧化碳捕集和重新利用过程中，不可避免地要使用能量和其他材料（如反应原料和反应设备），在获得和使用这些能源和材料时将产生二氧化碳。一个过程的二氧化碳净捕集率是指最终减少的二氧化碳与过程捕集的二氧化碳之比，即：
>
> CO_2 的净捕集率 =[（过程捕集的 CO_2 − 过程释放的 CO_2）/ 过程捕集的 CO_2] × 100%

Calera 公司以 NaOH 和 $CaCl_2$ 为原料矿化 CO_2，生成 $CaCO_3$。基于此路线，2012 年该公司在美国加州 Moss Landing 电厂建成了 CO_2 工业示范装置（每年矿化 700t CO_2）。美国 Skyonic 公司（该公司已于 2016 年被 Carbonfree Chemicals 公司收购）将电解 NaCl 制 NaOH 的工艺集成到矿化工艺中，将 CO_2 矿化为 $NaHCO_3$ 和 Na_2CO_3，该公司 2015 年在美国得州一家水泥厂建立工业化示范装置（每年矿化 75000t CO_2），这是目前全球最大的矿化运行装置。在我国，四川大学和中石化合作开发了以 $CaSO_4$ 和 NH_3 吸收矿化 CO_2 的工艺及反应设备，于 2013 年在四川普光天然气厂建立了中试装置（每年矿化 250t CO_2）。目前，由清华大学和原初科技（北京）有限公司开发的全球首套硅酸盐路线的 CO_2 矿化利用工业示范装置正在开工建设。

化学工程科学家对矿化固碳过程有着更美好的愿景：他们希望利用废弃建筑材料和工业废物中的硅酸盐，通过建立绿色化学工厂，在最大化捕集 CO_2 同时，减少石灰石开采，实现碳循环和资源循环一体化，让 CO_2 重归正途（图 7.10）。

图7.10 利用矿化固碳实现碳循环和资源循环一体化

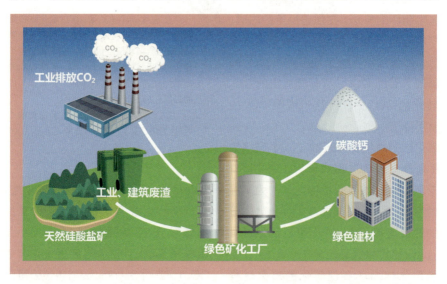

7.5 结语：化学与化学工程让二氧化碳重归正途

今天，化学和化学工程不仅为人类提供了大量的能源和物质，支持现代文明快速发展，同时也在帮助人类解决所面临的更多和更严峻的环境和生态问题。生态平衡归根到底是物质平衡与能量平衡。化学和化学工程，利用其转化物质和能量的强大力量，将帮助人类重建失去的平衡。

源于自然，超越自然。基于化学和化学工程，人们正在加速自然界的碳循环，让二氧化碳重返正途。无需把二氧化碳关进牢笼，让它为地球的生命和人类的文明，发挥其应有的作用吧。

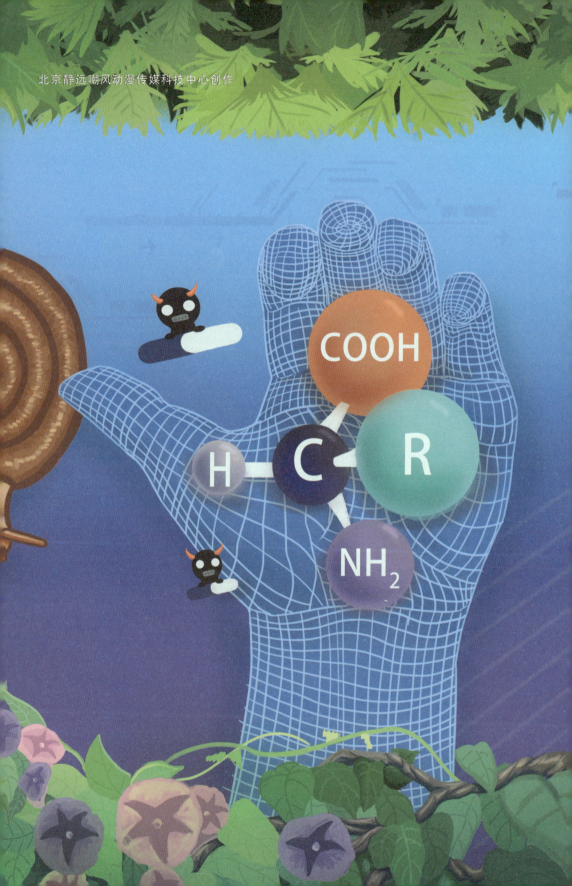

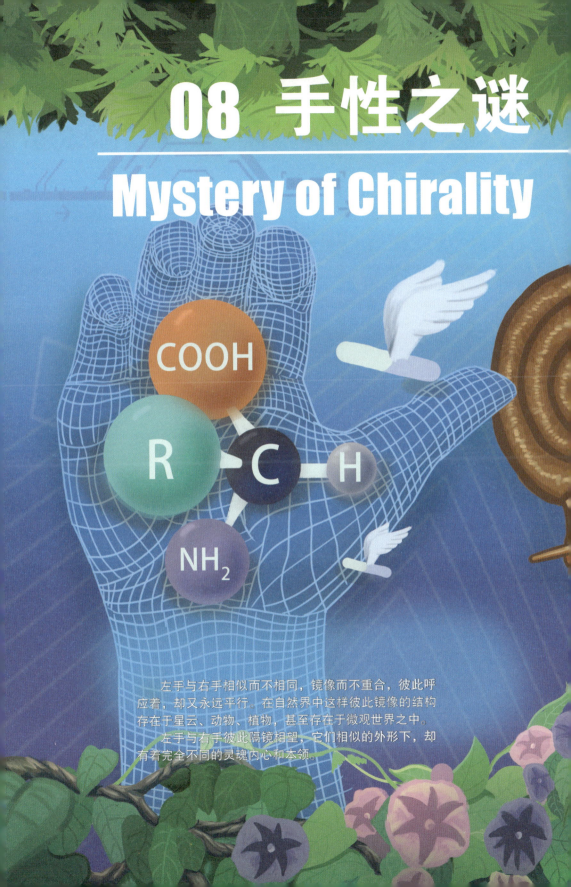

08

手性之谜
Mystery of Chirality

从药物分子到生命和宇宙
Not Only the Drug Molecules But Also the Life and Universe

陈芬儿 院士　孟歌 教授　熊方均 博士
（复旦大学）

  本文以手性为线索，介绍了手性起源、手性概念、手性化合物的制备和手性分子的发展的未来趋势，图文并茂地展示了手性世界的奥秘，深入浅出地给读者讲述了一个神奇的手性世界的故事，解释了手性分子研究领域之所以充满活力生机勃勃的缘由。手性不仅和人类生命生活的方方面面息息相关，而且存在着很大的潜在研究发展空间。通过揭示手性谜团，为学子们揭开了一个更为广阔更加美丽的化学化工世界，我们相信这会进一步激发他们学习探究的兴趣。

8.1 前言

20 世纪 60 年代,一种名为"反应停"的药物曾掀起一场轩然大波。

反应停(Thalidomide,沙利度胺),1953 年由瑞士 CIBA 公司首次合成用于治疗癫痫病,另一家德国格兰泰公司发现"反应停"具有镇静作用,可减轻孕妇的恶心、呕吐症状,并且"不良反应少"。于是该药物在 20 世纪 50 年代作为孕妇用药在欧洲风靡一时。但 1960 年后,欧洲医生发现畸形婴儿的出生率明显上升,人们怀疑这些畸形胎儿可能与孕妇服用"反应停"相关。后来的研究发现,"反应停"是一种手性药物(图 8.1),里面暗藏着一对结构成镜像对称的"孪生兄弟"。这对"孪生兄弟"拥有完全相反的"两副面孔",右旋体"哥哥"具有很好的镇静作用,而左旋体"弟弟"却具有强烈的致畸作用。孕妇吃下去的实际是左、右旋体的混合物,这才酿成了产下四肢短小如海豹的"海豹宝宝"的惨剧(图 8.1)。到这一药物下架时,它已导致 15000 名畸形胎儿出生,这是药物发现史上的重大悲剧,也是药物制备史上的重要转折点。

"反应停事件"促使越来越多的科学家将目光投向了手性分子这类神秘的物质。如

图 8.1 反应停的手性异构体 [1]

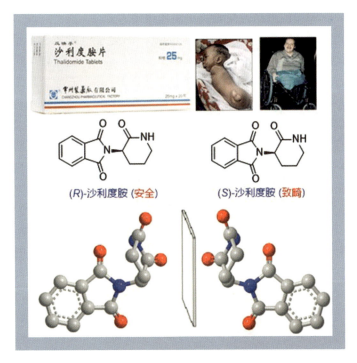

何才能避免"海豹宝宝"的惨剧再次上演？手性分子究竟有哪些不为人知的秘密？让我们一起揭开手性之谜。

8.2 发现手性

发现手性这一现象并非始于"反应停"，而是起源于对偏振光的认识。

1808年，法国科学家马吕斯（E. L. Malus）在观察晶体时，发现了光的偏振现象，即光的振动方向垂直于光的传播方向，而振动方向垂直于光传播方向的某一固定方向的光称之为偏振光。

1811年，法国科学家阿拉果（D. F. J. Arago）发现，当偏振光通过水晶的晶体时，偏振光的振动方向发生了旋转，这种现象被称为旋光现象。但是如果将水晶加热熔融破坏其晶体结构后形成的石英，其旋光性即消失。所以最初认为这种旋光现象乃是晶体结构的光学特性之一。

1815年法国科学加比奥（J.B. Biot）观察到糖、樟脑和酒石酸等有机物不但其晶体具有旋光特性，如果将它们加热熔融，或者溶解在溶液中，它们也会表现出与水晶类似的旋光性。水晶的旋光性与晶体结构有关，而有机物无论是在晶体状态或是非晶体状态均表现出旋光性。显然，有机物的旋光性并非来自晶体的结构特性。由此，加比奥推断"有机物的旋光性应该来自于有机物分子自身的结构特性"。

1848年，法国巴黎师范大学的年轻科学家巴斯德（L. Pasteur）在研究葡萄酒酿造过程中产生的酒石酸的晶体时，发现在酒石酸盐晶体中有的晶面向左，有的晶面向右。他用镊子将两种晶体分开，发现这两种不同晶体的溶液，一个具有左旋光，另一个具有右旋光，而等量的混合物则无旋光。他发现物质的旋光性与分子内部结构有关，提出了对映异构体的概念。他认为这两种酒石酸盐晶体，就像手一样对称而不能相互重叠，从而引入了手性及手性分子的概念。

虽然巴斯德最早分离出了一对酒石酸盐的手性异构体，但当时有机分子结构的理论尚未形成，只能知道分子由原子组成，并不知道其中原子的排列方式，连具有相同分子式但化学性质完全不同的同分异构现象都无法解释，他自然也无法解释化学性质相同的手性化合物的旋光现象[①]（图 8.2）。

人们对有机分子结构的认识，始于 1857 年德国化学家凯库勒（F.A. Kekule）提出的碳四价假说。该假说认为，每一个碳原子可形成四个化学键，碳与碳之间可形成碳链，而碳链排列方式不同，便形成不同的化合物。在这一理论指导下，成功解释了有机化合物的同分异构现象，凯库勒也因成功解释了苯的环状结构而闻名于世。依据此理论，有机化合物 CH_2R_2 应该有两种不同的平面结构异构体，即碳原子周围的两个氢处于平面正方形四个顶点上相邻位置和相对位置。当时科学家试图寻找到这样的一对化合物异构体时均无功而返，因为它们是不存在的。

直到 1874 年，荷兰化学家范霍夫（J. H. Van't Hoff）提出碳的四面体构型学说，认为有机分子的结构是立体的，碳原子周围的四个基团应该处于正四面体的四个顶点位置，而非平面正方形的四个顶点。该理论不但成功解释了为什么 CH_2R_2 没有两种异构体，同时当碳原子周围四个基团均不相同时，其空间排布存在两种结构，这两种结构互为镜像不能重叠，从而成功地解释了有机分子

图 8.2 酒石酸的旋光现象和巴斯德的实验（葡萄酸为外消旋型酒石酸）

巴斯德（Pasteur）

旋光异构现象。这种连接有四个不同基团的碳原子称为手性碳，这一对光学镜像的异构体称为对映异构体（图 8.3）。至此，有机立体化学的基本模型就全部确立了。

图 8.3 对映异构体

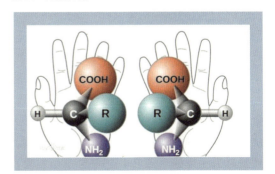

[①] 巴斯德无法解释这一化学现象，便将研究兴趣转向生物发酵，此后他成为现代微生物学奠基人，巴氏消毒法就是由他发现并以他的名字命名的。

8.3 认识手性

手性及手性分子的概念

人们在研究对映异构体时，发现由左旋和右旋两种对映异构体的分子中，原子在空间的排列是不重合的实物和镜像关系，与左手和右手互为不能重合的实物和镜像关系类似，从而引入了手性及手性分子的概念。手性一词来源于希腊语"手"（Cheiro）。

所谓手性，是指物体和它的镜像不能重合的特征。所谓手性分子，顾名思义就是具有手性的分子，即构型与其镜像不能重合的分子。

两个互为镜像而不能重合的立体异构体，称为对映异构体，简称对映体。对映体是具有相同分子式的化合物，由于原子在空间配置不同，从而产生同分异构现象。异构体都有旋光性，其中一个是左旋的，一个是右旋的，所以对映异构体又称为旋光异构体。

手性分子的普遍性和重要性

在自然界中，手性是普遍存在的一种现象。大到星云，小到常见的螺蛳壳和贝壳，从双子叶植物的两片子叶，到缠绕的植物，都是具有手性的（图 8.4）。科学家还发现，手性现象中绝大多数是右手螺旋，右手螺旋、左手螺旋的比例是 20000∶1。

手性与生命的关系非常密切，手性体现在生命的产生和演变过程中，它是生命的本质属性。糖类是组成生命体的基本物质之一，也是手性化合物，自然界存在的糖、淀粉和纤维素中的糖单元都为右旋的（D- 构型）。地球上的一切生物大分子的基元材料 α- 氨基酸，绝大多数为左旋的（L- 构型），而由氨基酸组成的蛋白质是右旋的。核苷酸是右旋的，DNA 分子的双螺旋结构多数情况下也是右手的手性构型。与机体功能密切关联的甾体激素、生物碱、信息素等有机小分子绝大多数也都是手性化合物。正因为构成生命蛋白质的氨基酸是手性的，作为药物受体的蛋白质也是手性的，可想而知与之发生作用的药物分子也应具有与之相互对应的手性结构（图 8.5）。

作用于生物体内的药物，其药效多与它们和体内靶分子间的手性相关。在用于治疗的药物中，有许多是手性药物。而手性药物的不同对映异构体，在生理过程中会显示出不同的药效。尤其是当手性药物的一种对映异构体对治疗有效，而另一种对映异构体表

Mystery of Chirality 179

图 8.4 大自然的手性贝壳、蜗牛壳、牵牛花藤蔓及星云

图 8.5 药物（图的上半部分）与受体蛋白质（图的下半部分）都是手性分子

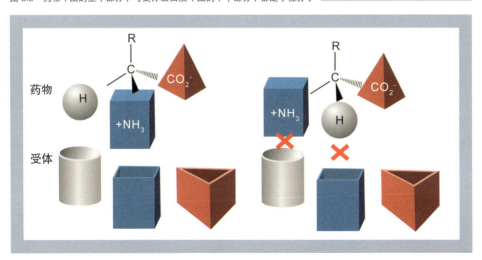

现为有害性质时,情况更为严重。

上面提到的"反应停"悲剧就是一个突出的例子。惨痛的教训使人们认识到,必须对手性药物的两个异构体进行分别考察,慎重对待。各国纷纷立法要求新药上市必须明确药物的每一个光学异构体的作用和副作用,或以单一光学异构体形式上市。现有上市药物中 60% 以上的药物是手性分子,这也促进了手性化工及手性制药的蓬勃发展。手性药物每年增长非常快,2015 年它已经是 4000 亿美元的市场。也有报道指出,世界上在研的 1200 种新药中,有 820 种是手性药,约占研发药物数的 70%以上。

值得一提的是,人们后来还发现,沙利度胺虽然致畸,但在免疫调节、抗炎及抗肿瘤等方面有活性,可作为红斑狼疮、类风湿性关节炎及血管瘤等重大恶性疾病的治疗药物。

除了人服用的药物,农业上使用的农药的手性也值得关注。例如,芳香基丙酸类除草剂氟禾草灵(fluazifop-butyl),只有(R)-异构体有效。又如杀虫剂氰戊菊酯(asana)包含两个手性中心,有四个异构体,但真正有强力杀虫作用的只有一种:$S-$ 氰戊菊酯,其余三种不但没有杀虫作用,而且对植物有毒。杀菌剂多效唑(paclobutrazol)也包含两个手性中心,有四个构型异构体,组成两对对映异构体,其中一对作用相反,$(R,R)-$ 异构体具有高杀菌、低生长控制作用;而 $(S,S)-$ 异构体则为低杀菌、高生长控制作用。另外,除虫菊酯中不同异构体也存在生物活性差异。有些欧盟国家已经规定,农药也要做成手性纯。

手性分子的性质

手性物质是互成镜像,对映体之间虽然不能重叠,但分子的组成是相同的,因此许多物理化学性质也是相同的,如熔点、沸点、溶解度、折射率、酸性、密度等,热力学性质(如自由能、焓、熵等)和化学性质也是相同的,化学反应中表现出等速率。除非在手性环境(如手性试剂,手性溶剂)中,它们的化学性质才表现出差异。

两个对映体之间最大的不同是旋光性不同,它们的比旋光度数值相同,但方向相反。还有,对映体的生物活性也不相同。

手性分子识别和检验

手性物质具有旋光性,因而利用旋光性也可以检验物质的手性。显然手性识别与手性分离密切相关,只有纯净的手性物质才能检验气旋光性。目前应用最多的分离方法有色谱法、传感器法和光谱法等,它们具有适用性好、应用范围广、灵敏度高、检测速度快等优点,在分离识别和纯化手性化合物中受到研究者的极大关注。

8.4 制造手性

手性化合物最早是从天然有机体中提取和发现的，从天然资源中提取仍然是手性化合物的重要来源，例如糖、氨基酸、萜类、甾体、生物碱等。许多手性纯的药用有效成分是直接从植物中提取的。例如，2015年获得诺贝尔医学或生理学奖的中国科学家屠呦呦教授，她发现的能治疗疟疾的青蒿素就是手性分子，是从青蒿植物中提取的（图8.6）。

目前广泛使用的天然抗癌药物手性紫杉醇，也是直接从红豆杉科植物中提取的。但是，很多天然产物在生物体内含量极低，提取困难，价格昂贵，难以满足需求，有时还会导致生态灾难，例如昂贵的紫杉醇诱使不法分子盗伐红豆杉，导致红豆杉植物品种濒临灭绝。而且还有很多人工合成的手性药物根本没有天然来源，这就促进了手性合成技术的发展。

手性化合物制备主要有两种途径：第一是手性拆分，就是对已经制成的手性异构体的混合物进行分离，获得单一立体异构型的手性纯化合物，即先合成后分离。第二是手性合成，即在合成时就尽可能直接获得单一立体异构型的手性纯化合物。下面分别予以介绍。

拆分技术：消旋体的拆分

在由非手性物质合成手性物质时，往往得到的是由一对等量对映异构体组成的消旋体。如果要得到其中一种具有生理活性的对

图8.6 屠呦呦教授和青蒿素

映异构体，就必须通过消旋体的拆分，也就是将具有一对手性异构体的外消旋混合物拆解分离，获得其中单一立体构型的手性化合物。

该技术是最早发展出来的手性化合物制造技术，或可追溯一下1848年发生的故事，法国科学家巴斯德（Pasteur）先生在显微镜下，用镊子把具有不同手性特征的酒石酸晶体一个一个分别挑了出来，成功实现了酒石酸手性分子的分离，他也因此成为世界上第一个发现和人工分离手性化合物的人。这是一段令人称奇的故事。

当然，工业生产不能靠显微镜和镊子。经典的拆分消旋体的方法主要有：晶体的机械拆分法、诱导结晶拆分法、表面优先吸附法、生物化学法以及化学拆分法。其中，结晶拆分工艺已可以实现工业化应用，生产一些特殊的活性物质，例如大规模生产氯霉素和抗高血压药等手性药物。

在手性拆分的研究领域有几个概念需要澄清一下，如外消旋体混合物和外消旋体化合物，分别适用于不同的拆分方法。外消旋体的晶体一般有两种形式存在：①一对光学异构体分别形成晶体，镜面对称的两种晶体混合在一起形成外消旋体混合物；②一对光学异构体成对结合，形成同时包含有两种异构体的一种晶体，称为外消旋体化合物。巴斯德很幸运，他选择的酒石酸盐是一种外消旋体混合物。对于外消旋体混合物，可以通过控制结晶过程，添加晶种等方法，使其中一种构型单独析晶而达到分离目的。

对于外消旋体化合物，则无法用直接结晶的方法进行分离。可以加入另一种单一手性化合物，使之发生化学反应或形成盐，形成的产物中有两个或两个以上的手性碳原子，其中一个手性碳原子构型相同，而另一个手性碳原子构型不同，这一组异构体被称为非对映异构体。非对映异构体与对映异构体不同，对映异构体的单体的基本物理性质如熔点、沸点、折光率等理化性质是相同的，仅有旋光相反。但非对映异构体之间理化性质均不相同，是两个完全不同的化合物，这样就可以通过其理化性质的差异达到分离的目的。最常用的分离手段就是基于非对映异构体溶解度的差异，通过结晶进行拆分，这种方法也被称为非对映异构体结晶拆分。

另一种外消旋体的拆分方法是在特定的手性环境下，如手性试剂、催化剂或生物转化，使用一对对映异构体中的某一异构体发生化学反应，而另一异构体几乎不发生反应，形成两种不同的物质，从而达到分离目的，这种方法要求两个异构体在反应动力学上存在差异，所以叫作动力学拆分。如果在动力学拆分的过程中建立一个动态的消旋化反应过程，使不需要的构型直接在反应体系中消旋化，消旋产物继续在动力学控制下转化为目标构型，那么最终可以获得超过50%以上或完全转化为目标构型的手性化合物，这称为动态动力学拆分。但寻找这一可逆的消旋化过程并非易事，例子相当有限。

拆分技术可较为简便地获取手性化合物，可从较易得的非手性化合物直接制造手性化合物。但它也存在缺陷，因为每生产一种手性物质就要费尽周折把另一半分离出来，即只能获得一半所需构型的手性化合物，而另一半构型的对映异构体就成了无用副产物可能被浪费掉，对环境保护及对经济效益都是不利的。如果能进一步完善工艺而找到其使用价值，如可以直接作为其他用途，或通过一系列转化消旋化后重新进行拆分，这将是一件非常有意义的工作。

人们显然不满足于上述这些以拆分为核心技术的低效的手性化合物制造方法（理论收率50%）。而最容易想到的办法，就是直接合成单一手性的化合物。

直接合成：不对称催化合成

所谓手性合成，就是通过化学反应，由非手性化合物合成得到手性化合物。如果反应在合适的手性条件下进行，则可生成不等量甚至单一手性的对映异构体。科学家发明了手性分子定向合成的方法，从而避免了合成后再进行拆分的繁琐和浪费，该法已经成为手性技术中非常活跃的领域。最常用的手性定向合成技术包括手性源合成、底物诱导合成和手性催化合成三种方法，其中，手性催化合成方法被公认为是最可取的手性分子合成技术。它往往只需一个高效的催化剂分子，就可以诱导产生数百万个具有所需结构形态的手性分子。

手性源法合成：易得的手性化合物为原料，来制造其他高附加值的手性化合物。很多手性化工产品和药品，本身就是天然产物、天然产物的衍生物，或者是天然手性小分子骨架的结构修饰物。对于这样的手性产品，使用现有的手性分子作为原料不失为一种简单高效的方法，这种基于现有手性的合成方法称为手性源法。

底物诱导合成：另一种类似的方法是底物诱导合成，就是使用一些廉价的手性分子作为模板，通过化学结构的立体控制，诱导反应产生所需新的手性中心，而那些手性模板在完成这一使命后可以从目标分子中分解出来并回收再用。与手性源合成相比，这个方法可以回收的手性模板可以使生产效率大大提升并有效地控制成本，但其单次投料仍需要等当量的手性化合物作为试剂，而且也增加了合成路线中手性模板的解离与回收的过程，仍然不是最经济和有效的办法。

手性催化合成：由于20世纪60年代"反应停"的巨大影响，工业界对于手性合成技术产生紧迫需求。当时最成熟的工业催化技术是金属或金属氧化物催化氢化技术，如铁催化合成氨以及镍催化不饱和脂肪氢化制备植物黄油。有机合成中使用钯、铂和铑等催化氢化也相当普遍。但这些无机金属催化不具备手性因素，无法产生手性产物，不过它们对双键加氢是有立体选择性的，即在双键加氢时，氢反应总是发生在双键的同一侧。

选择性合成手性分子的单一异构体是合成化学家长期追逐的梦想，要实现这一梦想，关键在于手性催化剂的研制。开发高效率、高对映选择性的催化剂是不对称合成的关键。特别是要实现在工业生产中的手性合成，最有效的办法是使用催化。现代化学工业90%的化工过程都有催化剂的参与。如果能寻找到一种手性催化剂，通过少量的手性物质大量制备手性化合物，显然这是最有效的手性化合物制造方法。手性催化剂包括金属-手性配体配合物催化剂，酶催化剂和有机小分子催化剂。

关于手性催化剂合成

过渡金属催化：1966年，英国科学家威尔金森（G. J. Wilkinson）发现铑可与三苯基膦形成可溶于有机溶剂的有机金属化合物,而更重要的是,该有机金属络合物可高效催化烯烃双键加氢反应[2]。

用过渡金属催化的手性氢化,是美国科学家 W. S. 诺尔斯(Willian S. Knowles)研究最广泛,也是最早成功的手性合成反应,至今已有 1000 多个手性膦配体由合成得到,而且人们对于手性氢化的机制、产生手性诱导的因素以及过渡金属的作用等诸方面都进行了深入的研究。

美国孟山都公司的诺尔斯(W. S. Knowles)认为,如果使用具有手性的有机磷化合物与金属形成手性络合物,用于催化氢化反应,则可能通过催化氢化的方式获得手性产物。很快这种设想被证实是可行的。最开始的立体选择性只有 69%ee[3],在诺尔斯的努力下,这一催化反应立体选择性达到 95%ee 以上,并于 1974 年在孟山都公司实现了帕金森治疗药物 L- 多巴的不对称催化工业合成,这也是不对称催化用于工业规模不对称合成的首个例子。

这一重大发现极大激发了化学家的研究兴趣。大量的手性有机 – 金属配体被开发出来。但催化立体选择性并不理想。名古屋大学教授野依良治(Ryoji Noyori)于 20 世纪 80 年代发明了以手性连萘酚骨架制成的手性磷配体 BINAP,其与金属钌形成的手性配合物在催化不对称氢化时,可以获得 >99%ee 的立体选择性,几乎专一地获得唯一构型的化合物。该项技术被迅速应用到日本高砂香料公司薄荷脑的工业合成之中。时至今日,BINAP 仍然是手性催化中最为热点的骨架结构之一,堪称不对称催化界的传奇。

与催化氢化还原相对应,不对称的氧化技术也是不对称催化领域的另一研究热点。不对称氧化的突破也是 20 世纪 80 年代实现的,美国科学家夏普莱斯(K. B. Sharpless)采用廉价的钛和葡萄酒下脚料酒石酸为原料研发的催化剂,成功实现了烯丙醇的高立体选择性氧化,且这一反应体系产物的立体构型是高度可预测的。这一技术被应用到手性缩水甘油醚的工业合成之中,手性缩水甘油醚是众多手性药物合成的关键手性中间体。用过渡金属催化的手性氧化,是夏普莱斯(K. B. Sharpless)历经十年努力才实现的催化反应,已成为目前广泛应用的手性合成反应之一。

由于美国科学家 W. S. 诺尔斯(Willian S. Knowles)、K.B. 夏普雷斯(K. Barry Sharpless)和日本名古屋大学教授野依良治(Ryoji Noyori)在手性催化合成领域,尤其是其在工业应用方面的开拓性的贡献,21 世纪第一顶诺贝尔化学奖的"王冠"被他们摘取(图 8.7)。他们在用过渡金属催化的手性催化氢化反应和手性催化氧化反应方面进行了长期的探索,不但使手性合成进入了新的发展阶段,而且已被应用于工业化的生产,从而使得手性催化反应成为手性合成技术研究中最活跃的领域。

手性过渡金属催化剂在工业上的应用最广泛,但它也存在一些明显的缺点,比如催化剂造价昂贵、反应条件苛刻、产物中微量

> ee : ee 是对映异构体过量值,其数学计算表达式为:ee=(R−S/R+S)。R 代表一种手性异构体的量,S 代表另一种手性异构体的量。所以用百分比表示。

重金属残留、催化剂不易回收、环境污染等。与之相比，有机小分子催化剂在这些方面具有明显的优势：小分子催化剂大多无毒无害且廉价易得，反应条件较为温和，无须担心重金属残留，催化剂易于从产物中分离出来重复利用等。

生物酶手性催化：生物酶是人们熟悉的另一类手性催化剂，一般价格比较昂贵，活性高为其催化反应的一大显著特点。但由于酶催化的专一性强，反应底物非常有限，且自身稳定性差，产物的分离与纯化也存在一定的困难，加之某些酶需要辅酶或培养基，这些都使酶的应用受到很大的限制。

有机小分子催化：有机小分子催化是人类对酶催化的学习、模拟和改进。有机小分子催化剂具有生物酶催化剂的优点，如高效性，反应条件温和等，并且与酶催化剂相比，小分子催化剂价格低廉，对水和空气不敏感，同时也更加稳定。更重要的是，通过对有机小分子催化剂的结构进行细微调整，或是尝试不同的添加剂，使其适应不同的反应底物，因而比酶催化更具有开发前景。有机小分子催化剂从21世纪初开始兴起，在短短十年间获得迅猛发展，各种类型的小分子催化剂不断涌现，应用范围也在迅速扩展，已经从星星之火形成了现在的燎原之势。有机小分子催化剂经过近十年的发展，形成了和手性配体金属催化剂相辅相成、并驾齐驱的局面，与微生物或酶催化一起，成为合成光学活性化合物的有效途径。

由于德国科学家本杰明·李斯特（Benjamin List）教授与美国科学家大卫·麦克米伦（David MacMillan）教授因在"不对称有机催化"领域内的研究工作，瑞典皇家学会于2021年将诺贝尔化学奖授予他们，以表彰他们在该领域的开创性贡献（图8.8）。

在有机小分子的开发设计方面，可成为有机小分子催化剂的化合物包括刘易斯酸，刘易斯碱，布朗斯特酸，布朗斯特碱四种主要类型，具体来讲可供人们选择使用的有机

图 8.7 2001年诺贝尔化学奖的三位获奖者夏普雷斯、野依良治和诺尔斯（左、中、右）

图 8.8 2021 年诺贝尔化学奖的二位获奖者本杰明·李斯特与大卫·麦克米伦（左、右）

小分子催化的基本结构类型有：氨基酸及其衍生物，如脯氨酸等；手性磷酸类；手性胍类；酒石酸类二醇或联二萘酚类；天然生物碱类，如金鸡纳碱；脲及硫脲类；相转移催化剂等。这些催化剂具有不含金属离子的共同特征，在药物合成或精细有机化工领域具有潜在的应用前景和价值。

不对称催化合成领域的中国科学家

在手性物质的合成技术领域，我国科学家也做出了不可替代的卓越贡献，生物素不对称催化合成技术及其工业应用就是一个典型的例子。生物素是一种维持人体机能健康必要的营养素，缺少它可能会使人患上牛皮癣、红斑狼疮等疾病。由于生物素结构复杂，具有 3 个手性中心，化学合成困难，技术为国外垄断，国内长期空白。

复旦大学陈芬儿院士研究团队利用生产氯霉素过程中产生的工业废弃物氯霉胺作为立体模板，创造性地研制出一类选择性优异的新型手性催化剂，并发明了与之配套的高立体选择性醇解技术，依托该技术开发了生物素的不对称催化全合成生产工艺。这种新的合成技术更加便捷巧妙、高效、成本低廉，使我国生产的生物素在国际市场占据了主导地位。陈院士课题组多年来围绕着生产氯霉素过程中的手性双功能团右胺结构进行优化，制备了大量右胺衍生物，并将其应用于各种药物及其中间体的手性合成。

陈院士团队还采用新型手性磷酸催化的不对称 BV 反应制备前列腺素类系列药物。在降血脂他汀类药物的立体选择性构建和喜树碱类药物的合成中都相继使用了手性催化技术进行合成。与此同时该团对还在利用酶催化进行手性药物的合成工艺开发。

南开大学周其林院士课题组设计发展了一类具有优势结构特征的手性螺环配体骨架结构的催化剂。这些"周氏催化剂"被国际知名制药公司，如罗氏制药和九州制药等用于 Aleglitazar 和 Rivastigmine 等多种手性药物的生产[9]，国际著名试剂公司 Aldrich、Strem、J&K 等公司已将这些手性螺环配体和催化剂进行商品化生产和销售。在此基础上，周其林还系统地发展了相关手性配体和催化剂的设计方法。

上海有机所丁奎岭院士课题组在手性催

化剂的设计与应用方面也做出了杰出的贡献：建立了"组合不对称催化"方法，发展了一系列高效高选择性手性催化剂并阐明催化机制；提出手性催化剂"自负载"概念，实现了不对称氢化等多类反应的非均相催化和催化剂的循环再利用；发展了具有特色骨架的新型手性配体与催化剂，为多类非天然氨基酸衍生物和药物中间体等的合成提供了高效方法；将基础研究与实际应用紧密结合，实现了产业化。

四川大学冯晓明院士课题组也在研究手性合成方法、新型手性催化剂的设计合成和新的不对称催化反应研究方面做出了杰出贡献。通过设计合成具有柔性烷基链接的C2对称性双氮氧酰胺化合物配体，建立结构多样、中心金属种类丰富、可满足不同反应需求的手性双氮氧–金属配合物催化剂库；实现多种不对称催化新反应，包括第一例不对称催化 α–取代重氮酯与醛的反应（冠名为Roskamp–Feng反应）；为手性化合物的合成提供了新的高效、高选择性方法，并用于合成手性天然产物和手性药物。

手性合成技术和量子化学理论计算

值得一提的是，如果将手性合成技术和量子化学理论计算结合将会如虎添翼。利用第一性原理从头计算的方法，研究发生在分子之间的化学反应是如何进行电子传递的，以及电子传递过程采取的优势构象和过渡态，挖掘手性结构特征产生的根源和影响因素，从而进一步由此设计手性催化剂或进行配体结构特征的微调。在该领域科学家们已经能够借助一些计算软件（Gaussian, Gamess, Turbomole, VASP, Quantumn Expreso, DMol^3 等）从分子结构水平初步阐明一些规律，如在芳基烯烃的不对称氢甲酰化方面，该反应可构建手性芳基乙酸类非甾体抗炎药物，可有效治疗关节炎等疾病。

普林斯顿大学（Princeton University）的有机化学教授麦克米兰（Edwin M. McMillan）和加州大学洛杉矶分校（UCLA）的有机化学教授霍克（K. N. Hock），在研究小分子催化剂时，就采用计算化学的方法筛选合适的催化剂。由于每一个催化剂若要合成出来，将会花费大量的时间、人力、物力、财力，因此通过计算化学筛去那些不可行的催化剂将会节省许多成本。因此，计算化学既是实验之外的化学，又和实验有着密切的关系。

VASP：VASP 全称 Vienna Ab–initio Simulation Package，是维也纳大学 Hafner 小组开发的进行电子结构计算和量子力学–分子动力学模拟软件包。它是目前材料模拟和计算物质科学研究中最流行的商用软件之一，其利用平面波函数与利用高斯波函数的 Gaussian 软件齐名。

8.5 结语

历经百年,科学家不断地对手性分子进行探索与研究,并在实践中愈发深刻地认识到手性分子在人类生存和发展过程中的重要作用。尤其是自 1980 年以来,在生命科学和材料科学领域不断发展进步的有力推动下,手性物质的基础研究和手性技术的开发与应用,逐渐成为当代化学研究的热点和前沿。

关于手性分子和手性技术仍有诸多不解之谜。各种化学计量的拆分及手性源合成仍然是手性化合物制造的主流手段,而看似高效的手性催化技术在具体实施时仍然困难重重。现有的研究手段多是采用筛选和碰运气,并未真正从理论上做到可预测。许多问题亟待人类去探究和解决。比如,能否在掌握疗效和毒副作用的基础上,对已知立体结构的手性药物进行开发,从而获得另一种新药?如何能够大幅提高手性物质的利用效率,从而避免浪费和污染?为何在天然状态下蛋白质几乎都是由左旋氨基酸构成,而糖类大多都是右旋的?生命为什么会青睐这种手性?手性现象是生物进化过程中的偶然性,还是另有不为人知的科学必然性?

科学研究的道路从来不是一帆风顺的,希望有志于此的青年学子努力进取,勇敢攀登科学高峰。揭示手性之谜,让手性技术造福人类,这是未来化学家和化学工程师共同的光荣使命。

09 人工酶
Artificial Enzyme

在微生物的世界中,酶结构就像一把精密的"钥匙",可以开启不同的催化反应通道,让生物体产生不同的功能变化。但自然界中的这些天然的"钥匙"功能有限并且获取时间漫长,无法满足人类日益增长的需求。因此,人类正通过已有的知识和自身的智慧,对这些"钥匙"进行改造,从而高效地获取新"钥匙"。

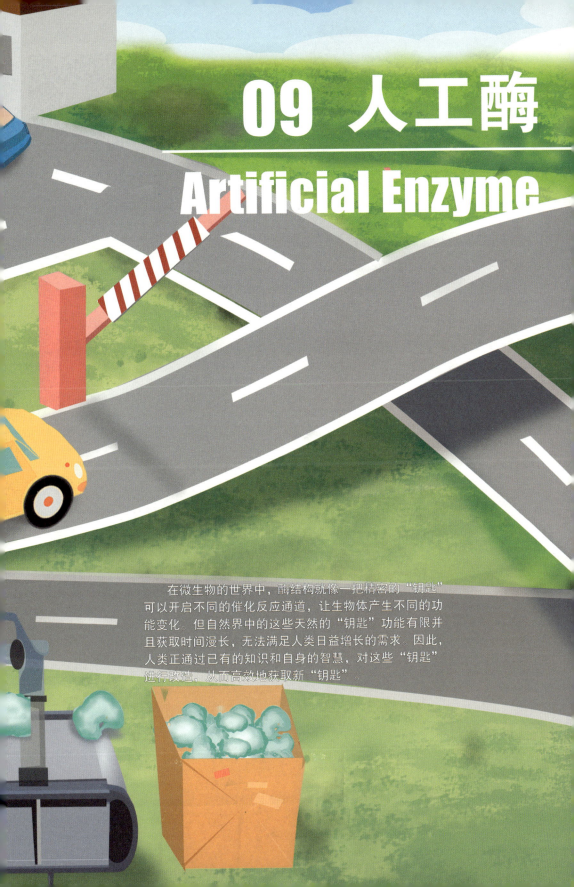

09

人工酶
Artificial Enzyme

站在数学、化学与生物科学的边界之上

Standing on the Boundary of Mathematics, Chemistry and Biological Science

朱玉山 副教授　张军 博士
（清华大学）

　　酶是具有生物催化功能的生物大分子，凭借其催化效率高、底物专一性强、环境友好等优点，在化工、制药等行业得到了广泛的应用。然而，天然酶有限的催化性能已不能满足人们日益增长的需求，因此需要构建人工酶应用于工业生产中。人工酶是相对天然酶提出的概念，指的是天然酶经过人为改造或者从头创造得到的酶。设计人工酶的方法称作人工酶设计，它将计算机技术和生物化学原理结合，充分利用计算机强大的计算能力改造天然酶。本章将从酶的发现和认识出发，引出人工酶设计，然后阐明设计人工酶的必要性，接着介绍人工酶设计的分类、理论依据和方法，最后给出人工酶设计的几个典型的应用实例，展示人工酶设计方法在现代化工和生物医药领域中的应用潜力，并指明酶设计未来的发展趋势。

9.1 引言

绿色的树木，芬芳的花朵，地球充满生机，人类与 100 多万种动物、40 多万种植物及无法用肉眼观察的微生物相邻相伴、相生相克，维持着大自然的和谐统一。无数的生命在有序的运转着，生命正常运转的背后，是许多个酶分子在"兢兢业业"地工作，维持细胞正常的新陈代谢。

当酶的功能达不到我们的需求时，改造酶就成为我们的选择。计算机技术的快速发展，赋予我们改造酶的神奇能力。合适的数学模型和优化算法，让我们能够找到庞大的酶序列空间中的最优解。

站在数学、化学与生物科学的边界之上，我们将可能随心所欲地设计酶，进而拥有改变世界的力量。

9.2 酶的发现和认识

生命与非生命最根本的区别在于生命中的各种物质存在着特殊的运动形式——新陈代谢。新陈代谢使生物体与外界不断进行物质和能量交换，生物得以生长、发育和繁殖。

生物体内的新陈代谢其实是由成千上万个错综复杂的化学反应构成的，这些化学反应的生物催化剂就是酶。

早在 4000 多年前的夏禹时代，人们就会利用各种曲霉中的酶酿酒。但人们真正开始发现和认识酶，已经是 18 世纪末至 19 世纪初了。当时观察到的一些现象，例如食物能在胃中被消化，一些植物的提取液能够实现淀粉向糖的转化等，让人们意识到应是某种物质在起作用。到了 19 世纪中叶，随着研究的深入，法国科学家路易·巴斯德（L. Paster，图 9.1）通过对酒精发酵过程的研究，提出发酵能够将糖转化为酒精是由于酵母细胞中的一种活力物质所致。他认为这种活力物质只能存在于生命体中，当细胞破裂时就会失去发酵作用。1897 年，德国科学家爱德华·比希纳（E. Buchner，图 9.1）通过使用不含细胞的酵母提取液进行发酵研究，最终证明完整的活细胞存在并不是发酵过程进行的必要条件。这一杰出贡献打开了通向现代生物化学与现代酶学的大门，他也因此获得了 1907 年的诺贝尔化学奖。

1926 年，美国生物化学家詹姆斯·萨姆纳（J. B. Sumner，图 9.1）首次从刀豆中获得了尿素酶结晶，证明尿素酶的本质是蛋白质，并因此获得 1946 年诺贝尔化学奖。1965 年，大卫·菲利浦（D. Phillips）通过 X 射线晶体学对溶菌酶三维结构的报道标志着结构生物学研究的开始（图 9.2），高分辨率（测定精度的数量级为 1/10 个纳米，单位为Å）的酶的三维结构使得对于酶在分子水平上工作机制的了解成为可能。这一系列杰出研究，逐渐为我们揭开了酶的神秘面纱。

现在对酶的普遍定义是指具有生物催化功能的生物大分子，其英文名称 enzyme 则是源于希腊语 ενςυμον，意思是"在酵母里"。从定义就可以明确看出来，酶的最主要的功能是催化代谢反应。在一个有酶参与的反应体系中，参与反应的原料称为底物，酶能够与其相匹配的底物进行特异性结合（酶催化具有专一性，如图 9.3 所示），使得反应过程中所需翻越的能量障碍大大降低，从而加快反应速率，如图 9.4 所示。通常来说，酶对反应速率的提高往往是上百万倍量级的，

图 9.1　法国科学家路易·巴斯德（左）德国科学家爱德华·比希纳（中）美国科学家詹姆斯·萨姆纳（右）

图 9.2 溶菌酶的三维结构

图 9.3 酶催化的专一性示意图

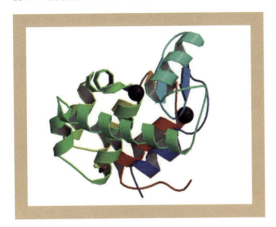

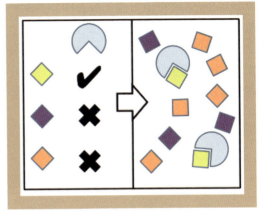

图 9.4 酶催化和无酶催化途径对比

图 9.5 依据酶催化反应的特点对酶的系统分类

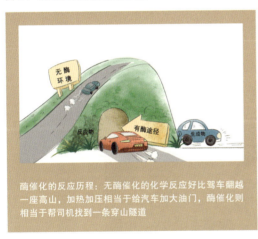

酶催化的反应历程：无酶催化的化学反应好比驾车翻越一座高山，加热加压相当于给汽车加大油门，酶催化则相当于帮司机找到一条穿山隧道

1 氧化还原酶（oxidoreductases）
2 转移酶（transferases）
3 水解酶（hydrolases）
4 裂合酶（lyases）
5 异构酶（Isomerases）
6 合成酶（synthetases or Ligases）

最高可以达到 10^{17} 倍。

现在已知的酶有 5000 多种，为了便于区分这些酶，国际生物化学会酶学委员会（Enzyme Commission）按照酶催化的反应性质不同，将其分为六大类（图 9.5）：促进底物进行氧化还原反应的氧化还原酶；催化底物间基团转移或交换的转移酶；催化底物发生水解的水解酶；将底物的一个基团移去并留下双键的反应或其逆反应的裂合酶；催化各种异构体之间相互转化的异构酶；

催化两分子底物合成为一分子化合物的合成酶。

酶凭借其催化效率高，底物专一性强，环境友好等诸多优点，在化工、制药等行业得到了广泛应用。相较于一些传统工艺，无论是从经济效益还是环境保护，酶的引入都会对产品的生产有明显的改善。通常可以用酶催化反应来替代那些复杂的多步化学反应过程，这样能够有效缩短工艺流程进而降低生产成本，并且省去了很多化学试剂的应用，让产品的生产过程更加安全环保。

酶还能催化化学催化剂不能催化的

反应。1985年,乔治·怀特塞兹(G. M. Whitesides)研究组报道了令人印象深刻的例子,他们描述了在立体选择性缩醛反应中使用醛缩酶作为催化剂,加成酮2至醛1,立体选择性地生成加合物3,如图9.6所示。在缩醛反应中能够和醛缩酶相提并论的非生物合成手性催化剂,至今还没有找到。

总体而言,酶的优点很多,作为大自然创造出的神奇的生物工具,能够大大加快化学反应的进程,不仅使得细胞的新陈代谢得以快速进行,还在工业生产中发挥着至关重要的作用,并与我们的生活息息相关(图9.7)。

图9.6 缩醛酶催化合成手性醇

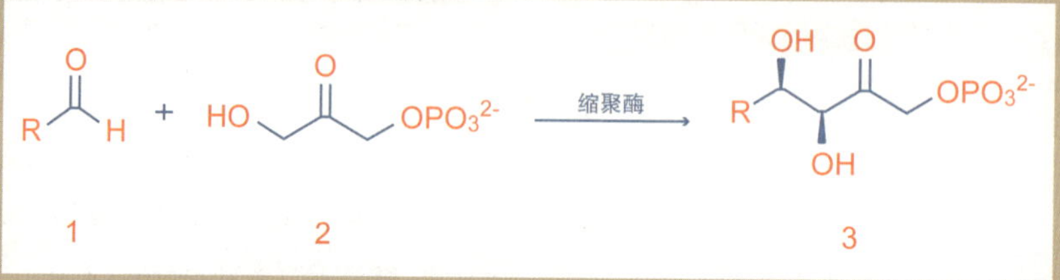

$$R\text{-CHO} + HO\text{-}CH_2\text{-}CO\text{-}CH_2\text{-}OPO_3^{2-} \xrightarrow{\text{缩聚酶}} R\text{-CH(OH)-CH(OH)-CO-}CH_2\text{-}OPO_3^{2-}$$

1　　　　　2　　　　　　　　　　3

图9.7 酶与我们的生活息息相关

9.3 人工酶设计的必要性

既然天然的酶已经有如此大的作用,那么我们为什么还要改造天然酶,得到人工酶呢(图9.8)?道理其实很简单——天然酶有限的催化性能已经不能满足人们日益增长的需求。对于一些能够为生产和生活创造价值的化学反应,自然界中很有可能并不存在催化效率较高的酶。另外,工业化的大背景要求生产过程中使用的酶具有较好的热稳定性,可以重复利用,但长期进化使大部分天然酶只适于特定的温和条件,对热敏感、稳定性差。这些因素,导致很多天然酶难以直接在工业生产中大规模应用。

因此,凭借人类的智慧以及已经阐明的物理化学基本原理,我们需要并且有能力对天然酶进行一定的计算设计,得到经过人工改造的、具有新的催化功能或更强催化能力的人工酶,如图9.9所示,从而拓宽酶的应用范围。

目前通过酶工程改造,提升酶的催化性能的策略主要有定向进化技术和人工酶设计。定向进化是一种工程化的改造思路,不

图9.8 人工酶设计的形象化表示

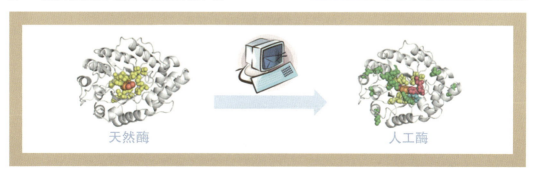

图9.9 通过计算机改造天然酶获得性能更好的人工酶

需要事先知道酶的结构信息和催化机制，通过构建序列多样性的随机突变体文库，表达并筛选特定性状提高的目标突变体，模拟自然进化过程，以改善酶的性质。而人工酶设计是基于已解析的蛋白质晶体结构和一定的酶催化机理，在计算机上建立酶与底物的催化模型，充分利用计算机强大的计算能力，快速进行大量突变体的筛选过程。这种方法相比于定向进化，能够大大缩短新酶的开发周期。

迄今为止人类已经发现了5000多种酶，据估测在生物体中的酶远远大于这个数量。尽管如此，工业生产中的绝大部分反应仍然只能通过化学催化的方式进行，反应条件苛刻、生产成本较高、环境污染严重，不符合绿色化学的理念。

以我们日常使用的抗生素头孢拉定的生产过程（图9.10）为例，目前制药企业普遍使用化学法生产头孢拉定，需要经过五步反应，每合成1 kg产品会产生将近30 kg的含毒废弃物！而目前研究已经取得突破的酶法仅需要一步反应直接合成，且基本不会有

图 9.10 化学法和酶法合成头孢拉定的对比

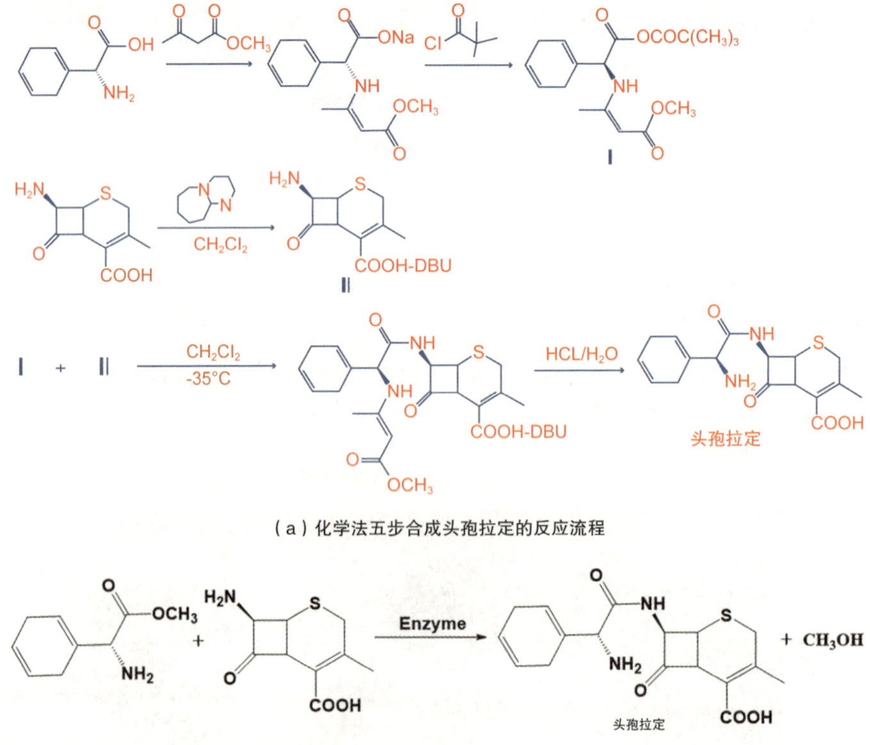

（a）化学法五步合成头孢拉定的反应流程

（b）酶法一步合成头孢拉定的反应流程

副产物生成，同时反应过程在水中进行，避免了使用有机溶剂及有毒试剂。这个目前用于头孢拉定合成生产的酶，就是由天然酶改造而来。通过突变天然酶中的部分氨基酸类型，提高了酶催化的选择性，并大幅提高了对头孢拉定的合成速率。

人工酶的设计策略，相当于在计算机运算以及实验室的试管中模拟自然界中酶的进化过程。天然酶作为催化效率极高、三维结构极其精密的分子机器，其进化的时间尺度通常在数百万年，但是借助于现代生物化学技术以及计算机技术，人工酶设计的时间能够大幅减少至数月甚至数周。人工酶设计的迅速发展，得益于目前人类有能力对包括蛋白和反应物（底物）在内的大部分物质的化学结构的精确解析，以及计算机算法远远超出实验所能处理的氨基酸序列组合的搜索能力。

但是，酶作为极其精密的分子机器，在具有极高的催化效率和选择性的同时，也导致其对人工设计中引入的变化非常敏感。通常情况下，每个位点的氨基酸类型的突变都会改变其局部的三维结构，当对离底物扩散通道非常近的活性位点（图 9.11）进行突变时，非常有可能使酶失去原有的催化活性。因此，人工酶的设计并不是盲目的氨基酸类型突变，而是一套基于大量计算优化、突变位点和突变类型预测、高通量筛选以及实验验证所构成的完整的开发流程。基于这套完整的流程，人工酶设计能够将需要最终进行实验测定的数量由随机突变（如定向进化方法）的 >10000 条序列降低至 10~100 条序列之间，从而将设计的成功率由随机突变的不足 0.1% 大幅提高 100 倍以上。

活性位点： 酶的活性位点是特定底物与酶结合、催化化学反应的区域。活性位点通常由帮助底物结合在酶上的结合位点和参与催化反应的催化位点构成，催化位点通常位于结合位点旁边，进行催化。这些活性位点即构成了能够容纳底物并催化反应的活性口袋，在酶中通常可以发现一个或多个底物活性口袋。每个活性位点的化学本质都是构成蛋白质的最小单元——氨基酸。

图 9.11 酶是极其精密的分子机器

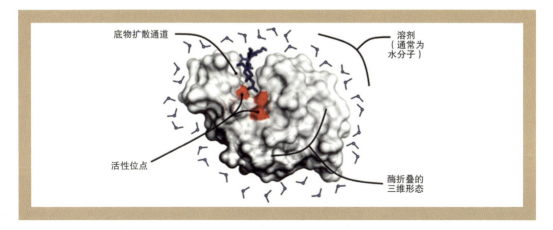

9.4 人工酶设计的分类

根据对酶改造程度的差异,人工酶设计可以进一步细分为两类。第一种叫再设计(redesign),是对于自然界中已经发现的能够催化某个特定反应,但是催化效率较低的酶,在保留原有酶催化模式和催化机理的前提下,在酶的结构中突变一些氨基酸,从而明显改善原有酶的不足。这种改造方式具有较强的工业应用价值。传统的酶工程和蛋白质工程技术也能够实现这种改造。第二种则是全新的改造,叫做从头设计(de novo design),其仅利用天然酶的三维结构,将其改造为具有新的功能、催化新的底物的酶。其所催化的反应可能是自然界中的酶根本无法催化的,甚至能够将毫无催化能力的非酶蛋白质设计成具有催化活力的酶。这种改造是其他传统方法无法实现的,人工酶设计方法已经成功解决了此项难题,并取得了一系列新的进展。

目前,X射线晶体衍射以及核磁共振波谱法能够较为精确地解析蛋白质结构,解析的蛋白质结构会公布在蛋白质数据库(protein data bank,PDB)中,数目已经接近178000个(2021年6月数据)。这些结构数据能够成为人工酶设计与改造中的原始资源,挖掘蛋白质数据库中的结构和序列特征,并为人工酶设计指明方向(图9.12)。因此,人工酶设计事实上也是生物化学、计算机技术与大数据搜索的有机结合。

图 9.12 大量形态各异的蛋白质结构是人工酶设计改造的原始资源

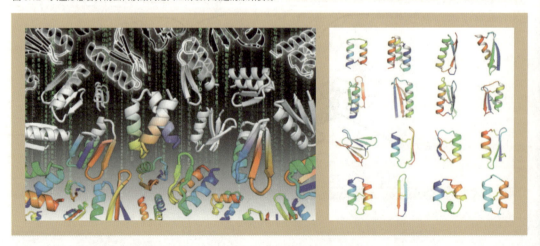

9.5 人工酶设计的理论依据和方法

在一般化学反应中,催化剂是无机催化剂。但与无机催化剂不同,一般酶的体积远大于底物的体积。底物与酶结合,经催化反应变为产物并从酶分子上释放出来(图9.13)。

图9.13 酶催化的反应过程(S代表底物,P代表产物)

人工酶设计的依据是酶催化的过渡态理论。酶反应与一般的化学反应一样,从底物到产物的反应要越过较高的能垒才能进行,这个能垒对应的状态就是过渡态。如果把能垒比作高山,反应物需要越过这座山才能变成产物。越过这座山的路不止一条,没有酶催化的路是一条比较陡峭的路,而有酶催化则是一条比较平缓的路,如图9.14所示。人工酶设计的目标就是针对特定的反应,设计出相应的酶,进而找到这条平缓的路。

酶催化的锁钥假说和诱导契合学说也为人工酶设计提供了重要指导。锁钥理论是费歇尔(E. Fisher)在1894年提出的,他

图9.14 有酶催化剂和无酶催化剂的反应历程

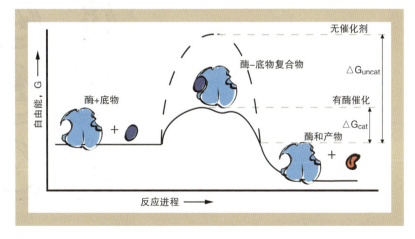

图 9.15 诱导契合学说

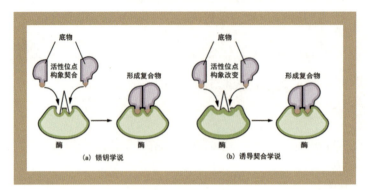

指出酶在催化时会先和底物通过弱相互作用结合形成复合物，底物的结构和酶的活性中心的结构十分吻合，就好像一把钥匙配一把锁一样。酶的这种互补形状，使酶只能与对应的化合物契合，从而排斥了那些形状、大小不适合的化合物，这也正是酶催化具有专一性的原因。在锁钥假说的基础上，丹尼尔·科什兰（Daniel Koshland）在 1958 年提出了诱导契合学说，指出酶在和对应底物结合时，其构象并不是固定不变的，而是会受到底物分子的诱导，从而改变构象，和底物形成互补的形状，进行形成过渡态复合物（图 9.15）。

既然酶催化反应的发生是依赖于底物和酶形成稳定的复合物，降低反应的能垒，使反应更容易进行，那么人工酶的设计思路也顺理成章地需要考虑如何使酶和底物形成稳定的复合物。我们知道，蛋白质的功能是由其空间结构决定的，而空间结构又是由氨基酸序列折叠形成的。通过优化酶的氨基酸序列，对酶的三维结构进行改造，改变酶催化的反应活性口袋，使得酶更好地"接纳底物"，如图 9.16 所示，酶的氨基酸残基和底物小分子很好地吻合，这便是人工酶的设计理念。

对于没有酶催化的反应，如何从头设计出具有目的催化功能的酶呢？首先根据反应机理，可以推测出底物过渡态的结构。知道了过渡态后，需要从大量的蛋白质结构中搜

图 9.17 从蛋白质数据库中筛选特定过渡态分子的适配骨架

图 9.16 酶的氨基酸活性位点和底物形成复合物

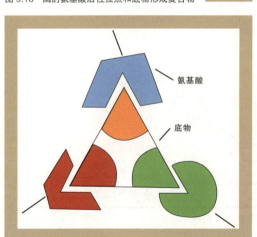

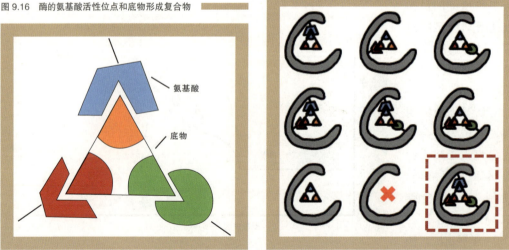

索能够放得下过渡态的蛋白质骨架。如图 9.17 所示，9 个骨架中只有右下角一个骨架匹配。这里的匹配简单理解就是，过渡态小分子被蛋白质很好的容纳，两者之间的空间位阻很小。同时要确定过渡态在蛋白质骨架结构中的大致位置，以确定过渡态周围的氨基酸活性位点（图 9.18）。

假定知道了底物过渡态的结构并找到了合适的蛋白质骨架，还需要对酶分子上底物过渡态周围的氨基酸残基进行设计，通过建立合适的物理化学模型，计算过渡态与酶分子之间的原子相互作用，比如氢键、范德华力、静电相互作用等，如图 9.19 所示。这是一个组合优化问题。举个例子来说，假设要对一条蛋白质序列活性口袋处 10 个活性位点进行设计，每个活性位点处可以是 20 种氨基酸，那么组合数就达到了 20^{10} 种，如果再考虑到每种氨基酸可能有不同的构象，那么

蛋白质骨架：蛋白质的基本结构是由多个氨基酸通过肽键连接形成的多肽链，每个氨基酸都由中心 α 碳原子与氢原子、氨基、羧基和 R 基团相连。在蛋白质设计领域，我们把每个氨基酸上包括形成肽键的原子、中心 α 碳原子、α 碳上的氢形成的链状结构称为蛋白质的骨架，而每个氨基酸的 R 基团称为蛋白质的侧链，蛋白质设计正是要对可变的侧链进行优化设计。如补充图 1 所示，红色线圈出的部分即代表该肽链的骨架部分。

搜索的构象空间将达到 10^{50} 种！

搜索如此庞大的蛋白质序列空间需要高效的优化算法和计算机算力加以支持，如图 9.20 所示，便是将蛋白质序列选择问题转化为一个最优化问题的数学模型，优化目标便是整个体系的能量要达到最低最稳定的状态，通过解这个最优化模型获得最优蛋白质序列。

最后，基于上述原理设计的人工酶并不一定能按照我们的想法实现相应的催化功

图 9.18 过渡态在酶活性口袋中的位置

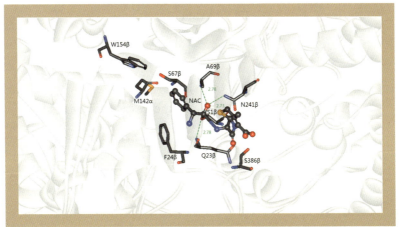

图 9.19 计算并优化过渡态与酶分子间的相互作用

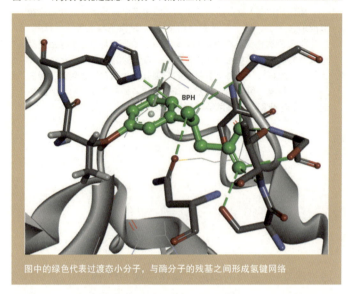

图中的绿色代表过渡态小分子，与酶分子的残基之间形成氢键网络

能，还需要通过分子生物学实验进行验证。如图 9.21 所示，获得最优氨基酸序列对应的基因序列后，通过基因工程的手段，先将目的基因导入质粒中，再转入宿主细胞中，细胞发酵表达得到目标酶，然后验证目标酶的催化活性。同时，生物实验与计算设计过程互为辅助，通过实验可以对计算建模过程进行修正，而修正后的计算模型则有利于改善人工酶设计的结果。通过人工酶设计方法，得到改良的人工酶的总体框架如图 9.22 所示。

图 9.20 通过优化模型获得最优蛋白质序列

$$\begin{cases} \text{minimize} \quad e = \sum_{i=1}^{p}\sum_{j=1}^{n_i} E(i_j)y_{i_j} + \sum_{i=1}^{p-1}\sum_{k=i+1}^{p}\sum_{j=1}^{n_i}\sum_{s=1}^{n_k} E(i_j, k_s)x_{i_j, k_s} \\ \text{subject to} \\ \quad \sum_{j=1}^{n_i} y_{i_j} = 1, \quad \text{for } i = 1, \cdots, p \\ \quad \left. \begin{array}{l} \sum_{j=1}^{n_i} x_{i_j, k_s} = y_{k_s}, \quad \text{for } s = 1, \cdots, n_k \\ \sum_{s=1}^{n_k} x_{i_j, k_s} = y_{i_j}, \quad \text{for } j = 1, \cdots, n_i \end{array} \right\} \text{for } i = 1, \cdots, p-1; k = i+1, \cdots, p \\ \quad \left. \begin{array}{l} \sum_{s \in S_i(k_j)} y_{k_s} \geq y_{i_j}, \quad \text{for } j \in S_i(k) \\ \sum_{j \in S_i(k)} y_{i_j} = 1 \end{array} \right\} \text{for each catalytic pair } \{i, k\} \\ \quad y_{i_j} \in \{0,1\}, \text{ for } i=1,\cdots,p; j=1,\cdots,n_i \\ \quad 0 \leq x_{i_j, k_s} \leq 1, \text{for } i=1,\cdots,p-1; k=i+1,\cdots,p; j=1,\cdots,n_i; s=1,\cdots,n_k \end{cases}$$

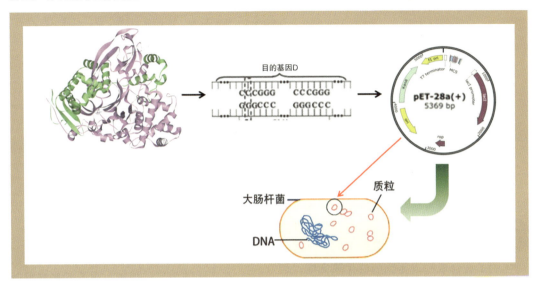

图 9.21　分子生物学实验示意图

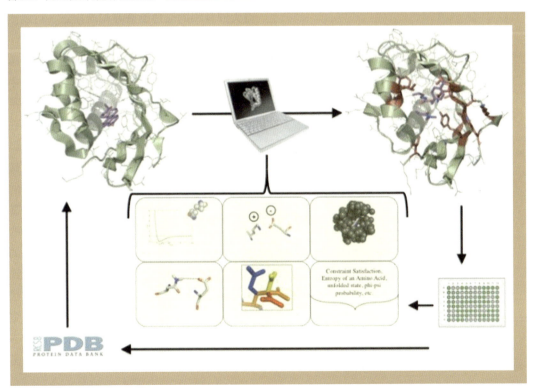

图 9.22　人工酶设计的总体框架流程

9.6 人工酶设计的应用

社会的发展日新月异，人们在健康方面也逐渐面临着新的问题和挑战。健康方面的需求导致了药物市场的大繁荣。如今，很多药物的工业合成都需要酶的催化来完成，而天然酶固有的缺点，都可以通过人工酶的设计来加以解决。人工酶设计的思路，在健康、生物医药等领域有着广泛的应用。

改进已有酶的性质

对已有酶存在的问题，需要根据酶的结构特点和改造目的，采取相应的设计策略。

用人工酶设计的思路，可以有针对性地改进已有酶的性质，主要有如下几方面的应用。

（1）提高酶的热稳定性

在实际的生产过程中，需要较高的反应速率来保证产量，升温是常用的方法，大约温度每提高10℃，反应速率可以增加一倍。但大部分酶的最适温度在常温附近，这就要求酶在工业应用中具有较高的热稳定性。

酶的热稳定性取决于其结构的刚性。酶的二级及以上的结构，通常在氨基酸序列中就已经基本确定，稳定性改造的一个思路是增强残基侧链的密堆积，使其刚性增强，在一定的增温范围内结构不会解体。非极性氨基酸（图9.23）的侧链属于非极性的基团（例如苯丙氨酸的侧链苯环、亮氨酸的侧链叔丁基），适当设计突变，将原先的极性残基、带电残基变为非极性残基，能够增强这些非极性残基

图9.23 一些非极性的氨基酸

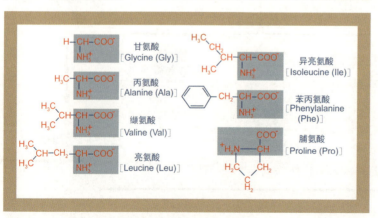

在酶结构内部的紧密堆积，从而达到增强整体酶稳定性的目的。

（2）提高酶的活性

天然酶通常能将原先无酶催化反应的速率提高 $10^5 \sim 10^9$ 倍，尽管如此，一些天然酶的活性还是不能够达到工业化的要求，需要进一步地提高。

提高酶的催化活性，需要进一步降低反应的活化能，这就需要降低酶－底物过渡态的能量。通过对酶催化活性中心的改造，可以使过渡态的结构更稳定，能量更低。这方面的例子在"人工酶设计的应用举例"中会进行详细的讨论。

（3）改变酶的最适 pH 值

酶的作用条件通常较温和，自然界的酶大多也是在接近中性的 pH 值范围内保持高活性，而在一些特定的生产条件下，可能需要酶具备耐酸、耐碱的特性。

酶的适宜 pH 值是其组成残基对 pH 值要求的一个总效应。根据具体的生产需要，改变特定的残基类型，可以显著改变酶的最适 pH 值，同时保持酶的活性。

设计具备新功能的酶

人类的生存方式不再局限于从自然界获取已有的生存资料，更多的是创造新产品。例如，现在有机物多达数百万种，而其中绝大多数是通过人工合成的方法制得的。对酶的利用也不例外，人们从未停止过在自然界寻找酶的步伐，常见思路是：寻找一种酶、发现它能够催化特定的反应类型，将它应用到相应的反应中。那我们能不能够转换一下思路，对于我们需要的反应，找到符合需求的酶呢？这可以通过人工酶设计来实现，针对特定反应需要实现的功能，推导出反应的机理，从而设计合适的酶结构，从而完成我们需要的反应。

设计全新功能的酶，也可以有不同的起点：可以从已有的蛋白质的结构骨架出发，在原本不能实现反应的蛋白质骨架上设计出需要的结构；也可以从已知的蛋白质二级结构单元出发，像堆积木一般堆出我们需要的结构；也可以从头开始，从一块块砖头出发，设计出完整的高楼。当然，随着设计起点的降低，我们掌握的已有信息逐级减少，设计难度增加，会导致相应的成功率降低。因此，目前有大批的科学家正在试图攻克这块新的高地。

人工酶设计的应用举例

（1）Kemp 消除反应酶的设计

图 9.24 中的这个反应称作 Kemp 消除反应，它是一类重要的有机化学反应，在电化学、有机化学、生物化学等学科和化工、医药等行业里有着重要的应用。通过 Kemp 消除反应，苯并噁唑分子开环生成水杨腈。根据苯环上带有不同的取代基团，反应后可

图 9.24　Kemp 消除反应

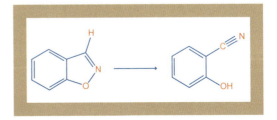

以得到不同的产物。比如预先在苯环上带有一个羟基，那么反应后就得到对羟基苯腈，这是一种有广泛应用价值的反应中间体，能够在其他合成反应中引入羟基、甲基、硝基等基团。

我们知道，很多化学反应需要催化剂的帮助才能快速进行，Kemp 消除反应也不例外。在中性条件下，Kemp 消除反应进行得十分缓慢，为了提高反应速度，需要加入 NaOH 来催化反应。但是，加入 NaOH 会增加生产成本，有大量碱性废水必须中和排放，处理成本也很大。如果能够用酶来催化这个反应，不但高效、专一、条件温和，而且具备绿色无污染的优点。遗憾的是，大自然并没有赐给我们能用来催化 Kemp 消除反应的酶，那人类就尝试自己动手来设计出这样一个酶。来自华盛顿大学的大卫·贝克（David Baker）等人在 2008 年便成功设计了这样的人工酶，而且具备很高的活性。下面我们来看看这个神奇的工作是怎样进行的。

首先要搞清楚 Kemp 反应的机理，这样才能有好的设计思路。不妨请你先思考一下，为什么碱性条件可以催化这个反应？更具体地说，在上侧 C 原子上面的 H 原子转移到下面 O 原子身上这个过程中，溶液中的 OH^- 起什么作用？

相信聪明的你能够大致推测出，OH^- 帮助 H 原子从 C 原子上脱离下来，从而促进反应。事实的确如此，Kemp 消除反应最难最慢的一步，即化学反应的决速步（即限速步骤），就是这个 C—H 键的断裂。认清这一点，就可以给我们带来人工设计酶的启发，那就是提供一个作为广义碱的氨基酸基团，用于夺取这个关键的 H 原子。读到这里，不知道你有没有体会出大道至简的意味？

有了基本的思路，接下来便是考虑如何挑选这个作为广义碱的氨基酸，并将它安装到某个合适的蛋白质结构上。贝克他们选择了采用天冬氨酸来完成这个任务。天冬氨酸的"长相"如图 9.25 所示。

请注意天冬氨酸最下面的部分，相信大家都认得这个羧基。我们知道，在 pH=7.0 的条件下，这个羧基会解离掉 O 原子上的 H^+ 离子从而带上负电。根据广义酸碱的定义，酸失掉 H^+ 便是广义碱。所以这个广义碱的任务可以尝试交给天冬氨酸来完成，看看它是否能不负众望。

看到这里有的同学可能会有疑问，仅仅凭一个广义碱，就能顺利抓住这个苯并噁唑分子，让它按照我们的期望进行反应吗？这个担心是完全正确的。事实上，天冬氨酸虽然有抓取 H^+ 的能力，但没有抓住整个苯并噁唑分子的能力，毕竟这么大块头的一个苯并噁唑分子，单凭一个天冬氨酸显得非常势单力薄。为了给天冬氨酸找一个帮手，贝克找来了一个大个子氨基酸来抓住苯并噁唑分子，它就是色氨酸（图 9.26）：

怎么样，是不是够大的？是不是长的还挺像苯并噁唑？既然色氨酸长的这么像苯并

> **广义酸碱理论**：广义酸碱理论，又称酸碱电子理论、路易斯酸碱理论，是 1923 年美国物理化学家吉尔伯特·路易斯（Gilbert N. Lewis）提出的一种酸碱理论。它认为：凡是可以接受外来电子对的分子、基团或离子为酸；凡可以提供电子对的分子、为碱。因此酸是电子对的接受体，碱是电子对的给予体。它认为酸碱反应的实质是形成配位键生成酸碱配合物的过程。

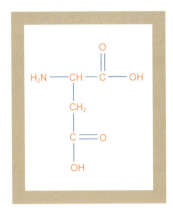

图 9.25　天冬氨酸的结构式

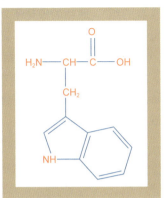

图 9.26　色氨酸的结构式

噁唑分子,当然也能够吸引苯并噁唑分子。理解这个结论需要更深入的化学原理支撑,这里不作详细解释。

有了通过天冬氨酸来帮助质子转移的思路,接下来便要付诸实践。下一步就是找到一个合适的蛋白质骨架,把天冬氨酸和色氨酸安装上去,并使它们各司其职。这两个氨基酸各有各的长相,自然不是每个蛋白质骨架都能容下它们。从 RSCB 网站可以得到成千上万个蛋白质骨架结构的晶体数据,这么大的数据量显然不能靠人眼去一个个筛选,在这里计算机就能派上用场了。贝克等人利用一个叫作 Rosetta_Match 的软件,根据这两个氨基酸分子,以及苯并噁唑分子的空间结构关系,搜索了大量的蛋白质结构,最后挑选出适合安装这两个氨基酸的蛋白质骨架。

找到了合适的蛋白质骨架之后,通过合成蛋白质对应的 RNA 序列,转录到工程细菌中,然后诱导细菌表达出相应的蛋白,并加以收集和纯化,便得到了我们等待已久的人工酶,这时候就可以拿来做 Kemp 消除反应了。这一批设计出的酶,有的活性比较好,可以作为种子选手进入之后的新一轮优化。

到这一步为止,用到的手段包括化学原理分析和计算机计算,接下来需要用到另一个之前介绍过的酶工程方法:定向进化。经过大量突变和筛选,贝克在种子选手蛋白上突变了其他 8 个左右额外的氨基酸,最终这个人工酶的活性比初始设计提高了 200 多倍。

看到这里,你是否感受到了人工设计酶的强大?在 2013 年,布隆伯格(Blomberg)等人在贝克的基础上,进一步通过计算设计和定向进化相结合的手段,又将活性提高了 88 倍,最终达到最初活性的 18800 多倍!

通过这个人工酶的案例,不知道你有没有感受到发明新事物的乐趣,是不是对于人工酶设计有了更多的认知?如果反应更加复杂,需要的氨基酸数量更多,设计的难度会大大增加,那就更具挑战性了。

(2)非天然氨基酸的生产合成

β-氨基酸,这是具有特殊生物活性的一大类非天然氨基酸,作为非常重要的医药合成前体,被广泛应用在医药行业中。世界上最重要的一类抗生素——β-内酰胺环抗生素可以通过 β-氨基酸缩合制备。此外,一种治疗糖尿病的药物西格列汀,抗癌药物紫杉醇,维生素 B5,可以抵抗多种病原体的强效抗生素 Andrimid,以及美国辉瑞制药公司抗艾滋病新药马拉维罗等都需要 β-氨基酸作为合成前体。一些重要药物的结构式如图 9.27 所示。

β-氨基酸的结构如图 9.28 所示,与

天然 α-氨基酸相比，β-氨基酸的区别在氨基在 β 碳原子上。尽管看起来两者的结构相差不大，但要合成 β-氨基酸可不是一件容易的事。细胞内只能自主合成 α-氨基酸，合成不了 β-氨基酸。目前 β-氨基酸的合成主要通过化学法合成，比如用天然 α-氨基酸合成 β-氨基酸的阿恩特－艾斯特（Arndt-Eistert）反应，以顺反烯胺作为底物的催化不对称加氢方法，以及含有活泼氢的化合物（通常为羰基化合物）与甲醛和二级胺或氨缩合的曼尼希（Mannich）反应等。但是这些化学方法最大的缺点在于依赖昂贵的过渡金属催化，反应条件苛刻、步骤繁杂、环境污染严重，不符合可持续发展的理念。

图 9.27　一些含有 β-氨基酸合成前体的重要药物

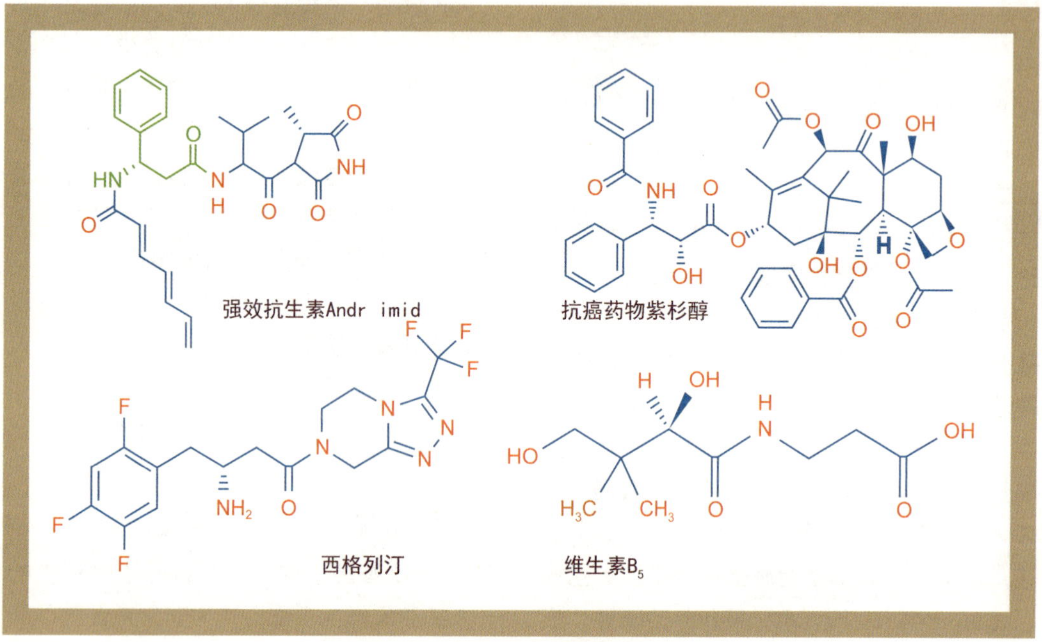

强效抗生素 Andr imid

抗癌药物紫杉醇

西格列汀

维生素 B_5

图 9.28　β-氨基酸和 α-氨基酸的结构

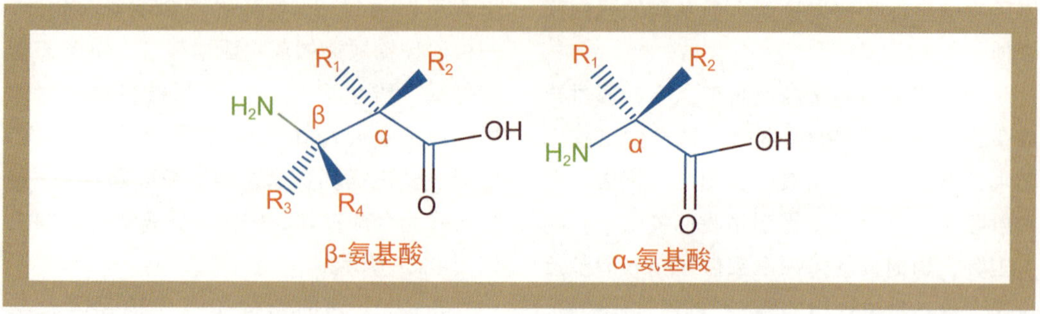

β-氨基酸

α-氨基酸

生物酶催化方法提供了良好的选择，通过酶催化合成 β-氨基酸具有反应条件温和、环境友好、β 位区域选择性高等优点。但是对于一些 β-氨基酸的合成，并没有相应的天然酶能够催化合成，或者即使能够催化活性也比较低，远远达不到工业化的水平。针对这一现状，研究者们使用计算设计的方法，希望得到活性较高的催化合成 β-氨基酸的非天然合成酶。中科院微生物研究所的吴边团队，针对脂肪族氨基酸、极性氨基酸和芳香氨基酸等目的产物（图 9.29），采用计算酶设计和分子动力学模拟方法，对一种天然酶——天冬氨酸裂解酶 AspB 进行再设计，将该酶改造成能够催化不对称胺加成反应的酶，合成了多种 β-氨基酸，并且区域选择性和立体选择性达到了 99％。

吴边团队首先建立了天然酶 AspB 和其天然底物天冬氨酸（该酶催化的天然反应如图 9.30）的活性位点模型，如图 9.31 所示，直白点理解就是底物天冬氨酸和酶 AspB 相关氨基酸残基形成的氢键网络。比如图中天冬氨酸的氨基与 AspB 的苏氨酸（Thr101）、

图 9.29 人工酶催化合成的多种重要 β-氨基酸

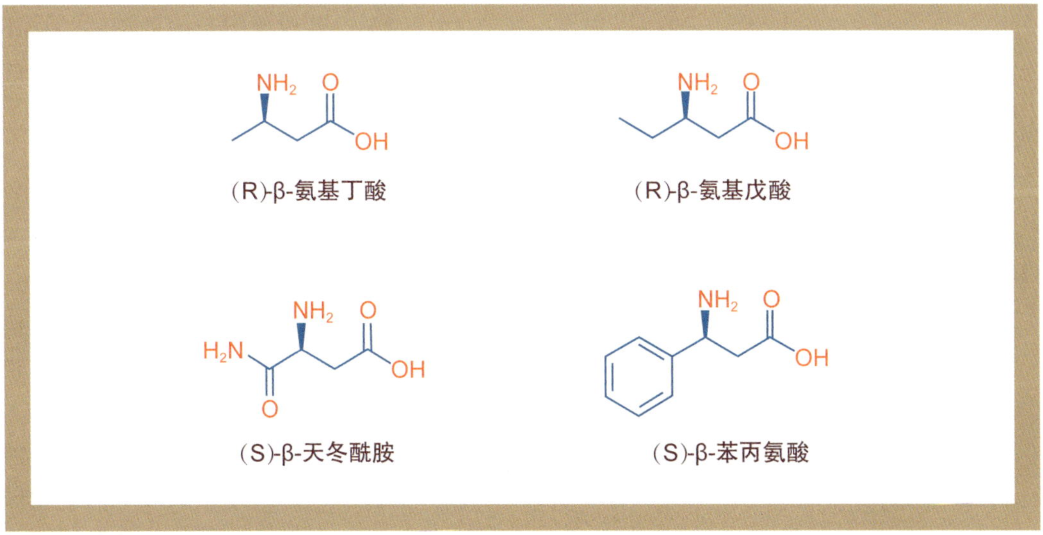

(R)-β-氨基丁酸　　(R)-β-氨基戊酸

(S)-β-天冬酰胺　　(S)-β-苯丙氨酸

图 9.30 AspB 催化的天然反应

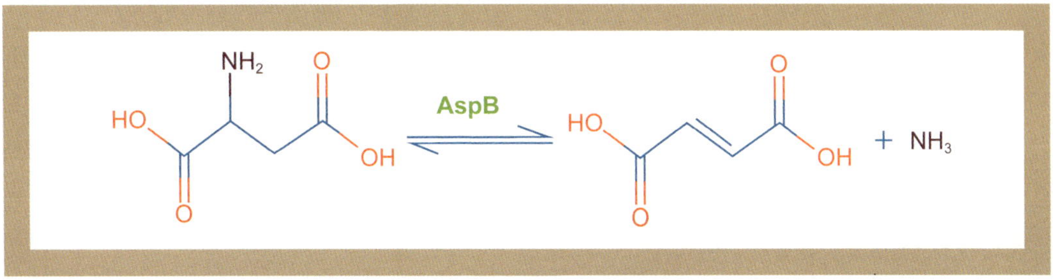

组氨酸（His188）和天冬酰胺（Asn142）形成氢键，羧基和丝氨酸（Ser319）、苏氨酸（Thr141）等形成氢键，以稳定底物分子，以及重要氨基酸提供质子，如图9.31中S318的羟基提供质子加成到β-碳原子上。

在弄清楚天然酶的哪些氨基酸会和天然过渡态分子形成氢键后，接下来的任务便是将该过渡态换为目标产物对应的过渡态，改造相应部位对应的酶活性口袋。比如目标产物β-苯丙氨酸相比于天冬氨酸，只是将天冬氨酸的α-羧基换为了苯环，如图9.32所示。

那么我们就要考虑，将一个羧基换为大得多的苯环后，如何才能使酶仍然能够比较好地容纳过渡态小分子。通过把原本容纳羧基的氨基酸变为更小的氨基酸，比如将较大的赖氨酸（图9.31中K324）突变为更小的异亮氨酸（Ile），将羧基对应的结合口袋改造得更大，从而更好地容纳苯环。再结合分子动力学模拟和实验验证的方法，筛选出了具有催化活性的突变体，实现了自然界所不能催化的反应。尽管得到的催化合成β-苯丙氨酸反应的酶活性还不是很高，但已经取得了重大的突破。

而另一个目标产物β-氨基丁酸的合成，底物巴豆酸的浓度达到了300g/L，反应转化率和立体选择性大于99%，达到了工业应用的级别，已经投入了工业生产，带来了巨大的收益（图9.33）。这是世界上首次通过完全的计算指导，获得了工业级微生物工程菌株，率先取得了人工智能驱动生物制造在工业化应用层面的突破。

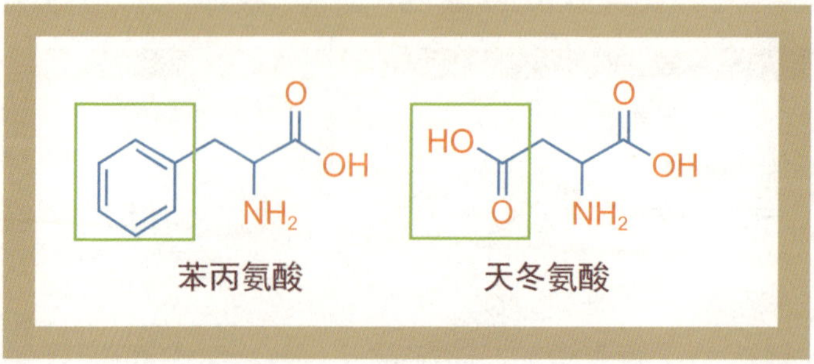

（3）提高溶血栓酶性能

近年来，血栓疾病严重地威胁着人们的生命健康，因血栓疾病而死亡的人数将近世界总死亡人数的1/4，且数据

图9.31 AspB和天冬氨酸的活性位点模型

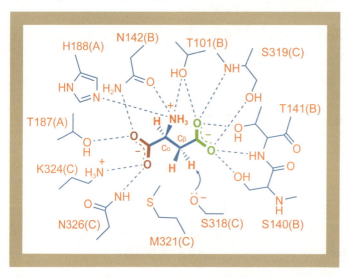

图9.32 苯丙氨酸和天冬氨酸的结构对比

呈现上升趋势。血栓是由于不溶性纤维蛋白、沉积的血小板、积聚的白细胞和陷入的红细胞聚集成块，堵塞血管而形成的。目前治疗使用的抗血栓药可分为抗凝血药、抗血小板聚集药和溶血栓药三大类，溶血栓药主要包括溶栓药链激酶（SK）、尿激酶（UK）以及纳豆激酶（NK）。其中，纳豆激酶是一种具有强纤维蛋白降解活性的丝氨酸蛋白酶，由多种宿主菌产生，能改善血液黏度，可增加血管弹性。纳豆激酶是最有效的一种溶血栓药，其溶栓活性是纤溶酶的4倍，溶栓速度是尿激酶的19倍之多。纳豆激酶与其他纤溶酶相比，具有无副作用、成本低、寿命长等优点。但是，纳豆激酶能否成为新一代的溶栓药取决于其活性和稳定性的提高。

运用人工酶设计的手段，可以对纳豆激酶这种蛋白质分子进行改造。比如，通过在计算机上建立物理化学模型，计算纳豆激酶表面电荷与电荷之间的相互作用，从中筛选出酶稳定性有提高的突变体。另外，在蛋白质中脱酰胺的过程将天冬酰胺和谷氨酰胺转化为带负电的天冬氨酸和谷氨酸，可能改变蛋白质的结构进而影响酶活。再基于已有的酶和底物复合物的相互作用网络的研究，可以对酶的活性中心进行改造，通过优化模型筛选出活性提高的天冬酰胺和谷氨酰胺变为天冬氨酸和谷氨酸的突变。运用人工酶设计的手段，提升纳豆激酶的活性和稳定性，使其成为一种应用前景更加广泛的抗血栓药，对于预防和治疗血管栓塞性疾病具有重大意义。

> **对映选择性/对映异构体**：对映选择性（enantioselectivity, ee）是指反应优先生成一对对映异构体中的某一种，或者是反应优先消耗对映异构体反应物中某一对映体。四个互不相同的原子或基团相连的碳原子称为手性碳原子，又称不对称碳原子。所以含一个手性碳原子的化合物，都有一对互为镜像的对映异构体，属于同分异构体的一种。

图 9.33 AspB 的突变体 B19 催化的 β–氨基丁酸合成反应

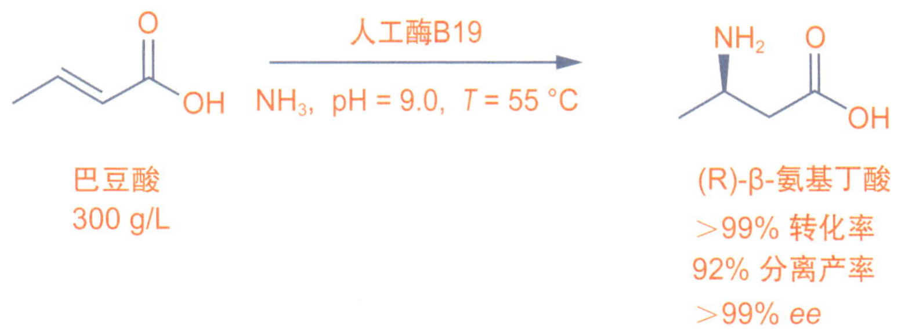

巴豆酸 300 g/L → (人工酶B19, NH_3, pH = 9.0, T = 55 °C) → (R)-β-氨基丁酸
>99% 转化率
92% 分离产率
>99% ee

9.7 结束语

恩格斯曾经说过"任何一门科学的真正完善在于数学工具的广泛应用"。21世纪是生命科学的世纪,而化学是解释一切生命现象的依据,人工酶设计在计算机上建立生物催化反应的模型,利用计算机强大的计算能力快速搜索庞大的蛋白质序列空间,通过解最优化问题得到最优氨基酸序列。这是将量子力学,数学统计学等知识应用于化学合成的经典案例,是人类用数学法则指导生命过程的尝试。

现代化工和医药的发展要求更准确有效地设计有机反应,人工酶设计基于其广泛的应用范围,较低的设计成本,错综复杂的学科交叉性,已经成为现代科学皇冠上的明珠。

如今,数据驱动的人工智能技术的发展如火如荼,已有较多团队将机器学习、深度学习技术用于酶的设计改造,也为酶设计注入了新的活力。酶的智能化计算设计是未来发展的新趋势,也是人工酶设计面临的新挑战。期待同学们把握好这一发展机遇,通过开发具有自主知识产权的人工酶设计新技术,解决蛋白质改造领域"卡脖子"技术难题,设计出功能多样的人工酶。相信在攻克未来生命科学难题的道路上,人工酶将会书写浓墨重彩的一笔!

10 食物之魅

The Charm of Food

色、香、味诱人的美食除了唇齿之间的香气，还有刺激食欲的色彩和冲击鼻息的醇享。食物的魅力正是因为它为人的感官系统提供了多重刺激，而这多重的刺激均可以拆解出各种各样的化学结构，进而可以帮我们将食物的色、香、味用人造的方式保留下来，甚至于重新再现。

10 食物之魅
The Charm of Food

基于化学物质的食物色香味探寻之旅
The Exploration Trip of Food Color, Flavor, and Taste Based on Chemical Compounds

田红玉 教授　丁瑞 博士后
（北京工商大学）

　　民以食为天。食物除了维持我们人类生命活动的基本功能外，还给我们带来了视觉、嗅觉和味觉多方位的享受，展现了无穷的魅力。分子结构多样的化学物质构成了食物色香味的基础，而这些提供色香味的化合物的形成离不开各种复杂的化学反应。如今工业化食品在我们的饮食结构中日渐重要。食品工业生产中的保鲜、加工、防腐、增香等都离不开食品添加剂，而化学工程技术是食品添加剂生产以及食品加工的重要基础。化学与化学工程通过寻找、改造和重组各种分子结构，让食物更加充满魅力。未来，食物的寻"魅"之旅将充满机遇和挑战，让我们一起努力，创造更多的人间美味。

　　食物是人类赖以生存的基础。不过，在生活水平日益提高的今天，人们对食物的要求不再仅仅限于果腹的作用，还希望能带来享受的愉悦。对于食物，我们大多数已经摆脱了"饥不择食"的状态，通常都会坚持"宁缺毋滥"的原则。可见，我们对于食物能给我们带来愉悦享受的期待要大于其原始的果腹功能，也就是说食物是否具有吸引力成为我们选择的前提。毫无疑问，我们所追求的色香味也就是食物魅力之所在。那么食物的色、香、味是怎么产生的？如何能赋予或增强食物的色香味来提升食品之魅力呢？在提升食品魅力过程中会带来食品安全问题吗？让我们一起来了解与食品魅力有关的化学问题以及相关的技术手段吧。

10.1 食物之魅的化学物质基础

也许你曾经漫步在秋天硕果累累的果园，陶醉于缀满枝头的红彤彤的苹果、黄澄澄的鸭梨、晶莹剔透的紫葡萄散发出的阵阵芳香，惊叹于大自然丰富的馈赠；也许你曾出席过饕餮盛宴，琳琅满目的美味佳肴让你克制不住本能的冲动而垂涎欲滴；也许你曾不经意间路过一间香飘四溢的面包房，令你忍不住突然驻足去捕捉空气中弥漫的烘焙的香味；也许你曾因雷雨天气无奈滞留于机场，但咖啡店中一杯浓郁的咖啡和一份精致可口的小点心却让你意外感受了难得的忙中偷闲的美好时光。在我们充分享受这些美食带来的视觉、嗅觉和味觉全方位的愉悦时，是否产生了一点好奇？是什么赋予了食物如此不可抗拒的魅力？我们常说物质是一切的基础，很显然，食物的色香味也不例外。那就让我们首先来了解一下对食物色香味产生贡献的重要化学物质吧。

色的化学物质基础 [1]

颜色是食物呈现给我们的最直观的视觉感受，可以很大程度上影响我们的味觉感官和食欲，我们对很多食物味道的判定都受到了颜色的影响。比如在炎热的夏天，我们对"果味颜色"的抵抗力尤其低，许多食品厂商正是利用了这一点，让夏日甜品的颜色更加鲜亮。对于五颜六色的冰凉夏日特饮，还有人做过一项有趣的实验：如果饮料或甜品里加入淡淡的红粉色，品尝者会觉得有颜色的比无色的味道更好，感觉甜度会增加2%~10%。颜色对味道的影响来自于我们过去的经验和联想，红色容易让人联想到"夏天冰凉的西瓜"和"香甜的草莓"；黄色让人想到"酸酸的柠檬"和"淡淡的橙香"；而绿色则让人联想到"清爽的黄瓜""薄荷叶"或"清新的奇异果"等。色彩鲜亮的水果、不同颜色食材精心搭配的菜肴，总会给人带来赏心悦目的享受，大大增进我们的食欲。那这些色彩斑斓的水果、蔬菜的颜色是由什么化学物质决定的呢？下面我们来了解一下常见的食物颜色吧。

（1）绿色

绿色是安全健康的代名词，也是蔬菜中最为常见的颜色。众所周知，植物的绿色是因为叶绿素存在的缘故。高等植物叶绿体中的叶绿素主要有叶绿素 a 和叶绿素 b 两种（图 10.1）。

图 10.1 叶绿素

叶绿素是植物进行光合作用的主要色素，是一类含脂的色素家族。叶绿素吸收大部分的红光和紫光但反射绿光，所以叶绿素呈现绿色，它在光合作用的光吸收中起核心作用。叶绿素为镁卟啉化合物，包括叶绿素 a、叶绿素 b、叶绿素 c、叶绿素 d、叶绿素 f 以及原叶绿素和细菌叶绿素等，其中叶绿素 a 存在于所有绿色植物中。叶绿素是由德国化学家韦尔斯泰特（Richard Martin Willstätter）在 20 世纪初采用了当时最先进的色谱分离法从绿叶中提取的。韦尔斯泰特经过 10 年的艰苦努力，用成吨的绿叶终于捕捉到了其中的神秘绿色物质——叶绿素。由于成功地提取了叶绿素，韦尔斯泰特于 1915 年荣获了诺贝尔化学奖。1960 年美国现代有机合成之父伍德沃德（Robert Burns Woodward）领导的小组合成了叶绿素 a，因其在有机合成方面的杰出贡献而荣获了 1965 年度的诺贝尔化学奖。[3] 叶绿素有造血、提供维生素、解毒、抗病等多种用途。

> **罗伯特·伯恩斯·伍德沃德（Robert Burns Woodward，1917—1979）**
>
> 1965 年伍德沃德因在有机合成方面的杰出贡献而荣获诺贝尔化学奖。获奖后他并没有因为功成名就而停止工作，而是向着更艰巨复杂的化学合成方向前进。他组织了 14 个国家的 110 位化学家，协同攻关。经过 10 年努力，终于完成了维生素 B_{12} 的人工合成，1973 年发表的维生素 B_{12} 合成成为化学领域的里程碑。他还和学生兼助手霍夫曼一起，提出了分子轨道对称守恒原理，霍夫曼因此获得了 1981 年诺贝尔化学奖。伍德沃德于 1979 年去世，而诺贝尔奖不颁授给已去世的科学家。学术界认为，如果伍德沃德 1981 年还健在的话，他必会分享该年度奖项，那样他将成为少数再次获得诺贝尔奖奖金的科学家之一。

（2）红、橙、黄色

除最为常见的绿色外，红、橙、黄这几种鲜艳明快的色调在日常果蔬中也很常见。如红辣椒、西红柿、西瓜、番石榴、红西柚，橙色的胡萝卜、南瓜、柑橘类，黄色的玉米等。这些色泽亮丽的红、橙、黄色食物给我们的饮食带来勃勃生机。而这些红、橙、黄色都与一大类色素，即类胡萝卜素有关。

类胡萝卜素是胡萝卜素和其氧化衍生物叶黄素两大类色素的总称，是一种普遍存在于动物、高等植物、真菌、藻类和细菌中的黄色、橙红色或红色的色素。到目前为止，已经发现了 600 多种天然类胡萝卜素。常见的类胡萝卜素主要包括 β-胡萝卜素、α-胡萝卜素、番茄红素、β-隐黄质、叶黄素、角黄素和虾青素等。类胡萝卜素属于异戊二烯类化合物，含有一系列共轭双键和甲基支链，一般是由两个分子的双香叶基双磷酸尾尾连接构成，其基本结构骨架是由 40 个碳原子组成，含有很多的共轭双键，故吸光性很强，在 400~500 nm 范围内有较强吸收，呈现出红、橙、黄色。

红辣椒的显色物质主要是辣椒红色素。辣椒红色素是存在于辣椒中的类胡萝卜素类色素，占辣椒果皮的 0.2%~0.5%。在辣椒中分离出的类胡萝卜素有 50 多种，其中已鉴别出 30 多种。研究表明，辣椒红色素最主要的成分是辣椒红素、辣椒玉红素（图 10.2）。

番茄红素，又称西红柿红素，是令西红柿呈红色的色素（图 10.2）。西瓜、红西柚、番石榴等水果中也含有番茄红素，但它们的番茄红素含量不及西红柿高。番茄红素是食物中的一种天然色素成分，在化学结构上属于类胡萝卜素，是维生素 A 的一种。西红柿成熟时，番茄红素会将整个果实转变成红

图 10.2 辣椒红素和番茄红素

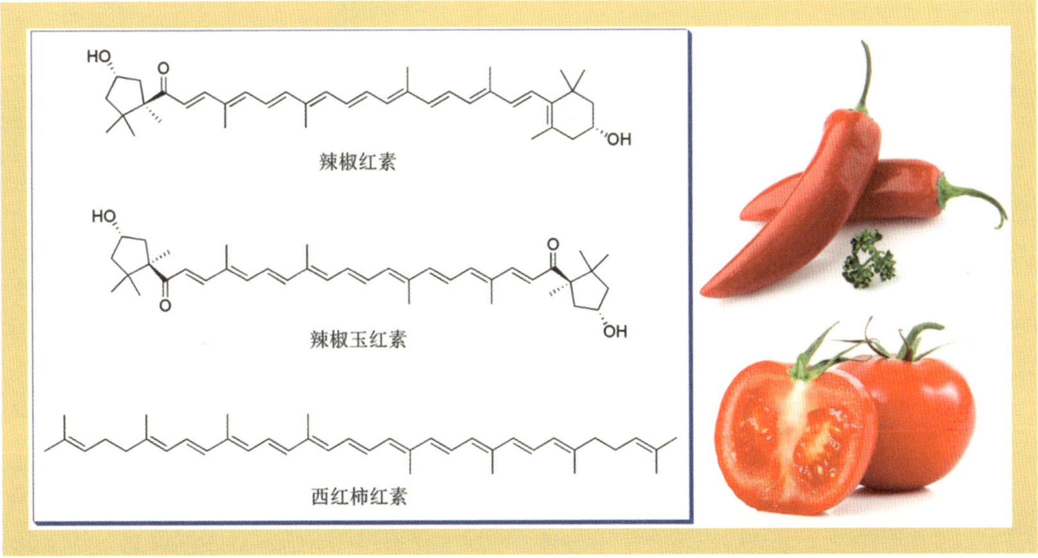

色。番茄红素是一种抗氧化剂，可以清除危害人体的自由基，预防细胞受损、修补受损的细胞。

胡萝卜、南瓜的橙色则是因为大量β-胡萝卜素存在的缘故（图10.3）。β-胡萝卜素由4个异戊二烯双键首尾相连而成，属四萜类化合物，在分子的两端各有1个β-紫罗酮环，中心断裂可产生2个维生素A分子，有多个双键，且双键之间共轭。β-胡萝卜素分子具有长的共轭双键生色团，因而具有光吸收的性质，使其显黄色。β-胡萝卜素主要有全反式、9-顺式、13-顺式及15-顺式4种形式，共20余种异构体。β-胡萝卜素在植物中大量地存在，令水果和蔬菜拥有了饱满的黄色和橘色。在庞大的类胡萝卜素家族中，有一小部分（如β-胡萝卜素）会在人体内转换为具有重要生理功能的维生素A，对上皮组织的生长分化、维持正常视觉、促进骨骼的发育具有重要生理功能。而β-胡萝卜素在胡萝卜素中分布最广，含量最多。由甜橙可提取到的天然柑橘黄色素，其中的类胡萝卜素主要成分为7,8-二氢-γ-胡萝卜素，常用于面包、糕点、饮料等食品的着色。而黄色玉米中则含有玉米黄色素，是

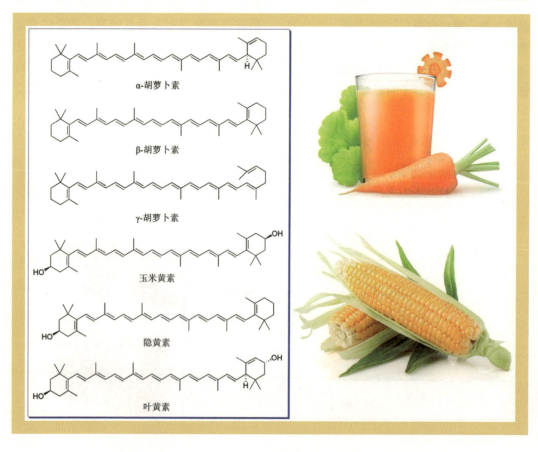

图 10.3　代表性的类胡萝卜素

以 β-胡萝卜素、玉米黄素（3,3-二羟基-β-胡萝卜素）、隐黄素（3-羟基-β-胡萝卜素）、叶黄素（3,3-二羟基-α-胡萝卜素）为主要成分的类胡萝卜素的混合物。

一些动物源食物也会呈现红橙黄这样的颜色。肉质是粉红色的鱼类（尤其是鲑鱼和鳟鱼）含有较多的虾青素或角黄素。无脊椎动物，如虾、龙虾和其他甲壳类动物及软体动物的壳中都含有很高含量的类胡萝卜素。甲壳类动物中的虾青素一般是以类胡萝卜素蛋白复合体的形式存在并呈蓝灰色，但烹饪之后，这些红色的类胡萝卜素可以游离出来并显现红色。在鱼卵及鸡蛋黄中也含有相当多的类胡萝卜素。

（3）蓝、紫色

蓝、紫色的食物在我们日常生活中也比较常见，像蓝莓、葡萄、紫甘蓝、茄子、紫薯、桑葚等。这些食物呈蓝紫色主要是因为含有较多的糖苷衍生物花青素造成的（图 10.4）。

一般自然条件下游离的花青素极少见，常与一个或多个葡萄糖、鼠李糖、半乳糖、木糖、阿拉伯糖等通过糖苷键形成花色素，花色素中的糖苷基和羟基还可以与一个或几个分子的芳香酸或脂肪酸通过酯键形成酸基化的花色素。花青素分子中存在高度共轭体系，含有酸性与碱性基团，易溶于水、甲醇、乙醇、稀碱、稀酸等极性溶剂中。在紫外与可见光区域均具较强吸收，紫外区最大吸收波长在 280 nm 附近，可见光区域最大吸收波长在 500~550 nm 范围内。花青素类物质的颜色随 pH 值变化而变化，pH = 7 呈红色，pH = 7~8 时呈紫色，pH > 11 时呈蓝色。

香的化学物质基础[4]

食物中的挥发性成分决定了食物的香气特征。食物中的挥发性成分是一个数量非常庞大的群体，目前已经检测到的成分达到 7000 多种。食用调香师将食品风味划分为 16 种关键的风味，建立了传统的风味轮（图 10.5）。下面我们就根据传统风味轮对风味的分类来认识一些对食物香气有非常重要贡献的代表性化合物。

在下面的内容中我们会频繁涉及香气阈值这一术语，因此让我们首先了解一下这一概念。所谓香气阈值是指香料物质闻不到香气时的最小浓度，其反映了香气强度的大小。阈值的测定可以在不同的介质中进行，包括空气、水、丙二醇等。

图 10.4　蓝紫色代表性化合物

图 10.5　传统风味轮

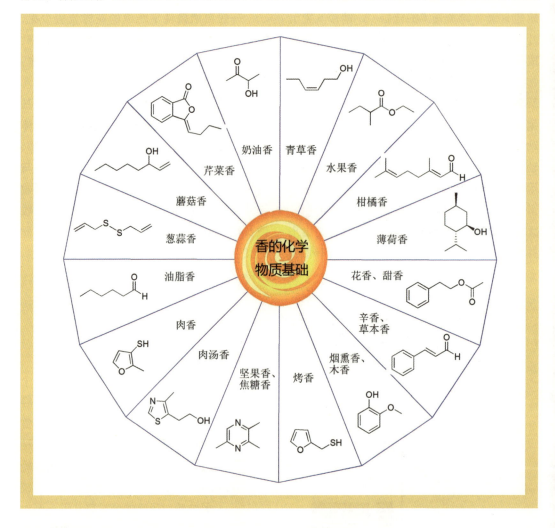

阈值越小，表示香气越强；阈值越大，表示香气越弱。食物挥发性成分对香气的贡献与其含量并没有绝对的正比关系，主要还是取决于该成分的香气阈值。

（1）水果香

苹果、梨、桃子等各种水果成熟后都会散发出诱人的果香味。水果香代表性化合物当属各种酯类的化合物（图 10.6）。一些水果香的酯类化合物呈现出非常低的阈值，如丁酸乙酯（1 ppb）（注：ppb：浓度单位，十亿分比浓度，下同）、异丁酸乙酯（0.1 ppb）、2-甲基丁酸乙酯（0.1 ppb）、己酸乙酯（1~2 ppb）等。

很多人对热带水果榴莲情有独钟，有人则因其特有的气味对其深恶痛绝。榴莲独特的气味其实是因为含有一些香气很强的含硫化合物的缘故，代表性的含硫挥发性成分包括 2-甲基-4-丙基-1,3-氧硫杂环己烷（约 3 ppb）、3-巯基-1-己醇、硫代己酸甲酯和硫代异戊酸甲酯等（图 10.6）。

（2）薄荷香

大多数人对薄荷香味的印象应该来自于薄荷味的口香糖，其淡淡的薄荷香气和清凉的口感使我们的口气倍感清新。而这种清凉和薄荷香气的感受来源于一种名为薄荷醇的化合物，化学名称为 1-甲基-4-异丙基-3-环己醇（图 10.7）。该化合物大量天然存在于植物薄荷中，天然提取的薄荷醇是市售产品的主要来源之一。

> 酯类化合物通常具有果香或是花香，事实上，植物体内产生的酯类物质是作为引诱剂使用的。1962 年加拿大研究者罗尔夫·伯赫与邓肯·希勒发现具有香蕉香甜气味的乙酸异戊酯是蜜蜂信息素的主要成分。因此如果将乙酸异戊酯洒在身上，刻意靠近蜂巢附近，将会面临被蜂群攻击的巨大危险。

（3）花香、甜香

鲜花饼是我国云南地区特色点心的代表，其特有的花香、甜香赋予了其独特的魅力。乙酸苯乙酯是这类香气中一个非常具有代表性的化合物（图 10.8），其呈现特征的玫瑰香气，又带有些许蜂蜜的韵味，同时还

图 10.6　水果香化合物

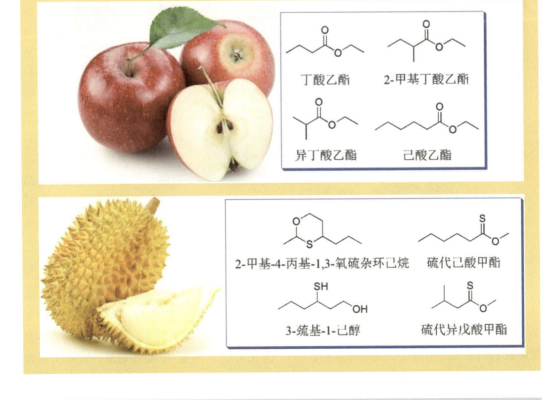

图 10.7 薄荷香代表性化合物

图 10.8 花香、甜香代表性化合物

具有类似覆盆子的甜的水果味道。

（4）辛香、草本香

辛香料用于食物烹饪有着非常久远的历史，赋予食物丰富的风味和口感。比如桂皮就是我们厨房里必不可少的炖肉调味料，其具有非常特征的辛香，而这种辛香来源于一种名为3-苯基丙烯醛的化合物，因其大量存在于桂皮中所以又称为"肉桂醛"。在这类香型的化合物中值得一提的还有 trans-2-十二烯醛，其为芫荽的特征香气成分，具有非常持久的脂香 – 柑橘香 – 草本样的香气（图 10.9）。

（5）烤香

香油是我国传统烹调的调味品，其特征的芝麻香味非常容易识别。而咖啡近些年也成为很多人喜爱的饮品，因为其特有的浓郁香味。不管是香油还是咖啡，都含有非常重要的一种挥发性成分糠硫醇，它是烤香味的代表性化合物，其阈值很低，只有 0.005 ppb，当它浓度很低时（0.01~0.5 ppb）呈现烤香 – 咖啡香。糠硫醇的二硫醚类衍生物，如二糠基二硫醚、甲基糠基二硫醚也是重要的烤香味的化合物，后者呈现出摩卡咖啡特征的愉悦的甜咖啡香味（图 10.10）。

（6）肉香

除了坚定的素食主义者，很少能有人抗拒肉香味的诱惑。我们所喜爱的肉香味主要来源于各种含硫的化合物。其中最重要的要数化合物 2-甲基-3-呋喃硫醇，这是迄今为止发现的最为重要的肉香味化合物。由其衍生的一些硫醚类的化合物，如二（2-甲基-3-呋喃基）二硫醚、甲基 2-甲基-3-呋喃基二硫醚、甲基 2-甲基-3-呋喃基硫醚等也对肉香味有重要贡献（图 10.11）。

（7）油脂香

油炸食物浓郁的脂香可能是很多美食爱好者欲罢不能的主要原因之一。脂肪醛类化合物是脂香味的主要来源，如 trans-2-壬烯醛和 trans-2-trans-4-癸二烯醛就是其中的两个非常具有代表性的化合物，后者具有特征的鸡脂香气，阈值很低，只有 0.7 ppb（图 10.12）。另外一个很特别的脂香化合物为 12-甲基十三碳醛，其具有炖牛肉典型的脂香。

（8）葱蒜香

葱蒜是我们烹饪中不可缺少的佐料，由其赋予菜肴的香味可大大增进我们的食欲。葱蒜的特征香味成分主要是各种含硫的化合物。如大蒜中富含烯丙基的含硫化合物（图 10.13）。英文中的烯丙基（allyl）实际上来源于蒜的拉丁名 allium sativum。大蒜精油的最主要成分为烯丙基二硫醚，此外烯丙基硫醇、烯丙基三硫醚、烯丙基丙基二硫醚也有存在。烯丙基甲基二硫醚非常刺鼻，我们常常忍受不了吃蒜人呼出的口气，

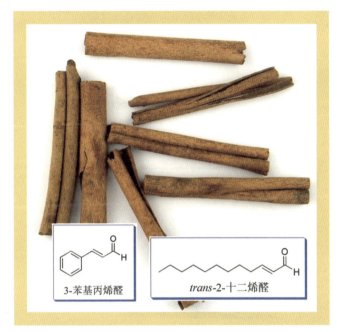

图 10.9　辛香、草本香代表性化合物

图 10.10　烤香代表性化合物

图 10.11 肉香味代表性的含硫香料化合物

图 10.12 油脂香代表性化合物

图 10.13 大蒜中代表性的含硫香料化合物

就是因为该化合物存在的缘故。

与大蒜类似，洋葱也含有大量的含硫化合物，但是这些化合物一般为饱和的化合物（图 10.14），如甲基丙基硫醚、二硫醚以及三硫醚，二丙基二硫醚和三硫醚等。与大蒜中烯丙基类含硫化合物相比，它们更为柔和，具有甜的气息。最近在洋葱中发现了两个新的香气很强的硫醇类化合物，即 3-巯基-2-甲基-1-戊醇和 3-巯基-2-甲基戊醛，前者具有洋葱、韭菜气息，香气阈值为 0.15 μg/kg，后者更刺鼻，具有肉香味，香气阈值为 0.95 μg/kg。

（9）蘑菇香

蘑菇是一类非常重要的菌类食材。蘑菇的气味大家一定不会陌生，那种特征的土腥味很容易识别。蘑菇香气最特征的成分为 1-辛烯-3-醇（图 10.15）。

（10）奶油香

可能大多数人去电影院都有买一桶爆米花的习惯，而爆米花的香味似乎已然成了电影院的象征。爆米花的特征香味成分是由一种名为 3-羟基-2-丁酮的化合物提供的，俗名又叫乙偶姻（图 10.16）。

味的化学物质基础[5]

食物给我们带来了丰富的味觉体验，人们也喜欢用酸甜苦辣一词来形容人间冷暖、世态炎凉，实际上基本的味道可以分为六种：酸、甜、苦、辣、咸、鲜。众所周知"咸"味是由氯化钠这种化合物提供的，而对于其他五种，可能很多人并不是太清楚其来源。下面我们就来认识一下产生酸、甜、苦、辣、鲜这五种味道的一些重要化合物。

（1）酸

在我们日常对味道的分类描述中，酸味位居几种基本味道之首，或许跟其带来的爽快刺激、特征分明的味觉感受有关。自然界中酸味的食物很多，如柠檬、葡萄、山楂、青苹果等，还有腌渍的酸菜、烹饪用的食醋、酸奶等也呈现酸味。这些食物一般都含有各种有机酸（图10.17），由有机酸提供的氢离子引起的味觉感受就是酸味。我们最熟悉的酸味化合物当属食醋的主要成分乙酸，又名醋酸；柠檬的酸味则是由柠檬酸这种化合物产生；青苹果的酸味主要因为苹果酸含量较高的缘故；葡萄与一般水果不同，含有较多的酒石酸；酸奶的酸味则是由乳酸提供的。

（2）甜

在六种基本味道中，甜味象征了美好的寓意，是很受欢迎的味道

图 10.14　洋葱中代表性的含硫香料化合物

图 10.15　蘑菇香代表性化合物

图 10.16　奶油香代表性化合物

图 10.17　代表性的酸味化合物

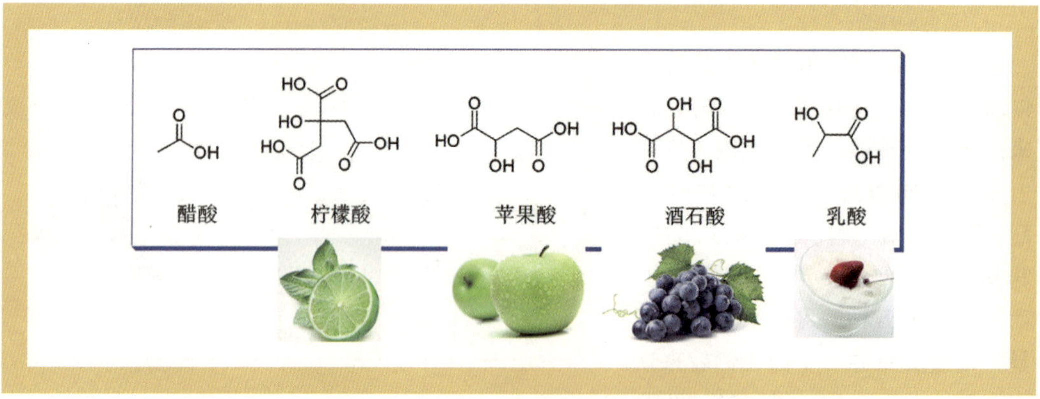

之一。甜味物质很多，如天然的葡萄糖、果糖、蔗糖、麦芽糖和乳糖等糖类物质，它们也是重要的营养素的来源。还有一类甜味物质，用于赋予食品甜味，称为甜味剂。甜味剂按来源可分为天然的和人工合成的两大类。天然甜味剂又分为糖和糖的衍生物，以及非糖天然甜味剂。通常所说的甜味剂是指人工合成甜味剂、糖醇类甜味剂和非糖天然甜味剂。

甜味的强弱可以用相对甜度来表示，它是甜味剂的重要指标，通常以 2% 的蔗糖水溶液为标准，在 20℃ 与同浓度的其他甜味剂溶液进行比较，得到相对甜度。

人工合成的甜味剂（图 10.18）中使用最多的是糖精（糖精钠），其甜度约为蔗糖的 300 倍。其安全性一度受到质疑，但充分研究表明糖精无诱变毒性。此外，新近合成的天冬氨酰苯丙氨酸甲酯，又名阿斯巴甜，甜度为蔗糖的 150~200 倍，安全性高（但不适于苯丙酮尿症患者），已被许多国家批准使用。糖醇类甜味剂应用较多的是山梨糖醇和麦芽糖醇。非糖天然甜味剂目前应用较多的是甘草酸苷和甜菊苷。前者如甘草酸二钠，甜度为蔗糖的 200 倍；后者甜度约为蔗糖的 300 倍。非糖类甜味剂甜度很高，用量少，热值很小，多不参与代谢过程，常称为非营养性或低热值甜味

图 10.18　人工合成甜味剂的代表性化合物

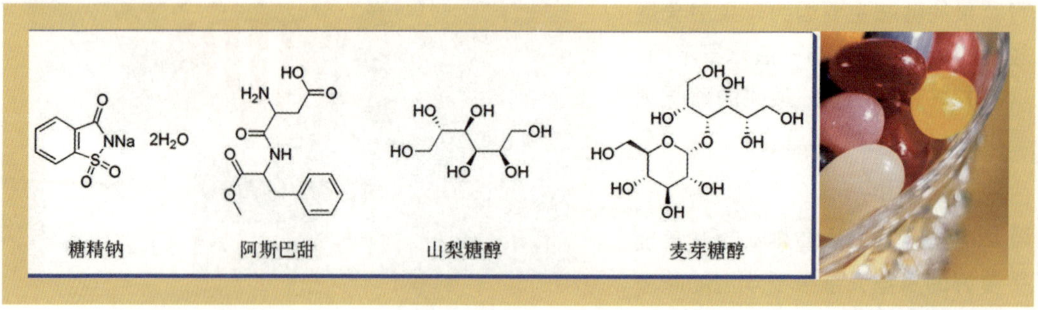

人工合成甜味剂阿斯巴甜的甜度约是蔗糖的 200 倍，其发现过程非常意外。1965 年美国 Searle 制药公司化学家詹姆斯·M. 施拉特（James M. Schlatter）正在研究一种抑制溃疡药物的合成。一天工作结束后回家，吃饭的时候觉得什么都是甜的，最后发现味道来自自己的手。于是他回到实验室尝了一些药品后，发现了阿斯巴甜。

剂，适于糖尿病、肥胖症患者。

（3）苦

在六种基本味道中，苦味最不受欢迎。尽管如此，有时候苦味也别有一番滋味。炎热夏季一罐冰爽的啤酒，寒冷冬日里的一杯热气腾腾的茶，皆因其若隐若现的苦味而韵味十足。食物中的天然苦味化合物种类较多，植物来源的主要是生物碱、萜类、糖苷类等，动物来源的胆汁中的主要苦味成分是胆酸、鹅胆酸和脱氧胆酸。

茶叶中的苦味主要是因为儿茶素类和咖啡因的存在。儿茶素类俗称茶单宁，是茶叶特有成分，具有苦、涩味及收敛性；而带有苦味的咖啡因是构成茶汤滋味的重要成分。在茶汤中儿茶素类可与咖啡因结合，缓和咖啡因对人体的生理作用。

而咖啡的苦味在很长的一段时间里被认为是咖啡因造成的。直至 2007 年德国的食品化学家托马斯·霍夫曼在美国波士顿举行的美国化学学会大会上宣布，实验证明，咖啡中只有约 15% 的苦涩成分来自咖啡因，而绿原酸内酯和苯基林丹两种物质才是咖啡苦味的主要来源（图 10.19）。这两种物质是在咖啡豆烘焙的过程中产生的，咖啡豆中的绿原酸（几乎存在于所有植物中）首先被分解成绿原酸内酯，如果烘烤继续进行，绿原酸内酯又会分解成苯基林丹。在轻度和中度烘烤程度的咖啡中，只会生成绿原酸内酯，其具有温和的苦味；但是，如果咖啡豆烘烤时间比较长，内酯的二次分解产物苯基林丹就会产生浓烈的苦味。

啤酒的苦味则是由啤酒制作原料之一啤酒花带来的。啤酒花是多年生草本蔓性植物，主要含有苦味成分 α-酸，它赋予啤酒特殊的清香味和适口的苦味，并有利于啤酒的泡沫持久性。

谈到苦味，我们不能不提苦瓜。苦瓜因其清暑泻火、润脾补肾、清心明目等保健功

图 10.19　咖啡中的苦味化合物

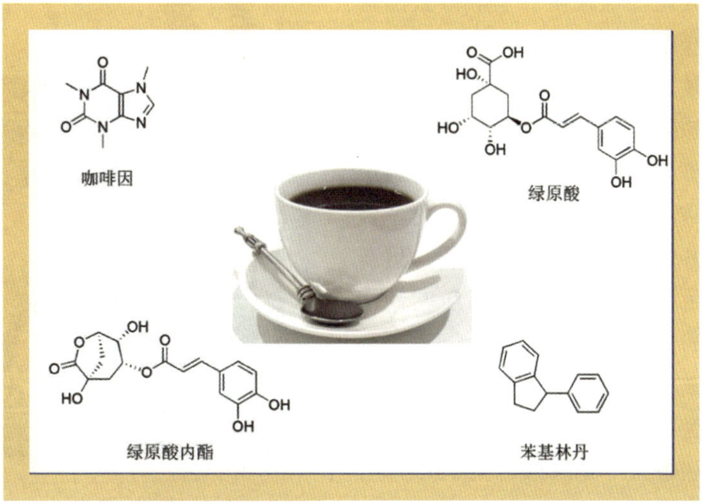

能而受到很多养生爱好者的青睐。苦瓜的苦味是由两种物质引起的,一种是瓜类植物特有的瓜苦叶素,主要是以糖苷的形式存在于瓜中;另一种物质叫野黄瓜汁酶。如果这两种物质同时存在,瓜就会出现苦味。而像西瓜和南瓜等虽然含有苦味素,但它们没有野黄瓜汁酶,所以一点儿苦味也没有。

(4)辣

辣味食品拥有规模庞大的美食爱好者群体,各种以辣味为特色的餐厅在街头巷尾比比皆是。美食爱好者最是喜欢辣味带来的那种酣畅淋漓、欲罢不能的感觉。那么辣椒的辣味究竟是由什么化合物产生的呢?

有关辣椒辣味的研究至今已有100多年的历史,辣味成分已经得以分离鉴定。产生辣味的成分主要包括辣椒素[N-(4-羟基-3-甲氧基苄基)-8-甲基-trans-6-壬烯酰胺]及其同系物,这类物质统称为辣椒素,通常辣椒素和二氢辣椒素的含量占90%以上(图10.20)。辣椒的辣味强度用辣度表示。辣度的测量方法是在1912年由美国药剂师威尔伯·史高维尔(Wilbur Scoville)建立的。该方法将辣椒以糖水稀释,直至舌尖感受不到辣味时所需糖水的倍数即为辣度,单位是史高维尔单位(Scoville Units)。全世界自然生长的辣椒中最辣的辣椒为灯笼辣椒(Habanero),其辣度为20万~30万个Scoville Units;而柿子椒通常没有辣味,辣度则为0。

另外,喜欢日本料理的朋友一定对芥末的辣味体会深刻。我们知道芥末和辣椒的辣味完全是两种不同的感受,辣椒的辣体现在口腔,而芥末则是在鼻腔。实际上芥末的辣味是由一种名为异硫氰酸烯丙酯化合物产生的(图10.20),它完全不同于辣椒素的结构。可见不同的化学物质决定了辣椒和芥末两种不同的辣味感受。

(5)鲜

相比其他五种基本味道而言,鲜味给人

图10.20 代表性的辣味化合物

最为抽象的印象。比如一个六岁的孩童兴许能轻松对食物做出酸甜苦辣咸的评价，但却基本不会使用"鲜"进行描述。那么鲜味究竟是一种什么样的味道呢？鲜味其实是蛋白质的信号，含蛋白质多的食物通常会带来鲜味，比如肉、肉汤、鱼、鱼汤、虾蟹类、贝类等。产生鲜味的成分包括氨基酸、含氮化合物、有机酸等。

大家都知道在烹饪过程中使用味精可以增加菜肴的鲜味。味精则是鲜味物质的一个非常具有代表性的化合物，是人体所需的基本氨基酸之一谷氨酸的单钠盐（图 10.21）。它是在 1907 年由日本东京帝国大学的研究员池田菊苗在海带中发现的。

图 10.21　代表性的鲜味化合物

味精通过刺激舌头味蕾上特定的味觉受体带来特定的味觉感受，这种味觉被日本人定义为"umami"，即"鲜味"。

10.2 食物之魅的化学反应基础[6]

在第一节中我们了解了食物的色香味来源于各种化学物质，而这些化学物质的产生离不开各种化学反应。美食是一种艺术，也是一种科学。《美国厨房实验》节目的编辑总监杰克·毕晓普（Jack Bishop）说过：做饭就是化学和物理实验，唯一的例外就是你要把你的实验产物吃掉。下面我们就来了解一下在我们日常烹饪过程中对食物的色香味产生重要贡献的化学反应。

爱做菜的朋友可能都会有一些小窍门，如在红烧肉里放点糖，炖肉时就会肉香四溢；在烤肉上刷点蜂蜜，烤出来就又脆又香。这些食物的共同特点是释放出独特的香味，且在制作过程中会"变棕色"。很多人认为烤肉和牛排的棕色是来自于酱油等调料，而烤面包，烘焙咖啡的棕色是因为烤焦了。其实不然，这些食物的棕色和独特香味都归功于"糖"。糖在食物的烹饪过程中可以发生一系列的"棕色反应"，包括美拉德反应（Maillard reaction）和焦糖化反应（caramelization）。

美拉德反应指在烹饪过程中的还原糖（食物本身所含的糖或在烹饪中加入的糖）与食材中的氨基酸发生了一系列复杂的反应。在反应的过程中，生成并释放出成百上千个具有不同气味的中间体分子及棕黑色的大分子物质（类黑精或拟黑素）。该反应是1912年法国化学家美拉德（Maillard）发现的，迄今已经有一百多年的历史。当时美拉德发现甘氨酸与葡萄糖混合加热时形成褐色的物质，后来人们发现这类反应不仅影响食品的颜色，而且对其香味也有重要作用，并将此反应称为非酶褐变反应（nonenzymatic browning）。美拉德反应因此享有"最美味的化学反应"的称誉（图10.22）。

1953年美国化学家霍奇（J. E. Hodge）对美拉德反应的机理提出了系统的解释，整个反应过程大致可以分为三阶段：起始阶段的糖－氨缩合反应和Amadori重排，中间阶段糖的脱水反应、裂解反应、氨基酸的降解反应，以及最终阶段的羟醛缩合反应和醛－氨缩合反应。反应体系中通过不同途径形成的含羰基的化合物，尤其是醛类化合物，很容易和体系中的胺类化合物发生反应，形成颜色很深的结构复杂的高分子化合物，这类化合物统称为"类黑精"（melanoidins）。同时还伴有众多的杂环类化合物产生，如吡啶类、吡嗪类、吡咯、咪唑等，以及一些含硫的挥发性成分。正是这些颜色很深的高分子化合物以及复杂的挥发性含硫、杂环类、醛酮类化合物为食物提供了诱人的色泽和可口怡人的风味。

很多人认为红烧肉中加入的酱油给红烧肉带来了香味，但它并不是肉香的主要来源。在美拉德反应过程中，肉里的氨基酸和糖类反应，生成了包括还原酮、酯、醛和杂环化合物等挥发物，这才是让我们垂涎欲滴的肉香的根源。这些释放出来的一系列化合物有各自独特的味道，我们闻到和尝到的"肉香"，其实就是这些味道分子的不同组合。

除了肉类，面点类也有美拉德反应，烤过的面包闻上去就会很香。如果你在面包表面刷薄薄一层蜂蜜，或者涂上花生酱再烤，面包的味道就会更好。加入的涂料除了本身带有香味，也促进了更多更快的美拉德反应发生，让面包的味道大为升级。另外，美拉德反应的最佳反应温度是140~165 ℃，在这个温度范围内烤出来的面包和肉就会散发出特殊的诱人香味。

"炒糖色"是另一种跟随着美拉德反应之后发生的第二步棕色反应——焦糖化反应，它和美拉德反应的主要区别是：焦糖化靠糖和水就能完成，没有氨基酸的参与。而焦糖化反应一般发生在170 ℃的条件下，通

> **路易斯·卡米拉·美拉德（Louis-Camille Maillard，1878—1936）**
> 法国医生、化学家，致力于研究蛋白质的合成。他发现在加热条件下，构建蛋白质的基本单元氨基酸会与很多种糖分子发生反应。1912年，他将这一研究结果正式发表，即为大众所熟知的美拉德反应。由于几乎每种被烹饪的食材中都含有氨基酸和简单的碳水化合物，所以可以说这个反应就发生在每家每户的厨房与灶台上。

常是跟随着美拉德反应发生。我们常说的"炒糖色"就是在炒菜时先加入水和糖，等糖水变得冒泡、颜色变深且黏稠时再放肉，这样整道菜会产生一种独特的、类似坚果味的特殊香味。这种香味来自于焦糖化反应过程中产生的挥发物。除此之外，焦糖化还增加了糖的黏度和可塑性，让菜品看上去更加光润漂亮。糖葫芦、巧克力、焦糖布丁、炼乳和太妃糖也用到了焦糖化。在制作糖葫芦的过程中，水可以使糖类加热得更为均匀，防止烧焦，也能促进焦糖化反应较快发生。法式焦糖布丁上面的一层又香又脆又甜的糖皮，也是甜点师傅用酒精喷枪迅速融化布丁表面的一层砂糖，促进其焦糖化形成的。

图 10.22　美拉德反应

10.3 食物之魅与食品添加剂

在生活节奏日益加快的工业化社会，食品加工逐渐完成了从厨房烹饪到工业化加工的转变，加工食品日渐成为我们日常食物的重要来源。闭上眼睛，我们能清晰地想象出可口可乐、薯片、饼干、蛋糕、面包和火腿肠的味道。而这些加工食品的风味，都是利用调味品设计生产的各种产品，它们既能增强食品的鲜味、浓厚感，延长后味，又能增强各种味道的协调性。据报道，在美国这样高度工业化的国家，调味品公司和食品公司之间的年交易额可达到上百亿美元。调味品公司的主要产品就是我们近几年非常关注的食品添加剂。食品添加剂是指为改善食品品质和色、香、味以及因为防腐、保鲜和加工工艺的需要而加入食品中的人工合成或者天然物质。很多加工食品的色香味离不开食品添加剂，这是提升加工食品色香味的重要技术手段，因此食品添加剂被誉为现代食品工业的灵魂。

食品添加剂的主要作用

目前我国食品添加剂有 2000 多个品种。按功能可分为 23 个类别，包括酸度调节剂、抗结剂、消泡剂、抗氧化剂、漂白剂、膨松剂、着色剂、护色剂、酶制剂、增味剂、营养强化剂、防腐剂、甜味剂、增稠剂、香料、香精、乳化剂、凝固剂、胶姆糖基础剂、水分保持剂、稳定剂、面粉处理剂和被膜剂。食品添加剂主要作用包括：改善感官、防止变质、保持营养、方便加工等。下面我们根据食品添加剂的主要作用来认识一下食品添加剂。

（1）改善感官

从食品添加剂的定义我们可以看出其主要的作用之一便是改善食品的感官特性，增加食物的魅力。在 23 个类别的食品添加剂中，发挥着改善感官作用的包括 9 个类别。

与食物色泽有关的添加剂包括着色剂、护色剂和漂白剂。着色剂又称食品色素，是以食品着色为主要目的，赋予食品色泽和改善食品色泽的物质。护色剂也称发色剂、呈色剂或助色剂。漂白剂是指能够破坏或者抑制食品色泽形成因素，使其色泽褪去或者避免食品褐变的一类添加剂。与食物香气有关的添加剂包括食用香料和食用香精。食用香料通常指能够用于调配食用香精，并增强食品香味的单一物质；食用香精则是一种能够赋予食品香味的混合物。与食物味道和口感有关的添加剂包括甜味剂、增味剂、酸度调节剂和胶姆糖基础剂。甜味剂是赋予食品以甜味的物质。增味剂就是我们常说的鲜味剂，它是补充或增强食品原有风味的物质。酸度调节剂是用以维持或改变食品酸碱度的物质。胶姆糖基础剂是赋予口香糖和泡泡糖等胶姆糖起泡、增塑、耐咀嚼的物质。

（2）防止变质

食品添加剂在食物的防腐保鲜保质中也发挥着重要的作用，如抗氧化剂、防腐剂、稳定剂、抗结剂和被膜剂等都具有这类作用。

氧化作用是食品加工和保藏中所遇到的最为普遍的变质现象之一。食品被氧化后，不仅色、香、味等方面会发生不良的变化，还可能产生有毒有害物质。为防止因氧化引起的食品变质，国标 GB 2760—2011 规定可在食品中添加少量的可起到延迟或阻碍氧化作用的物质，这些物质就是抗氧化剂。防腐剂是指一类加入食品中能防止或延缓食品腐败的食品添加剂，其本质是具有抑制微生物增殖或杀死微生物的一类化合物，又称为保藏剂。食品中的成分比较复杂，很多食品在加工和贮存过程中发生了形态上的变化。稳定剂就是使食品结构稳定，增强食品黏性固形物的一类添加剂。抗结剂又称抗结块剂，用来防止颗粒或粉状食品聚集结块，保持它们的松散或自由流动。我们日常所食用的食盐、小麦粉、蔗糖、元宵粉等是容易吸湿结块的食品原料，需要添加颗粒细微、松散多孔、吸附力强的食品抗结剂，用以吸附原料中容易导致形成结块的水分、油脂等，来保持食品的粉末或颗粒状态，以利于使用。被膜剂是指涂抹于食品外表，起保质、保鲜、上光、防止水分蒸发等作用的物质。主要应用于水果、蔬菜、软糖、鸡蛋等食品的保鲜。果蜡就是一种被膜剂，涂抹于水果的表面，用于水果保鲜，既可以抑制水分蒸发，又可以防止微生物侵入。

（3）保持营养

食物摄入的根本目的是为了提供各种营养成分。有一些食品添加剂也与食物的营养功能有关，如食品营养强化剂和水分保持剂。

食品营养强化剂是指为增强营养成分而加入食品中的天然的或人工合成的属于天然营养素范围内的食品添加剂。营养强化剂主要有：矿物质类、维生素类、氨基酸类和其他营养素类等。水分保持剂是为了在食品加工中保持肉类及水产品的水分，增强原料的水分稳定性和持水性而加入的食品添加剂。国标 GB 2760—2011 中规定的水分保持剂主要是磷酸盐类物质，另外还有乳酸盐、甘油、丙二醇、麦芽糖精、山梨糖醇和聚葡萄糖等。

（4）方便加工

有一些食品添加剂是为了满足食品加工工艺的需要而加入食品体系中的，这些食品添加剂包括消泡剂、膨松剂、酶制剂、增稠剂、乳化剂、凝固剂和面粉处理剂等。

消泡剂是在食品加工过程中用来降低表面张力、消除泡沫的物质。自然消泡需要很长时间，需要使用消泡剂实现快速消泡以满足食品加工生产的要求。膨松剂，又称疏松剂，是在食品加工过程中加入的，能使产品发起形成致密多孔组织，从而使制品具有膨松、柔软或酥脆的物质。食品添加剂中的酶制剂，是从生物中提取的具有酶特性的一类物质。食品酶制剂的独特之处，就是可以催化食品加工过程中各种化学反应，改进食品加工方法。增稠剂是可以提高食品的黏稠度或形成凝胶，从而改变食品的物理性状，赋予食品黏润、适宜的口感，并兼有乳化、稳定或使其呈悬浮状态的物质。乳化剂是能改善乳化体中各种构成相之间的表面张力，形成均匀分散体或乳化体的物质。凝固剂是使食品结构稳定、使加工食品的形态固化、降低或消除其流动性、且使组织结构不变形、增加固形物而加入的物质。

面粉处理剂是使面粉增白和提高焙烤制品质量的一类食品添加剂。刚磨好的小麦面粉由于带有一些胡萝卜素之类的色素而呈淡黄色，形成的生面团呈现黏结性，不便于加工或焙烤。但面粉在贮藏后会慢慢变白，并经历老化或成熟过程，其焙烤性能会有所改善。然而在自然情况下，这一过程进行得相当缓慢，如果让其自然成熟，需大量的仓库，而且保存不善，易发霉变质。采用化学处理方法可以加速这些自然成熟过程，并且增强酵母的发酵活性和防止陈化。这些用于化学处理的物质即为面粉处理剂。

天然食品添加剂与合成食品添加剂的异同

从上一小节我们知道了食品添加剂按功能可以分为很多类别，但如果按来源来划分，则可以简单地分为天然和合成两大类别。天然的食品添加剂指以动植物为原料，利用物理手段或生物技术所获得的产品；而合成的食品添加剂则指通过化学合成的手段制备所得的产品。很多人以为天然的产品安全性更好。实际情况果真如此吗？天然的和合成的产品到底有没有区别？下面我们从化合物分子层面来认识一下天然的与合成的食品添加剂的异同。

首先，对于同一个食品添加剂化合物，以动植物为原料通过物理的方法或生物技术手段获得的天然产品，其 ^{14}C 同位素的含量与大气中的是一致的，而以石化资源为原料通过化学合成手段获得的合成产品，其 ^{14}C 同位素的含量则因为石化资源形成年代久远，^{14}C 同位素因发生衰变而低于大气中的含量。因此对于同一个食品添加剂化合物，天然来源的 ^{14}C 同位素的含量要高于合成来源的产品。^{14}C 同位素的测定是目前市场上对天然产品和合成产品进行鉴别的一种非常重要的手段。

其次，很多手性的食品添加剂化合物在自然界中通常是单一的某种构型，而普通化学合成的则为消旋体混合物。大家可能都喜欢薄荷味的口香糖，喜欢其薄荷的香味和它带来的清凉的感觉，而这种香味和凉感是由一种叫薄荷醇的化合物提供的。该化合物分子中含有3个手性中心，存在8个立体异构体，天然存在于植物薄荷中的薄荷醇都是（1R,3R,4S）- 构型的立体异构体（图10.23）。要得到单一构型的（1R,3R,4S）- 薄荷醇，则要利用不对称合成技术手段，选择性地得到该构型的薄荷醇。由于不对称合成技术通常成本较高，由该合成技术制备光学活性的手性食品添加剂化合物目前还不是很普遍。因此对于人工合成的手性食品添加剂化合物，除了少数产品是单一构型外，大多数还是消旋体的混合物。

在从分子层面了解了天然和合成食品添

加剂化合物的区别后,我们再回到大家关注的安全性问题。天然产品和人工合成品中 ^{14}C 同位素含量有微量的差别,由此而产生的安全性方面的区别是完全可以忽略不计的。虽然我们知道手性化合物的不同立体异构体通常会表现出不同的生理活性,但以消旋体形式使用的人工合成的手性化合物食品添加剂都是在通过了严格的安全性评价之后才得以应用的,因此其安全性是有保障的。

图 10.23　薄荷醇的 8 个立体异构体

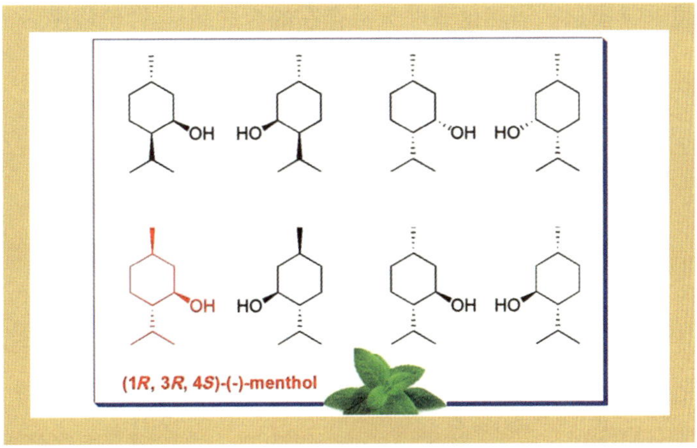

(1R, 3R, 4S)-(-)-menthol

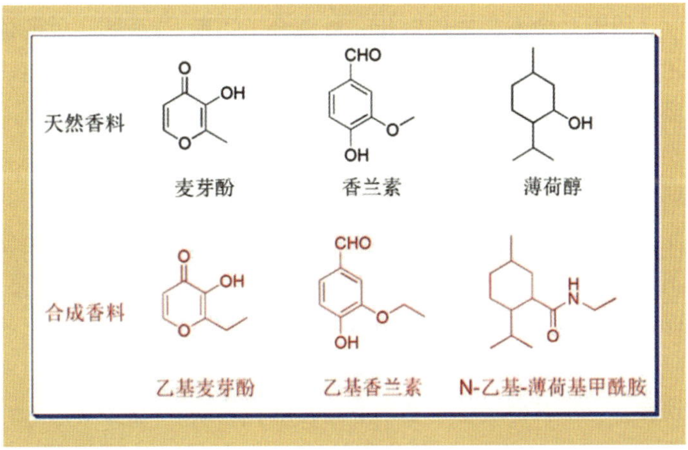

除了我们所关注的安全性问题外,手性食品添加剂化合物的不同立体异构体还有可能呈现不同的感官特性。如前面我们提到的手性香料薄荷醇分子,在其 8 个立体异构体中只有(1R,3R,4S)-构型具有良好的薄荷味和清凉感。因此,目前对于手性食品添加剂化合物立体异构体的制备方法以及立体结构对感官特性影响的研究非常活跃。

图 10.24　非天然存在的代表性的人工合成香料

天然香料：麦芽酚　香兰素　薄荷醇
合成香料：乙基麦芽酚　乙基香兰素　N-乙基-薄荷基甲酰胺

另外还有一个概念我们也必须清楚,人工合成的食品添加剂化合物并不一定都是天然存在的。几个代表性的例子如图 10.24 所示。如产量最大的合成香料品种之一乙基麦芽酚,就是对天然存在的麦芽酚的分子结构进行修饰后得到的香料化合物,其具有很甜的焦香,香气强度是天然存在麦芽酚的 4~6 倍。类似的例子还有乙基香兰素,其结构也是衍生自天然存在的香料化合物香兰素,而其香气强度大约是天然香兰素的 3 倍。著名的人工合成香料 N-乙基-薄荷基甲酰胺(WS-3)也是一个非常具有代表性的例子,它是对薄荷醇的醇羟基经过有机合成衍生后得到的产物,其清凉感大约是薄荷醇的 1.5 倍,但同时又避免了天然薄荷醇的灼烧感。这几个香料化合物的结构都是在天然存在的香料化合物基础上衍生的,但是比天然的产物具有更好的感官特性。这一点和药物的开发非常类似。当然这些非天然存在的合成品在正式进入市场前也都经过了严格的安全性评价程序。

10.4 食物之魅与化学工程

随着社会不断发展进步，社会分工不断明确，食物的消费、制作模式发生了巨大的变化。家庭厨房式的制作方式远不能满足现代人们的需求，大规模的工业化生产已经发展成为食品加工的重要方式。工业化的食品加工过程正是以化学工程技术为基础的。我国古代白酒酿造业可以说是化学工业的雏形，白酒生产工艺中的糖化、发酵、蒸馏过程就属于典型的化工反应和分离过程。我国饮食文化中其他一些特色产品如食醋、酱油等的生产也离不开化学工程技术。在前面内容中提到的在现代食品加工中非常重要的食品添加剂，无论是天然的还是合成的产品，在其工业化的生产过程中，反应、提取、分离、纯化等基本的化工过程是必不可少的。

以大家熟悉的薄荷脑为例，天然薄荷脑就是从植物薄荷中提取的。1 kg 的薄荷约含 5 g 左旋薄荷脑，另外还含有上百种其他化合物。要从植物薄荷中得到高纯度的左旋薄荷脑，就要通过化工分离技术。第一步，首先将薄荷茎、枝、叶经水蒸气蒸馏得到薄荷油；第二步，将薄荷油冷冻后析出结晶，再离心得到晶体；最后用低沸点溶剂重结晶就可以得到 90% 以上纯度的左旋薄荷脑。要得到更高纯度的左旋薄荷醇（比如 99.5% 以上），就需要反复多次的重结晶。

对于天然薄荷脑的生产，大家可以做一个简单的数学计算，1 kg 薄荷脑的纯品至少需要 200 kg 的薄荷植物，其生产效率和成本可想而知。另一方面，天然薄荷脑的市场供应还会受到气候条件影响经常波动。相比之下，化学合成薄荷脑更具有优势。因此化学合成薄荷脑也是另一个重要的市场来源，约占一半的市场份额。由于薄荷脑分子存在 8 个立体异构体，要制备其中的一个具有凉爽清新口感的异构体有很高的技术难度。合成薄荷脑的生产技术目前全球只有三家公司掌握，包括德国的德之馨、巴斯夫以及日本的高砂鉴臣，三家公司分别采用手性拆分或不对称合成技术（图 10.25）[8]。我国是薄荷脑消费大国，目前国内还没有合成薄荷脑的生产线，相关企业和科研机构正在努力攻关，争取早日实现合成薄荷脑的工业生产。

在前面的内容里我们了解到令人垂涎的肉香的一个重要成分是 2-甲基-3-呋喃硫醇。这个香味化合物在肉类食品中含量很低，提取 1g 就需要成吨的鲜肉。很显然，这个重要的肉香味化合物不能像薄荷脑那样通过天然提取的方法来制备，工业上只能通过化学合成这一途径来获得。20 世纪 90 年代初，我国还没有掌握该项技术，当时这个肉香味化合物的价格比黄金还贵。北京工商大学孙宝国院士团队经过不懈的努力，以 2-甲基呋喃为起始原料，通过氧化、水解、共轭加成、环化等反应，合成了 2-甲基-3-呋喃硫醇（图 10.26）。[9] 由此建立了我国第一条 2-甲基-3-呋喃硫醇工业生产线，打破了国外企业的技术封锁和市场垄断，为我国咸味香精及方便食品制造业的崛起，做出了重要的贡献。

图 10.25　人工合成薄荷脑

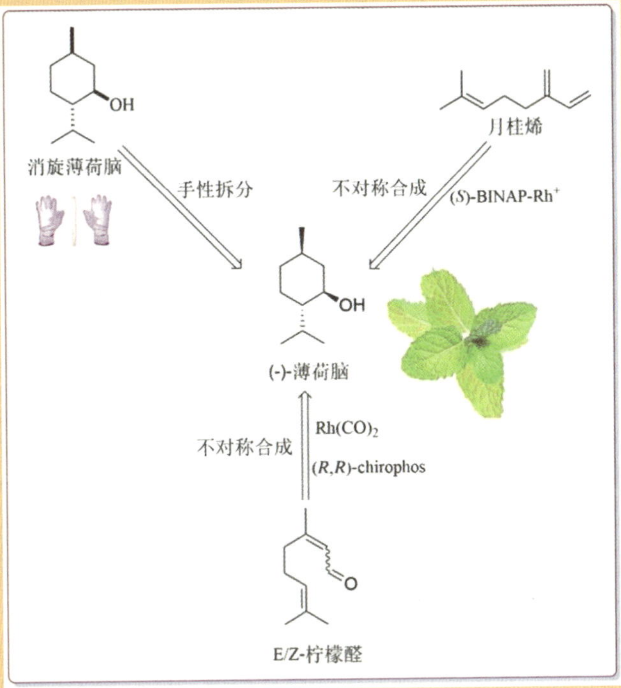

图 10.26　2-甲基-3-呋喃硫醇的合成路线

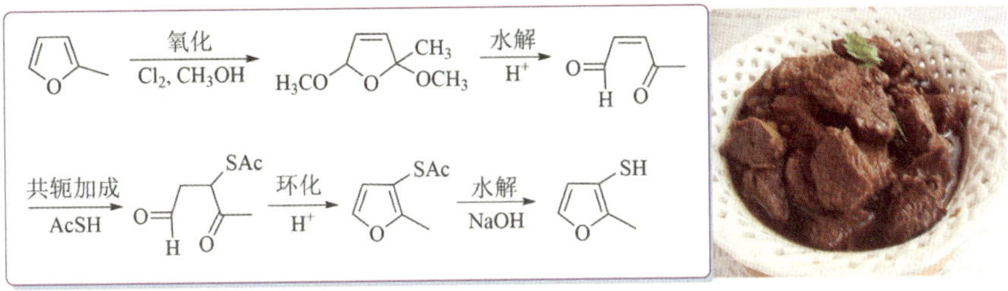

10.5 展望

各种不同化学物质的组合构成了我们食物千变万化的色、香、味体系，而化学反应是该体系建立之根本。化学物质及化学反应密切地参与到食物制作的各个环节，古往今来，无不如此。我们只有充分认识了在食品体系中所发生的各种化学反应及有关化学成分，才有可能对食物的色、香、味做出进一步的改善和提高。社会的发展进步使得食品成为工业化加工产品，化学工程技术在食品加工过程中发挥着重要的作用。而食品添加剂是现代食品加工业不可缺少的组成部分，我们必须以科学的态度来看待食品添加剂的方方面面。关于食品添加剂的安全问题，尽管我们已经了解到人工合成的和天然的没有区别，但我们也不能完全忽视市场对天然产品的需求。这种需求在很大程度上来源于消费者的一种心理需要，但它却是合理存在的。天然产品的发展是一种必然的趋势，但目前我们还面临各种各样的技术问题，使得很多天然食品添加剂生产成本过高，难以实现工业化。与食品美味及安全相关的很多本质问题是化学问题，这些问题必须依赖化学及化学工程技术的手段予以解决。为了让食物更加美味、丰富、健康、安全，需要大家共同努力，投身于化学化工的科学研究，促进化学化工学科的发展和进步。

图片来源

图 1.2　网络图片.
图 1.4　狄升斌博士提供.
图 1.5　狄升斌博士提供.
图 1.7　清华大学程易老师提供：张李超. 多颗粒转鼓体系模式形成的模拟. 清华大学本科综合论文训练，2007.
图 1.10　邱小平博士提供.
图 2.3　孙本惠，孙斌，功能膜及其应用 [M]. 北京：化学工业出版社，2012：121，图 5-21.
图 2.9　短片中的截图.
图 2.33　清华大学王保国教授画.
图 2.34　清华大学王保国教授画.
图 3.1　左图：《科学美国人》杂志.
图 3.2　Science 297, 787–792（2002）.
图 3.3　Nature 1991，354, 56–58. c. 不详.
图 3.4　Nano Lett. 2010, 10, 9, 3343–3349.
图 3.9　物理化学学报.
图 3.10　carbon, 2003.
图 3.13　Chemcial Vapor Deposition.
图 3.16　Nanoscale, 2013, 5, 3367.
图 3.20　ACS Nano. 2010, 4, 5095–5100.
图 3.22　Nature 2000, 405, 681.
图 3.23　Science, 2008, 322, 238.
图 3.24　Nanoscale, 2016, 8, 4588–4598.
图 3.25　Adv. Mater. 2010, 22, 1867–1871.
图 3.26　ACS Nano 2009, 3（10）: 3221–3227.
图 4.1　百度图片.
图 4.2　百度图片.
图 4.3　https://www.nobelprize.org/uploads/2018/06/popular-physicsprize2010-1.pdf.
图 4.4　https://asbury.com/resources/education/graphite-101/structural-description/.
图 4.5　Boehm H P, Clauss A, Fischer G O and Hofmann U Z. Das Adsorptionsverhalten sehr dünner Kohlenstoff-Folien[J]. Anorg Allg Chem 1962, 316, 119.
图 4.6　http://tech.ifeng.com/discovery/special/jiemi-40/.
图 4.7　百度图片.
图 4.8　百度图片.
图 4.9　https://www.nobelprize.org/uploads/2018/06/advanced-physicsprize2010.pdf.
图 4.10　http://www.beijing2022.cn/.
图 4.11　Lin Y M, Valdes-Garcia A, Han S J, et al. Wafer-Scale Graphene Integrated Circuit[J]. Science, 2011, 332, 1294-1297.
图 4.12　Bayley H, Nanotechnology: Holes with an edge[J]. Nature, 2010, 467, 164-165.
图 4.13　Chen L, Shi G, Shen J, et al. Ion

Sieving in Graphene Oxide Membranes via Cationic Control of Interlayer Spacing[J]. Nature, 2017, 550, 380–383.

图4.14　Sun J, Chen Y, Priydarshi M K, et al. Direct Chemical Vapor Deposition-Derived Graphene Glasses Targeting Wide Ranged Applications[J]. Nano Lett, 2015, 15, 5846–5854.

图4.15　Bae S, Kim H, Lee Y, et al. Roll-to-Roll Production of 30-Inch Graphene Films for Transparent Electrodes[J]. Nat Nanotech, 2010, 5, 574–578.

图4.16　http://news.tsinghua.edu.cn.

图4.17　http://www.tschina.com/news/4_328.

图4.18　中国经济网.

图4.19　Ge J, Shi L A, Wang Y C, et al. Joule-Heated Graphene-Wrapped Sponge Enables Fast Clean-Up of Viscous Crude-Oil Spill[J]. Nat Nanotech, 2017, 12, 434–440.

图4.20　Novoselov K S, Fal' ko V I, Colombo L, et al. A Roadmap for Graphene[J]. Nature, 2012, 490, 192–200.

图4.21　Hirata M, Gotou T, Horiuchi S, et al. Thin-Film Particles of Graphite Oxide 1: High-Yield Synthesis and Flexibility of the Particles[J]. Carbon, 2004, 42, 2929–2937.

图4.22　百度图片.

图4.23　邹志宇，戴博雅，刘忠范. 石墨烯的化学气相沉积生长与过程工程学研究 [J]. 中国科学：化学. 2013, 43（1）: 1–17.

图4.24　Wu B, Geng D, Xu Z, et al. Self-Organized Graphene Crystal Patterns[J]. NPG Asia Mater, 2013, 5, e36./ Wu T, Zhang X, Yuan Q, et al. Fast Growth of Inch-Sized Single-Crystalline Graphene from a Controlled Single Nucleus on Cu-Ni Alloys[J]. Nat Mater, 2016, 15, 43–47./ Bae S, Kim H, Lee Y, et al. Roll-to-Roll Production of 30-Inch Graphene Films for Transparent Electrodes[J]. Nat Nanotech, 2010, 5, 574–578.

图5.1　网络图片.

图5.5　Mera H, Takata T. High-performance fibers, Ullmann's encyclopedia of industrial chemistry, 2012, 17:573.

图5.7　Yan H C, Li J L,Tian W T, He L Y, Tuo X L, Qiu T. A new approach to the preparation of poly（p-phenylene terephthalamide）nanofibers, RSC Adv, 2016, 6:26599.

图5.9和图5.11　Lee J.-H. et al. High strain rate deformation of layered nanocomposites. Nat. Commun. 2012，3:1164 doi: 10.1038/ncomms 2166.

图 5.13 Hui-Jun Zhou, Guan-Wen Yang, Yao-Yao Zhang, Zhi-Kang Xu, and Guang-Peng Wu. Bioinspired Block Copolymer for Mineralized Nanoporous Membrane[J]. ACS Nano 2018, 12, 11471-11480.

图 5.14 Liu H Y, Dai Z H, Xu J, et al. Effect of silica nanoparticles/poly（vinylidene fluoride-hexafluoropropylene）coated layers on the performance of polypropylene separator for lithium-ion batteries[J]. Journal of Energy Chemistry, 2014, 23（5）: 582-586.

图 5.16 Nature, 2003, 425, 145.

图 5.17(上) Nature, 2003, 425, 145.

图 5.17(下) Angew. Chem. Int. Ed.2006, 45, 1378.

图 5.18 Soft Matter, 2010, 6, 3447 网址：http://lcpolymergroup.fudan.edu.cn/yyl/?product_117.html.

图 5.19 Angew. Chem. Int. Ed.2008, 47, 4986.

图 5.20(左)，图 5.20(右) Polymer, 2002, 43, 7325.

图 5.21 网络图片.

图 5.22 Ming Zhong, Fu-Kuan Shi, Yi-Tao Liu, Xiao-Ying Liu, Xu-Ming Xie. Tough superabsorbent poly（acrylic acid）nanocomposite physical hydrogels fabricated by a dually cross-linked single network strategy[J]. Chin Chem Lett, 2016, 27（3）, 312.

图 5.23 Ming Zhong, Xiao-Ying Liu, Fu-Kuan Shi, Li-Qin Zhang, Xi-Ping Wang, Andrew G. Cheetham, Honggang Cui and Xu-Ming Xie. Self-healable, tough and highly stretchable ionic nanocomposite physical hydrogels[J]. Soft Matter, 2015, 11, 4235.

图 5.24 Xiao-Ying Liu, Ming Zhong, Fu-Kuan Shi, Hao Xu & Xu-Ming Xie. Multi-bond network hydrogels with robust mechanical and self-healable properties[J]. Chin J Polym Sci, 2017, 35, 1253.

图 5.25 Yan Huang, Ming Zhong,Yang Huang, Min-Shen Zhu, Zeng-Xia Pei, Zi-Feng Wang, Qi Xue, Xu-Ming Xie, Chun-Yi Zhi. A self-healable and highly stretchable supercapacitor based on a dual crosslinked polyelectrolyte[J]. Nat Commun, 2015, 6, 10310.

图 5.31 Alcon 公司网页.

图 5.38 J. Am. Chem. Soc. 2009, 131, 11274.

图 5.39 Nature Mat., 2004, 3, 872-876.

图 6.2 https://www.esrl.noaa.gov/gmd/ccgg/trends/.

图 7.1

左图：在 Environ. Res. Lett.12(2017) 110202

数据基础上重新整理绘图；右图：大气中 CO_2 含量的变化：来自美国 Mauna Loa 天文台 NOAA 地球系统研究实验室：https://www.esrl.noaa.gov/gmd/ccgg/trends/.

图 7.2　上图：https://gedeongrc.com/worlds-largest-carbon-capture-power-station-open-schedule-within-budget/

下图：https://www.usnews.com/news/articles/2014/09/17/carbon-captures-moment-in-the-sun.

图 7.3　左上图：https://news.algaeworld.org/microalgae-can-be-raised-in-tubular-bioreactors-transparent-tubes-that-allow-algae-to-collect-sunlight-for-photosynthesis/.

左下图：http://seao2.com.au/projects/large-scale-microalgae-farming-for-the-production-of-omega-3-oil-high-protein-feed/.

右上图：https://www.archilovers.com/stories/1410/micro-algae-prove-ideal-for-making-green-facades.html.

右下图：https://www.abire.org/consortium/sst/.

图 7.4　摘自论文：Science, 2016, 351, 74-77, 原文及图片链接 https://science.sciencemag.org/content/351/6268/74.full.

图 7.5　根 据 https://www.scientificpsychic.com/etc/timeline/atmosphere-composition.html 图重新绘制.

图 7.7　https://www.poco.cn/works/detail_id4695330.

图 9.1　http://image.baidu.com.

图 9.2　http://www.rcsb.org/.

图 9.3　http://image.baidu.com.

图 9.4　http://image.baidu.com.

图 9.7　清华大学化工系余慧敏教授课程 ppt.

图 9.8　http://image.baidu.com.

图 9.11　https://wenku.baidu.com/.

图 9.12　https://www.bakerlab.org/.

图 9.13　https://wenku.baidu.com/.

图 9.15　https://wenku.baidu.com/.

图 9.20　Zhu, Yushan. Mixed-Integer Linear Programming Algorithm for a Computational Protein Design Problem[J]. Ind.eng.chem.res, 2007, 46(3):839-845.

图 9.22　http://www.im.cas.cn/jgsz2018/yjtx/gywswyswjsyjs/201911/t20191113_5430831.html.

图 9.31　Li R, Wijma H J, Song L, et al. Computational redesign of enzymes for regio- and enantioselective hydroamination.[J]. Nature Chemical Biology, 2018, 14(7).

图 9.33　Li R, Wijma H J, Song L, et al. Computational redesign of enzymes for regio- and enantioselective hydroamination.[J]. Nature Chemical Biology, 2018, 14(7).

参考文献

01

[1] RAMKRISHNA D, AMUNDSON N R. Mathematics in chemical engineering: A 50 year introspection[J]. AIChE Journal, 2004, (50):7-23.

[2] 狄升斌. 基于浸入边界法的复杂流动多尺度模拟[D]. 北京：中国科学院过程工程研究所，2015.

[3] HILL K M, GIOIA G, AMARAVADI D. Radial segregation patterns in rotating granular mixtures: Waviness selection[J]. Physical Review Letters, 2004, (93):224301.

[4] 赵永志，程易. 水平滚筒内二元颗粒体系径向分离模式的数值模拟研究[J]. 物理学报，2008, (57):322-328.

[5] REN X, XU J, QI H, et al. GPU-based discrete element simulation on a tote blender for performance improvement[J]. Powder Technology, 2013, (239):348-357.

[6] 徐骥，卢利强，葛蔚，等. 基于EMMS范式的离散模拟及其化工应用[J]. 化工学报，2016, (67):14-26.

[7] LI J, TUNG Y, KWAUK M. Method of energy minimization in multi-scale modeling of particle-fluid two-phase flow, in: P. Basu, Large, J.F. (Ed.) Circulating Fluidized Bed Technology II [C]. New York: Pergamon Press, 1988:75-89.

[8] LI J, KWAUK M. Particle-Fluid Two-Phase Flow—The Energy-Minimization Multi-Scale Method[M]. Beijing: Metallurgical Industry Press, 1994.

[9] 李静海，欧阳洁，高士秋，等. 颗粒流体复杂系统的多尺度模拟[M]. 北京：科学出版社，2005.

[10] LI J, GE W, WANG W, et al. From multiscalemodeling to meso-science[M]. Berlin Heidelberg:Springer, 2013.

[11] GE W, WANG W, YANG N, et al. Meso-scale oriented simulation towards virtual process engineering (VPE)—The EMMS Paradigm[J]. Chemical Engineering Science, 2011, (66):4426-4458.

[12] LIU X, GUO L, XIA Z, LU B, ZHAO M, MENG F, LI Z, LI J. Harnessing the power of virtual reality [J]. Chemical Engineering Progress, 2012, (108) 28-33.

[13] 陈飞国，葛蔚，王小伟，等. 基于GPU的多尺度离散模拟并行计算[M]. 北京：科学出版社，2009.

[14] 葛蔚，曹凝. 高效能低成本多尺度离散模拟超级计算应用系统[J]. 中国科学院院刊，2011, (26):473-477.

[15] 鲁波娜，程从礼，鲁维民，等. 基于多尺度模型的MIP提升管反应历程数值模拟[J]. 化工学报，2013:1983-1992.

[16] ZHANG N, LU B, WANG W, et al. 3D CFD simulation of hydrodynamics

of a 150 MWe circulating fluidized bed boiler[J]. Chemical Engineering Journal, 2010, (162):821–828.

[17] ZHANG J, HU Z, GE W, et al. Application of the discrete approach to the simulation of size segregation in granular chute flow[J]. Industrial and Engineering Chemistry Research, 2004, (43):5521–5528.

[18] LIU X, GE W, XIAO Y, et al. Granular flow in a rotating drum with gaps in the side wall[J]. Powder Technology, 2008, (182):241–249.

[19] WANG L, ZHOU G, WANG X, et al. Direct numerical simulation of particle–fluid systems by combining time–driven hard–sphere model and lattice Boltzmann method[J]. Particuology, 2010, (8):379–382.

[20] XU J, WANG X, HE X, et al. Application of the Mole–8.5 supercomputer: Probing the whole influenza virion at the atomic level[J]. Chinese Science Bulletin, 2011, (56):2114–2118.

[21] 李曦鹏. 缝洞型油藏的多尺度模拟[D]. 北京：中国科学院过程工程研究所，2013.

02

[1] 刘岩，李志东，蒋林时. 膜生物反应器(MBR)处理废水的研究进展[J]. 长春理工大学学报（自然科学版），2007,(1)：98–101.

[2] 邹晶. 膜技术在德国[J]. 世界环境，2005,(5)：70–76.

[3] 齐靖远. 21世纪重大的产业技术——膜技术[J]. 高科技与产业化，1996,(5)：24–29.

[4] 王爱勤. 膜技术及其在环境保护中的应用[J]. 甘肃环境研究与监测，1988,(3)：68–73.

[5] 陈定茂. 废水回用是干旱地区的宝贵水资源[J]. 环境科学，1988,(6)：86.

[6] 葛孝髦. 膜技术在食品工业中的应用[J]. 中国科技信息，1993,(8)：32.

[7] 王振宇. 膜技术在水处理中的应用前景[J]. 环境保护科学，2005,(2)：24–26.

[8] 朱海兰，赵殿生. 膜技术在处理采矿和矿物加工废水中的应用[J]. 平顶山工学院学报，1996,(1)：22–25.

[9] 黄加乐，董声雄. 我国膜技术的应用现状与前景[J]. 新材料产业，2001,(2)：3–6.

[10] 孙本惠. 膜技术对经济可持续化发展的影响[J]. 现代化工，2007,(2)：8–11.

[11] 魏燕芳，陈盛. 膜技术的研究进展和应用前景[J]. 广州化学，2003,(4)：55–58.

[12] 伍小红. 膜分离技术在食品工业中的应用[J]. 食品研究与开发，2005,(2)：11–13.

[13] 曹广栋. 发展膜技术产业大有可为[J]. 天津科技，1994,(3)：8–9.

[14] 罗兆龙. 膜技术在水处理中的应用[J]. 中国

市政工程, 2007,(1)：44-45.

[15] 张保成. 中国膜技术的应用与展望 [J]. 中国科技信息, 2002,(24)：14-15.

[16] WANG Y, HE C C, XING, W H, et al. Nanoporous Metal Membranes with Bicontinuous Morphology from Recyclable Block-Copolymer Templates[J]. Adv Mater, 2010, 22(18).

[17] CHEN C, YANG Q H, YANG Y, et al. Self-Assembled Free-Standing Graphite Oxide Membrane[J]. Adv Mater, 2009,21(9)：1-5.

[18] CHIU H C, LIN Y W, HUANG Y-F, et al. Polymer Vesicles Containing Small Vesicles within Interior Aqueous Compartments and pH-Responsive Transmembrane Channels[J]. Angew Chem Int Ed, 2008,47(10)：1875-1878.

[19] WANG K X, ZHANG W H, PHELAN R, et al. Direct Fabrication of Well-Aligned Free-Standing Mesoporous Carbon Nanofiber Arrays on Silicon Substrates[J]. J Am Chem Soc, 2007, 129(44)：13388-13889.

[20] CORRY B. Designing Carbon Nanotube Membranes for Efficient Water Desalination[J]. J Phys Chem B, 2008,112(5)：1427-1434.

[21] 徐南平. 无机膜分离技术与应用 [M]. 北京：化学工业出版社, 2003.

[22] R Rautenbach. 膜工艺——组件和装置设计基础 [M]. 北京：化学工业出版社, 1998.

[23] 尹芳华, 钟璟. 现代分离技术 [M]. 北京：化学工业出版社, 2009.

[24] 高以烜. 高速发展的膜分离技术 [J]. 食品工业科技.1997(5)：78.

[25] 王晓琳, 丁宁. 反渗透和纳滤技术与应用 [M]. 北京：化学工业出版社, 2005.

[26] 徐光宪, 21 世纪是信息科学、合成化学和生命科学共同繁荣的世纪 [文献类型不详]. 中国科学院, 2004.

[27] 陈翠仙, 韩宾兵, 朗宁威. 渗透蒸发和蒸汽渗透 [M]. 北京：化学工业出版社, 2004.

[28] 美国 The Freedonia Group, Inc. 市场调研报告 [文献类型不详]. 2013.
（http://www.market.com/Freedonia-Group-Ine-V1247/Membrane-Separation-Technologies-7616873）

[29] QIN P, HONG X, KARIM M N, et al. Preparation of Poly (phthalazinone-ether-sulfone) Sponge-Like Ultrafiltration Membrane[J]. Langmuir, 2013, 29(12)：4167-4175.

[30] QIN P, HAN B, CHEN C, et al. Poly (phthalazinone ether sulfone ketone) properties and their effect on the membrane morphology and performance[J]. Desalination and Water Treatment, 2009, 11(1-3)：157-166.

[31] LI X, CHEN C, LI J, et al. Effect of

ethylene glycol monobutyl ether on skin layer formation kinetics of asymmetric membranes[J]. Journal of Applied Polymer Science, 2009, 113(4)：2392-2396.

[32] QIN P, HAN B, CHEN C, et al. Performance control of asymmetric poly (phthalazinone ether sulfone ketone) ultrafiltration membrane using gelation[J]. Korean Journal of Chemical Engineering, 2008, 25(6)：1407-1415.

[33] QIN P, CHEN C, HAN B, et al. Preparation of poly (phthalazinone ether sulfone ketone) asymmetric ultrafiltration membrane: II. The gelation process[J]. Journal of membrane science, 2006, 268(2): 181-188.

[34] QIN P, CHEN C, YUN Y, et al. Formation kinetics of a polyphthalazine ether sulfone ketone membrane via phase inversion[J]. Desalination, 2006, 188(1): 229-237.

[35] 苏仪. TIPS 法制备 PVDF 微孔膜的研究 [R]. 北京：清华大学博士后研究报告，2006,6.

[36] 郭红霞. 亲水性 PE 中空纤维微孔膜的研究 [R]. 北京：清华大学博士后研究报告，2005.

[37] 刘永浩，衣宝廉，张华民. 质子交换膜燃料电池用 Nafion/SiO$_2$ 复合膜 [J]. 电源技术，2005, 29(2)：92-95.

[38] 刘富强，衣宝廉，邢丹敏，等 [P]. CN1,416,186A(2003).

[39] 于景荣，衣宝廉，邢丹敏，等. 燃料电池用磺化聚苯乙膜降解机理及其复合膜的初步研究 [J]. 高等学校化学学报，2002(9)：1792-1796.

[40] WANG B G，LONG F, FAN Y S，Liu P. A method for manufacture proton conductivemembrane [P]. CN, 2009100770246, 2011-05-11.

[41] WANG B G, QING G, LIU P, FAN Y S. Preparation of ion conductive membrane with interpenetration network (IPN) using polymerizable ionic liquids (PILs)[P]. China, 2009，10088228, 2009-12-30.

[42] 李冰洋，吴旭冉，郭伟男，等. 液流电池理论与技术——PVDF 质子传导膜的研究与应用 [J]. 储能科学与技术，2014, 3(1)：67-70.

[43] 孙本惠，孙斌. 功能膜及其应用 [M]. 北京：化学工业出版社，2012.

[44] 陈翠仙，郭红霞，秦培勇. 膜分离 [M]. 北京：化学工业出版社，2017.

03

[1] IIJIMA, S. Helical microtubules of graphitic carbon[J]. Nature, 1991,354(6348):56–58.

[2] Yu X C, ZHANG J, CHOI W M, et al. Cap Formation Engineering: From Opened C$_{60}$ to Single-Walled Carbon Nanotubes[J]. Nano Lett,

2010,10(9): 3343-3349.

[3] BAUGHMAN R H, ZAKHIDOV A A, DE HRRE, et al. Carbon nanotubes—the route toward Applications[J]. Science, 2002, (297): 787-792.

[4] VIGOLO, B. et al. Macroscopic fibers and ribbons of oriented carbon nanotubes[J]. Science, 2000,290(5495):1331-1334.

[5] C C CHANG, I K HSU, M AYKOL, et al. A new lower limit for the ultimate breaking strain of carbon nanotubes[J]. ACS Nano, 2010,4(9): 5095-5100.

[6] L X ZHENG, M J O'CONNELL, S K DOORN, et al. Ultralong single-wall carbon nanotubes[J]. Nature materials, 2004, (3):673-676.

[7] K AUTUMN, Y A LIANG, S T Hsieh, et al. Adhesive force of a single gecko foot-hair[J]. Nature, 2000,405(6787):681-685.

[8] L T QU, L M DAI, M STONE, et al. Carbon nanotube arrays with strong shear binding-on and easy normal lifting-off[J]. Science 2008,322 (5899):238-242.

[9] Q Wen, W Z Qian, J Q NIE, et al. 100mm Long, Semiconducting Triple-Walled Carbon Nanotubes[J]. Adv. Mater. 2010, (22):1867-1871.

[10] M KHODAKOVSKAYA, E DERVISHI, M MAHMOOD, et al. Carbon nanotubes are able to penetrate plant seed coat and dramatically affect seed germination and plant growth[J]. ACS Nano 2009,3(10): 3221-3227.

04

[1] 刘超. 材料促进了人类文明的产生 [J]. 新材料产业，2016, 266(01): 66-71.

[2] 任文才，成会明. 石墨烯：丰富多彩的完美二维晶体——2010 年度诺贝尔物理学奖评述 [J]. 物理，2010, 39(12): 57-61.

[3] Geim A K. Graphene Prehistory[J]. Phys Scr, 2012, T146, 014003.

[4] Novoselov K S, Geim A K, Morozov S V, et al. Electric Field Effect in Atomically Thin Carbon Films[J]. Science, 2004, 306, 666-669.

[5] Geim A K. Random Walk to Graphene [J]. Int J Mod Phys B, 2011, 25, 4055-4080.

[6] http://blog.sciencenet.cn/blog-669282-717983.html.

[7] 陈永胜，黄毅，等. 石墨烯：新型二维碳纳米材料 [M]. 北京：科学出版社，2013.

[8]（英）沃纳，等. 石墨烯：基础及新兴应用 [M]. 付磊，曾梦琪，等译. 北京：科学出版社，2015.

05

[1] MERA H, TAKATA T. High-performance fibers[J]. Ullmann's Encyclopedia of

Industrial Chemistry, 2012, (17):573.

[2] YAN H C, LI J L, TIAN W T, et al. A new approach to the preparation of poly(p-phenylene terephthalamide) nanofibers[J]. RSC Advance, 2016, (6):26599.

[3] LEE J H, VEYSSET D, SINGER J P, et al. High strain rate deformation of layered nanocomposites[J]. Nature Communication, 2012, (3):1164.

[4] ZHOU H J, YANG G W, ZHANG Y Y, et al. Bioinspired Block Copolymer for Mineralized Nanoporous Membrane[J]. ACS Nano, 2018, (12):11471–11480.

[5] LIU H Y, DAI Z H, XU J, et al. Effect of silica nanoparticles/poly(vinylidene fluoride–hexafluoropropylene) coated layers on the performance of polypropylene separator for lithium–ion batteries[J]. Journal of Energy Chemistry, 2014, (23): 582–586.

[6] YU Y L, NAKANO M, IKEDA T. Directed bending of a polymer film by light–Miniaturizing a simple photomechanical system could expand its range of applications[J]. Nature, 2003, (425): 145.

[7] KONDO M, YU Y L, IKEDA T. How does the initial alignment of mesogens affect the photoinduced bending behavior of liquid–crystalline elastomers?[J]. Angew Chem Int Ed, 2006, (45):1378–1382.

[8] CHENG F, YIN R, ZHANG Y, et al. Fully plastic microrobots which manipulate objects using only visible light[J]. Soft Matter, 2010, (6): 3447–3449.

[9] YAMADA M, KONDO M, MAMIYA J, et al. Photomobile polymer materials: Towards light–driven plastic motors[J]. Angewandte Chemie International Edition, 2008, (47): 4986–4988.

[10] HE Y N, WANG X G, ZHOU Q X. Epoxy–based azo polymers: synthesis, characterization and photoinduced surface–relief–gratings[J]. Polymer, 2002, (43): 7325–7333.

[11] ZHONG M, SHI F K, LIU Y T, et al. Tough superabsorbent poly(acrylic acid) nanocomposite physical hydrogels fabricated by a dually cross–linked single network strategy[J]. Chinese Chemical Letters, 2016, (27):312–316.

[12] ZHONG M, LIU X Y, SHI F K, et al. Self–healable, tough and highly stretchable ionic nanocomposite physical hydrogels[J]. Soft Matter, 2015, (11):4235–4241.

[13] LIU X Y, ZHONG M, SHI F K, et al. Multi–bond network hydrogels with robust mechanical and self–healable properties[J]. Chinese Journal of Polymer Science, 2017, (35): 1253–1267.

[14] HUANG Y, ZHONG M, HUANG Y, et al. An

electrochemically completely self-healable or 600% highly stretchable supercapacitor based on a dual cross-linked polyelectrolyte[J]. Nature Communication, 2015, (6): 10310.

[15] HUAGN Y, ZHONG M, SHI F K, et al. An intrinsically stretchable and compressible supercapacitor containing a polyacrylamide hydrogel electrolyte[J]. Angewandte Chemie International Edition, 2017, (56):9141-9145.

[16] RATNER B D, HOFFMAN A S, SCHOEN F J, et al. Biomaterials Science[M]. 2nd ed. Elsevier, 2014.

[17] 黄延宾. 药物递送中的高分子原理 [J]. 高分子通报，2011, (4): 136-143.

[18] 李筱荣. 白内障与人工晶状体 [M]. 北京：人民卫生出版社，2011.

[19] 马光辉, 苏志国. 聚乙二醇修饰药物 [M]. 北京：科学出版社，2016.

[20] HARRIS J M, CHESS R B. Effect of PEGylation on pharmaceutics[J]. Nature Reviews Drug Discovery, 2002, (2): 214-221.

[21] TURECEK P L, BOSSARD M J, SCHOETENS F, et al. PEGylation of biopharmaceutics: a review of chemistry and nonclinical safety information of approved drugs[J]. Journal of Pharmaceutical Science, 2016, (105):460-475.

[22] BRUNSVELD L, FOLMER B J B, MEIJER E W, et al. Supramolecular polymers[J]. Chemical Review, 2001, (101): 4071-4097.

[23] MINKENBERG C B, FLORUSSE L, EELKEMA R, et al. Triggered self-assembly of simple dynamic covalent surfactants[J]. Journal of the American Chemical Society, 2009, (131): 11274-11275.

[24] VALKAMA S, KOSONEN H, RUOKOLAINEN J, et al. Self-assembled polymeric solid films with temperature-induced large and reversible photonic-bandgap switching[J]. Nature Materials, 2004, (3):872-876.

06

[1] 李灿. 太阳能转化科学与技术 [M]. 北京：科学出版社，2020.

[2] GONG J, LI C, and WASIELEWSKI M R. Advances in solar energy conversion[J]. Chemical Society Reviews, 2019, 48(7): 1862-1864.

[3] SHIH C F, ZHANG T, LI J, et al. Powering the future with liquid sunshine[J]. Joule, 2018, 2(10): 1925-1949.

[4] GUAN J, DUAN Z, ZHANG F, et al. Water oxidation on a mononuclear manganese heterogeneous catalyst[J]. Nature Catalysis, 2018, (1): 870-877.

[5] YE S, DING C, LIU M, et al. Water oxidation

catalysts for artificial photosynthesis [J]. Advanced Materials, 2019, 31(50): 1902069.

[6] QI Y, ZHAO Y, GAO Y, et al. Redox-based visible-light-driven Z-scheme overall water splitting with apparent quantum efficiency exceeding 10%[J]. Joule, 2018, 2(11): 2393-2402.

[7] WANG Y, SHANG X, SHEN J, et al. Direct and indirect Z-scheme heterostructure-coupled photosystem enabling cooperation of CO_2 reduction and H_2O oxidation[J]. Nature Communications, 2020, 11(1): 3043.

[8] WANG Y, ZHANG Z, ZHANG L, et al. Visible-light driven overall conversion of CO_2 and H_2O to CH_4 and O_2 on 3D-SiC@2D-MoS_2 heterostructure[J]. Journal of the American Chemical Society, 2018, 140(44): 14595-14598.

[9] WANG J, LI G, LI Z, et al. A highly selective and stable ZnO-ZrO_2 solid solution catalyst for CO_2 hydrogenation to methanol[J]. Science Advances, 2017, 3(10): e1701290.

07

[1] IPCC 第五次评估报告 [R]. 政府间气候变化专门委员会 (IPCC)，2014, http://www.ipcc.ch/activities/activities.shtml.

[2] Final scientific/technical report of W.A. Parish post-combustion CO_2 capture and sequestration demonstration project [R]. National Energy Technology Laboratory, U.S. Department of Energy, 2020.

[3] 吴秀章. 中国二氧化碳捕集与地质封存首次规模化探索 [M]. 北京：科学出版社出版，2013.

[4] M D AMINU, S A NABAVI, C A ROCHELLE, et al. A review of developments in carbon dioxide storage [J]. Applied Energy, 2017, (208):1389-1419.

[5] 陈兵，肖红亮，李景明，等. 二氧化碳捕集、利用与封存研究进展 [J]. 应用化工，2018,47(3): 589-592.

[6] A BACCINI W WALER, L CARVALHO, et al. Tropical forests are a net carbon source based on aboveground measurements of gain and loss [J]. Science, 2017, (358): 230-234.

[7] S A RAZZAK, M M HOSSAIN, R A LUCKY, et al. Integrated CO_2 capture, wastewater treatment and biofuel production by microalgae culturing-A review [J]. Renewable & Sustainable Energy Reviews, 2013, (27):622-653.

[8] 许大全，陈根云. 展望人工光合作用 [J]. 植物生理学报，2018, 54(7): 1145–1158.

[9] K K SAKIMOTO, A B WONG, P YANG. Self-photosensitization of nonphotosynthetic bacteria

for solar-to-chemical production [J]. Science, 2016, 351(6268): 74-77.

[10] 胡永云，田丰．前寒武纪气候演化中的三个重要科学问题 [J]．气候变化研究进展，2015，11(1)：44-53.

[11] E TAJIKA, T MATSUI. Evolution of terrestrial proto-CO_2 atmosphere coupled with thermal history of the earth [J]. Earth and Planetary Science Letters,1992, 113(1): 251-266.

[12] W SEIFRITZ CO_2 disposal by means of silicates [J]. Nature,1990, 345(7):486.

[13] A SANNA, M UIBU, G CARAMANNA, et al. A review of mineral carbonation technologies to sequester CO_2[J]. Chemical Society Reviews, 2014, 43(23): 8049-8080.

[14] F WANG, D B DREISINGER, M JARVIS, T Hitchins. The technology of CO_2 sequestration by mineral carbonation: current status and future prospects[J]. Canadian Metallurgical Quarterly, 2108, 57(1): 46-58.

[15] K S LACKNER, C H WENDT, D P BUTT,et al. Carbon dioxide disposal in carbonate minerals [J]. Energy, 1995, 20(11): 1153-1170.

[16] 谢和平，岳海荣，朱家骅，等．工业废料与天然矿物矿化利用二氧化碳的基础科学与工程应用研究 [J]．Engineering, 2015,1(1):150-157.

08

[1] GU S X, LI Z M, MA X D, et al. Chiral resolution, absolute configuration assignment and biological activity of racemic diarylpyrimidine $CH(OH)$-DAPY as potent nonnucleoside HIV-1 reverse transcriptase inhibitors[J]. European Journal of Medicinal Chemistry, 2012, 53 (19): 229-234.

[2] OSBORN J A, JARDINE F H, YOUNG J F, et al. The preparation and properties of tris (triphenylphosphine) halogenorhodium(I) and some reactions thereof including catalytic homogeneous hydrogenation of olefins and acetylenes and their derivatives[J]. Journal of the Chemical Society A: Inorganic, Physical, Theoretical, 1966, (12): 1711-1732.

[3] KNOWLES W S, SABACKY M J. Catalytic asymmetric hydrogenation employing a soluble optically active rhodium complex[J]. Chemical communications, 1968 (22): 1445-1446.

[4] KNOWLES W S. Application of organometallic catalysis to the commercial production of L-Dopa[J]. Journal of Chemical Education,1986, 63 (3): 222-225.

[5] 徐蒙蒙，徐嘉琪，张奇，等．氯霉胺类催化剂在有机反应中的应用研究进展 [J]．化学试剂，2018, (1): 31-39.

[6] XIAO Y C, Chen F E. Chloramphenicol base: A new privileged chiral scaffold in asymmetric catalysis[J]. ChemCatChem, 2019, 11 (8): 2043–2053.

[7] ZHU K, HU S, LIU M, et al. Collective total synthesis of the prostaglandin family via stereocontrolled organocatalytic Baeyer–Villiger oxidation[J]. Angew Chem Int Ed Engl, 2019, (58): 1–6.

[8] LI Z, WANG Z, MENG G, et al. Identification of an ene reductase from yeast Kluyveromyces Marxianus and application in the asymmetric synthesis of (R)-profen esters[J]. Asian Journal of Organic Chemistry, 2018, 7 (4): 763–769.

[9] 谢建华,周其林.手性螺二氢茚双膦配体在钌催化酮的不对称氢化反应中的应用研究[J]. 有机化学, 2004, 24 (z1): 000210-210.

[10] 郭红超,丁奎岭,戴立信.不对称催化氢化的新进展：单齿磷配体的复兴 [J]. 科学通报, 2004, 49 (16): 1575–1588.

[11] DINGWALL P, FUENTES J A, CRAWFORD L, et al. Understanding a hydroformylation catalyst that produces branched aldehydes from alkyl alkenes[J]. J Am Chem Soc, 2017, 139 (44): 15921-15932.

[12] CARBó J J, MASERAS F; BO C, et al. Unraveling the origin of regioselectivity in rhodium diphosphine catalyzed hydroformylation. A DFT QM/MM study[J]. Journal of the American Chemical Society, 2001, 123 (31): 7630–7637.

09

[1] https://baike.baidu.com/.

[2] http://image.baidu.com/.

[3] http://www.rcsb.org/.

[4] 罗贵民.酶工程[M]. 2版.北京：化学工业出版社, 2008.

[5] 邹国林.酶学[M]. 武汉：武汉大学出版社, 1997.

[6] 曾伟川,许瑞安,曾庆友. β–氨基酸合成研究进展[J]. 合成化学, 2013, 21(5):634–644.

[7] 崔颖璐,吴边.计算机辅助蛋白结构预测及酶的计算设计研究进展[J]. 广西科学, 2017, 24(1): 1–6.

[8] LI R, WIJMA H J, SONG L, et al. Computational redesign of enzymes for regio- and enantioselective hydroamination[J]. Nature Chemical Biology, 2018, 14(7).

[9] ROTHLISBERGER D, KHERSONSKY O, WOLLACOTT A M, et al. Kemp elimination catalysts by computational enzyme design[J]. Nature 2008, (453):190–195.

[10] HUANG X, XUE J, Zhu Y, et al. Computational design of cephradine synthase

in a new scaffold identified from structural databases[J]. Chemical Communications, 2017, 53(54): 7604-7607.

[11] Y TIAN, X HUANG, Q LI, et al. Computational design of variants for cephalosporin C acylase from Pseudomonas strain N176 with improved stability and activity[J]. Appl. Microbiol. Biotechnol. 2017, (101): 621-632.

[12] HE J, HUANG X, XUE J, et al. Computational Redesign of Penicillin Acylase for Cephradine Synthesis with High Kinetic Selectivity[J]. Green Chemistry, 2018, 20(24): 5484-5490.

[13] CAI D，ZHU C，CHEN S．Microbial production of nattokinase: current progress, challenge and prospect[J]. World Journal of Microbiology & Biotechnology, 2017, 33(5):84.

10

[1] 安托卡伦．天然食用香料与色素 [M].1 版，许学勤，译．北京：中国轻工业出版社，2018.

[2] https://www.nobelprize.org/prizes/chemistry/1915/summary/.

[3] https://www.nobelprize.org/prizes/chemistry/ 1965/summary/.

[4] DAVID J ROWE. Chemistry and Technology of Flavors and Fragrances[M]. Oxford: Blackwell Publishing Ltd, 1st ed, 2005.

[5] 斯里尼瓦桑 达莫达兰，柯克 L 帕金．食品化学 [M]. 5 版．江波，译．北京：中国轻工业出版社，2020.

[6] E SCHLEICHER, V SOMOZA, P SCHIEBERLE The Maillard Reaction [M]. New Jersey: John Wiley & Sons, 1st ed, 2008.

[7] 孙宝国．躲不开的食品添加剂 [M]．北京：化学工业出版社，2017.

[8] 田红玉．手性香料及其不对称合成 [M]．北京：化学工业出版社，2011.

[9] 孙宝国．含硫香料化学 [M]．北京：科学出版社，2007.

关于化学化工短视频上线网站的说明

《探索化学化工未来世界》第一、二册的 20 个短视频已在多个网站上线,供青年学生和公众免费观看和下载。

1. 科普中国网站,具体路径为:在首页搜索框中直接输入"探索化学化工未来世界"。

手机观看路径:

2. 中国青少年科技辅导员协会和中国科协青少年科技中心共同创办的"科技学堂"网站"化学"栏目。

3. 清华大学化学工程系网站。

4. 清华大学化学工程系视频号。

5. 中国化工学会网站"科学普及"栏目"为了年轻人更好的未来"专题。

6. 中国化工学会的哔哩哔哩(B 站)官方账号。

7. 清华大学终身学习小程序"走进清华"栏目。

其它网站:略。

版权声明

本书文字内容绝大部分是作者或作者所在单位的原创，其中也有来自合作单位和合作个人的贡献。限于篇幅，全书正文之后仅列出部分参考文献，在此谨对所有贡献者表示衷心的感谢！

本书所有插图除作者原创外，大部分来源于已有刊物或互联网，有些插图还根据需要做了修改和调整。因为时间和精力条件所限，作者和编者无法逐一追溯和查证图片的原始出处和著作权人，故将图片来源统一列在全书正文之后以方便查阅。有主张权利者请同清华大学出版社编辑部联系。在此，作者和编者也一并表示深深的谢意！

编者

2022 年 5 月